高等职业教育能源动

U0676882

变电运行

BIANDIAN YUNXING

● 主　编　舒　辉
● 参　编　王　艳　周慧娟　高　虹
　　　　　胡　平　董寒冰　陈　芳
　　　　　刘　娟　赵青蓉
● 主　审　尹自力

重庆大学出版社

内容提要

本书编写采用"任务驱动、项目导向"的模式,围绕变电站电气设备巡视、变电站电气设备维护、变电站倒闸操作、变电站电气设备异常处理、变电站事故处理5个项目展开,每个项目根据生产现场的典型工作情境设置任务,任务按照任务描述、任务准备、相关知识、任务实施的顺序展开。本书的内容编排符合学生知识和技能的学习规律,具有很强的针对性和可操作性。

本书既可作为高职高专院校电力技术类专业的专业教材,也可作为变电站运行人员的技能鉴定培训教材,同时还可供相关工程技术人员参考。

图书在版编目(CIP)数据

变电运行/舒辉主编. -- 重庆:重庆大学出版社,
2020.4
ISBN 978-7-5689-2077-3

Ⅰ.①变… Ⅱ.①舒… Ⅲ.①变电所—电力系统运行
—高等职业教育—教材 Ⅳ.①TM63

中国版本图书馆 CIP 数据核字(2020)第 059112 号

变电运行

主 编 舒 辉
参 编 王 艳 周慧娟 高 虹 胡 平
董寒冰 陈 芳 刘 娟 赵青蓉
主 审 尹自力
策划编辑:鲁 黎

责任编辑:陈 力 版式设计:鲁 黎
责任校对:谢 芳 责任印制:张 策
*
重庆大学出版社出版发行
出版人:饶帮华
社址:重庆市沙坪坝区大学城西路 21 号
邮编:401331
电话:(023)88617190 88617185(中小学)
传真:(023)88617186 88617166
网址:http://www.cqup.com.cn
邮箱:fxk@ cqup.com.cn(营销中心)
全国新华书店经销
重庆俊蒲印务有限公司印刷
*
开本:787mm×1092mm 1/16 印张:19.5 字数:453 千
2020 年 4 月第 1 版 2020 年 4 月第 1 次印刷
ISBN 978-7-5689-2077-3 定价:45.00 元

高等职业教育能源动力与材料大类

（能源电力专业群）系列教材编委会

主　　任：黎跃龙

副 主 任：冯　兵　龚　敏

成　　员：曾旭华　王　钊　袁东麟　魏梅芳

李高明　陈　洁　张　惺　付　蕾

谢毅思　阳安邦　宁薇薇　贺令辉

周山虎　陈　佳　吴力柯　李　恺

廖金彪

合作企业：国网湖南电力有限公司

国网湖南供电服务中心

国网湖南电力有限公司所属各供电企业

践行习近平总书记提出的"四个革命、一个合作"能源安全新战略,赋予了电力企业全新的使命,众多电力企业需要像电能一样——源源不断地输送到千家万户——需要持续补充能源电力类技术技能型员工,电力类职业院校无疑是这一战略和使命的有力支撑者与践行者。

近年来,长沙电力职业技术学院始终以"产教融合"为主线,以"做精做特"为思路,打造能源电力特色专业群,不断推进人才培养与能源电力发展接轨、与产业升级对接,全力培养电力行业新时代卓越产业工人,为服务经济社会发展提供强有力的人才保障。

教材,是人才培养和开展教育教学的支撑和载体。为此,长沙电力职业技术学院把编制"产教深度融合、工学无缝对接"的教材作为专业群建设的关键切入点,从培养能源电力行业一线职工的角度出发,下大力气破解在传统观念影响下,职业教育教材与企业生产实际、就业岗位需求脱节的突出问题。本套教材由长沙电力职业技术学院教师与"发、输、变、配、用"等能源电力产业链各环节的企业专家、技术人员通力合作编写而成,贯彻了"产教协同"的思路理念,汇聚了源自企业生产一线和技能岗位的实践经验。

以德为先,德育和智育相互融合。本套教材立足高职学生视角,在突出内容设计和语言表达的针对性、通俗性、可读性的同时,注重将核心价值观、职业道德和电力行业、企业文化等元素融入其中,引导学生树立共产主义远大理想,把"爱国情、强国志、报国行"自觉融入实现"中国梦"的奋斗之中,努力成为德、智、体、美、劳全面发展的社会主义建设者和接班人。

以实为体,理论与实践相互支撑。"教育上最重要的事是要给学生一种改造环境的能力"(陶行知语)。为此,本套教材更加突出对学生职业能力的培养,在确保理论知识适度、实用的基础上,采用任务驱动模式编排学习内容,以"项目 + 任务"为主体,导入大量典型岗位案例,启发学生"做中学、学中做",促进实现工学结合、"教学做"一体化目标。同时,得益于本套教材为校企合作开发,确保了课程内容源于企业生产实际,具有较好的"技术跟随度",较为全面地反映了能源电力专业最新知识,以及新工艺、新方法、新规范和新标准。

以生为本,线上与线下相互衔接。本套教材配有数字化教学资源平台,能够更好地适应混合式教学、在线学习等泛在教学模式的需要,有利于教材跟随能源电力专业技术发展和产业升级情况,及时调整更新。平台建立了动态化、立体化的教学资源体系,内容涵盖课程电子教案、教学课件、辅助资源(视频、动画、文字、图片)、测试题库、考核方案等,学生可通过扫描"二维码",结合线上资源与纸质教材进行自主学习,为大力开展网络课堂和智慧学习提供了有力的技术支撑。

"教育者,非为已往,非为现在,而专为将来。"(蔡元培语)随着现场工作标准的提高、新技术的应用,本套教材还将不断改进和完善。希望本套教材的出版能够为能源动力与材料专业大类的专业人才培养提供参考借鉴,为"全能型"供电所建设发展作有益探索!

与此同时,对为本套系列教材辛勤付出的编委会成员、编写人员、出版社工作人员表示衷心的感谢!

2019 年 12 月

目前,国内有关变电运行的教材内容有些偏重于理论,有些注重了实践但与现场实际对接不好,如操作案例中的变电站接线形式、设备型号较为老旧。本书作为校企合作的教材,采取了"任务驱动、项目导向"的编写模式,以变电站电气设备巡视、维护、倒闸操作、异常处理、事故处理5个典型工作项目为导向,在5个项目中根据生产现场的典型工作情境设置任务,以完成具体的任务为线索组织教学内容。学生通过完成任务的过程,掌握变电运行的相关知识,获得变电运行操作技能,形成重安全、守规程等职业习惯。书中操作案例引用的变电站为实际应用中的220 kV变电站,变电站主接线形式、设备型号都非常典型,在设备巡视和维护项目中还增加了现场最新技术手段应用的内容。书中采用了较多的现场设备图片,每个任务都配有巩固练习的习题,便于学生的学习和教师的教学实施。总的来说,本书在内容上紧贴生产实际,具有很强的针对性和可操作性,实用性好。

本书由长沙电力职业技术学院舒辉担任主编并统稿,湖南省电力有限公司湘潭分公司尹自力担任主审。其中,编写分工如下:项目1及习题由湖南省电力有限公司技术技能培训中心王艳编写;项目2及习题由湖南省电力有限公司技术技能培训中心陈芳编写;项目3中任务3.1及相应习题由长沙电力职业技术学院周慧娟编写,项目3中任务3.2及相应习题由长沙电力职业技术学院董寒冰编写,项目3中任务3.3—3.5及相应习题由长沙电力职业技术学院胡平编写;项目4及习题由长沙电力职业技术学院高虹编写;项目5中任务5.1—5.4及项目5习题、附录由舒辉编写;项目5中任务5.5—5.7由湖南省电力有限公司长沙供电分公司赵青蓉编写。

长沙电力职业技术学院的刘娟老师为教材编写提供了部分资料,并参与相关校核工作,在此表示衷心感谢!

由于编者水平有限,书中如有不妥之处,恳请广大读者提出宝贵意见,以求改进!

编　者
2019 年 11 月

目 录

项目 1　变电站电气设备巡视

任务 1.1　变电站一次设备巡视

【教学目标】

知识目标:1.熟悉变电站一次设备巡视的类型、周期及方法。

2.掌握变电站一次设备巡视的基本工作流程。

3.掌握变电站各类一次设备的巡视内容及标准。

能力目标:1.会按照标准化流程进行一次设备巡视。

2.能通过巡视发现一次设备的异常及缺陷,并及时上报。

态度目标:1.能主动学习,在完成任务过程中发现问题,分析问题和解决问题。

2.在严格遵守安全规范的前提下,能与小组成员协作共同完成本学习任务。

【任务描述】

变电运维值长组织各自学习小组在仿真机环境下,认真分析运行规程,编制巡视作业卡后,正确完成 220 kV 杨高变电站主变压器和线路间隔例行巡视。

【任务准备】

课前预习相关知识。根据 220 kV 杨高变电站接线和运行方式,经讨论后编制巡视作业卡,并独立回答下列问题。

1.例行巡视前应做好哪些准备工作?

2.变压器的巡视内容有哪些?

3.线路间隔的巡视内容有哪些?

【相关知识】

一、设备巡视概述

1. 设备巡视的目的

设备巡视检查是变电站运维人员的一项重要技能,通过对设备的巡视检查,运维人员可随时掌握设备的运行情况,并及时发现设备的异常和缺陷,对预防事故的发生,确保设备安全运行起着重要作用。

2. 设备巡视人员专业素质要求

①熟悉各类电气设备的工作原理和结构性能。

②掌握变电站主要电气设备铭牌规范、主要技术参数。

③了解变电站设备定级状况和尚存的设备缺陷。

④掌握《电力安全工作规程》(发电厂和变电站电气部分)的有关规定,并经考核合格。

3.《电力安全工作规程》(变电部分)中有关设备巡视的规定

①经企业领导批准允许单独巡视高压设备的人员巡视高压设备时,不准进行其他工作,不准移开或越过遮栏。

②雷雨天气,一般不进行室外巡视,确实需要巡视室外高压设备时,应穿绝缘靴,并不准靠近避雷器和避雷针。

③火灾、地震、台风、冰雪、洪水、泥石流、沙尘暴等灾害发生时,如需要对设备进行巡视时,应制订必要的安全措施,得到企业领导批准,并至少两人一组。

④高压设备发生接地时,室内不得接近故障点 4 m 以内,室外不得接近故障点 8 m 以内。

⑤巡视配电装置,进出高压室,必须随手将门锁好,以防小动物进入室内。

⑥按照设备巡视标准化作业指导书的规定,巡视检查应认真做好危险点分析及安全措施,确保巡视人员及运行设备安全。

⑦设备巡视时,应对照各类设备的巡视项目和标准,逐一巡视检查,并用巡视卡或智能巡检设备进行记录,在巡视中发现设备缺陷或异常,要详细填写缺陷及异常记录,及时汇报调度和上级。

二、设备巡视类型及周期

变电站的设备巡视检查,一般分为例行巡视、全面巡视、熄灯巡视和特殊巡视。设备巡视周期根据变电站分类不同,巡视的周期不同。

1. 变电站的分类

①一类变电站是指交流特高压站,直流换流站,核电、大型能源基地(300万kW及以上)外送及跨大区(华北、华中、华东、东北、西北)联络750/500/330 kV变电站。

②二类变电站是指除一类变电站以外的其他750/500/330 kV变电站,电厂外送变电站(100万kW及以上、300万kW以下)及跨省联络220 kV变电站,主变或母线停运、开关拒动造成四级及以上电网事件的变电站。

③三类变电站是指除二类以外的220 kV变电站,电厂外送变电站(30万kW及以上,100万kW以下),主变或母线停运、开关拒动造成五级电网事件的变电站,为一级及以上重要用户直接供电的变电站。

④四类变电站是指除一、二、三类以外的35 kV及以上变电站。

2. 例行巡视

①例行巡视是指对站内设备及设施外观、异常声响、设备渗漏、监控系统、二次装置及辅助设施异常告警、消防安防系统完好性、变电站运行环境、缺陷和隐患跟踪检查等方面的常规性巡查,具体巡视项目按照现场运行通用规程和专用规程执行。

②一类变电站每2天不少于1次;二类变电站每3天不少于1次;三类变电站每周不少于1次;四类变电站每2周不少于1次。

③配置机器人巡检系统的变电站,机器人可巡视的设备可由机器人巡视代替人工例行巡视。

3. 全面巡视

①全面巡视是指在例行巡视项目基础上,对站内设备开启箱门检查,记录设备运行数据,检查设备污秽情况,检查防火、防小动物、防误闭锁等有无漏洞,检查接地引下线是否完好,检查变电站设备厂房等方面的详细巡查。全面巡视和例行巡视可一并进行。

②一类变电站每周不少于1次;二类变电站每15天不少于1次;三类变电站每月不少于1次;四类变电站每2个月不少于1次。

③需要解除防误闭锁装置才能进行巡视的,巡视周期由各运维单位根据变电站运行环境及设备情况在现场运行专用规程中明确。

4. 熄灯巡视

①熄灯巡视指夜间熄灯开展的巡视,重点检查设备有无电晕、放电,接头有无过热现象。

②熄灯巡视每月不少于1次。

5．特殊巡视

特殊巡视指因设备运行环境、方式变化而开展的巡视。遇有以下情况,应进行特殊巡视。

①严寒季节:检查充油设备油面是否过低,导线是否过紧,接头是否开裂发热、绝缘子有无积雪冰凌、管道有无冻裂等现象。

②高温季节:重点检查充油设备油面是否过高,油温是否超过规定。检查变压器油温过高(以厂家说明书、规程规定为准)、接头发热、试温蜡片熔化等现象。

③大风时:重点检查户外设备区有无杂物、漂浮物等以及一次设备引线接头及导线舞动等现象。

④大雨时:检查门窗是否关闭,屋顶、墙壁有无渗水现象。

⑤雷雨后:检查绝缘子、套管有无闪络痕迹,避雷器动作记录仪是否动作,并将动作情况填写在避雷器动作记录中。

⑥大雾霜冻季节和污秽地区:重点检查设备瓷质绝缘部分的污秽程度,重点检查瓷质绝缘部分的污秽程度,检查设备的瓷质绝缘有无放电电晕等异常情况,必要时关灯检查。

⑦事故后:重点检查信号、继电保护、自动装置动作情况,检查事故范围内设备情况,如导线有无烧伤、断股,设备的油位、油色、油压是否正常,有无喷油等异常情况等,绝缘子有无污闪、破损等现象。

⑧高峰大负荷期间:重点检查主变压器、电流互感器、电压互感器、线路(含电缆)导引线接头有无过热现象,主变压器严重过负荷时,应加强对主变油温的检测,确保冷却系统运行正常,必要时联系、申请转移负荷,并采取临时降温措施。

⑨新设备投入运行后,应每小时巡视一次,4 h后转为正常巡视(对主变投运后的巡视要延长到24 h),新设备投运后重点检查有无异声,触头是否发热,有无渗油、漏油现象等。

⑩加强防小动物措施的检查。

三、设备巡视的基本方法

设备巡视可以使用智能巡检系统、巡视卡或巡视记录。运行值班人员在巡视中一般通过看、听、摸、嗅、测等方法对设备进行检查。

(一)一般巡视方法

1．看

看主要是对设备外观、位置、温度、压力、发热、渗漏、油位、灯光、信号等检查项目进行观察和记录,通过分析、比较和判断,掌握设备运行情况,发现设备的缺陷或异常。通过目测,可以发现下列异常现象:

①引线断股、散股、接头松动。

②变形(膨胀、收缩、弯曲)。

③变色(烧焦、发红、硅胶变色、油变黑)。

④渗漏(漏油、漏水、漏气)。

⑤污秽、腐蚀、磨损、破裂。

⑥冒烟、接头发热。

⑦火花、闪络。

⑧有杂质异物。

⑨指示不正常(表计、油位)。

⑩不正常动作。

2. 听

听主要是通过声音判断设备运行是否正常。例如,变压器正常运行时其声音是均匀的嗡嗡声,超额定电流运行时会发出较高而且沉重的嗡嗡声等。通过对设备运行中声音是否正常,有无异常声响,有无异常电晕声、放电声等,可以判断设备运行是否存在异常。

3. 摸

通过以手触试不带电的设备外壳,判断设备的温度、振动等是否存在异常。例如触摸的变压器外壳,检查温度是否正常,与平时比较有无明显差别等。

4. 嗅

通过气味判断设备有无过热、放电等异常。例如通过嗅觉判断气味是否正常,有无焦煳味等异常气味。

5. 测

通过测量的方法,掌握确切的数据。例如,根据设备负荷变化情况,及时用红外线测量仪测试设备接点温度是否异常,有无超过正常温度;对电容式电压互感器二次电压进行测量,检查有无异常波动等。

(二)具体项目的检查方法

1. 油位、渗漏油的检查

注油设备油面过高的原因,可能是注油设备过负荷、内部接头过热或故障、散热环境不良或者气温高等,对于变压器则可能出现假油面。当注油设备油面过低看不见时,可能是注油设备外部或内部漏油以及气温突降等多种因素造成的。发现油位过低,应检查是否属于上述原因,进行对应处理。

油位计不容易看清楚时,可采取以下方法:

①多角度观察。

②两个温差较大的时刻所观察的现象比较。

③与其他同类设备油位比较。

④比较油位计不同亮度下的底色板颜色。

2. 油温判断

通常采用比较法,即与以往的运行数据比较,如发现油温较高,应查明原因。一般变压器设备装设油温表,油温高的因素有:冷却器有故障;散热环境不良,散热器阀门没有打开;

环境温度高;负荷大;内部有故障;外部有故障;温度计损坏。通过比较安装在变压器不同位置的温度计读数,并充分考虑气温、负荷的因素,对照变压器负荷曲线,判断是否为变压器温升异常。变压器的很多故障都有可能伴随急剧的温升,应检查系统电压是否过高、套管各个端子和母线或电缆的连接是否紧密、有无发热现象。

3.声响判断

变压器在正常运行中会发出均匀的嗡嗡声,而其他大多数设备正常运行时处于无声状态。当发生各种异常或故障情况时,就会发出不同声响,对于声音判断,通常采用比较法。

一般发生异常声响的可能因素有内部故障;负荷突变;设备内部个别零件松动;铁磁谐振;系统发生故障,电流互感器二次开路;电流互感器末屏接地不良;电压互感器接地端接地不良;设备脏污等原因发生放电;其他因素(如设备外部附件螺丝、螺母松动造成的不正常声响)。

4.接头发热的检查方法

①根据示温蜡片状况进行检查。一般黄色熔化温度为60 ℃,绿色熔化温度为70 ℃,红色熔化温度为80 ℃。

②根据相色漆的变色来判断接头是否发热。

③观察接头上有无天热气流、水蒸气和冒烟现象。

④观察接头金属的变色。

⑤用红外测温仪测量接头温度。参照红外测温导则标准分析判断。

5.绝缘子裂纹的检查方法

①雨后检查水波纹。

②对着日光检查,绝缘子避免污秽程度越大,其反射光线聚光带的亮度就越暗。

③用望远镜观察。

④根据放电声音检查判断。

6.断路器液压机构压力的检查判断

液压机构压力表数值应对照温度压力曲线判断是否在规定范围内,同时与活塞杆和微动开关位置相比较,综合判断。如环境温度过高时,压力表读数很高,但活塞杆的位置正常;储压桶活塞密封不严时,氮气或液压油发生内渗,压力表读数和活塞杆的位置也会不一致。

7.断路器机械位置的检查

应检查分合闸指示器、绝缘拉杆状态是否一致,其相连的运动部件相对位置有无变化,同时结合电气位置指示变化对比分析。

8.对在线监测装置的检查,分析对比变化数据

例如,变压器油中溶解气体在线监测装置、避雷器在线监测装置。

四、设备巡视的工作流程

1.准备工作

①查阅设备缺陷记录、运行日志并检查负荷情况,掌握设备运行状况,重点巡视存在缺陷及负荷较大的设备。

②按照有关规程的要求,考虑当时的天气情况,佩戴安全防护用品,防止高温中暑或低温冻伤。

③准备望远镜、红外测温仪、巡视卡、笔、设备区等。

2. 按照规定的巡视路线对设备逐个进行巡视

每个设备应按照巡视指导书(卡)或智能巡检设备的巡视顺序和项目对各个部位逐项进行巡视,不得有遗漏。对存在缺陷或异常运行的设备进行巡视时,要重点检查其缺陷或异常有无发展。

3. 巡视中发现缺陷的处理

一般缺陷记录在巡视卡或智能巡检设备中,巡视完毕按照缺陷报告程序进行汇报。

对严重、危急缺陷,应立即暂停巡视,报告值班负责人,由值班负责人汇报调度及工区,并根据缺陷严重程度采取适当措施。紧急处理完毕,应从中断的地方开始继续巡视。

4. 巡视结果记录

巡视完毕,将巡视结果汇报值班负责人,必要时值班负责人应对存在缺陷设备进行复查,确认是否构成缺陷以及严重程度。

设备巡视流程图如图 1-1-1 所示。

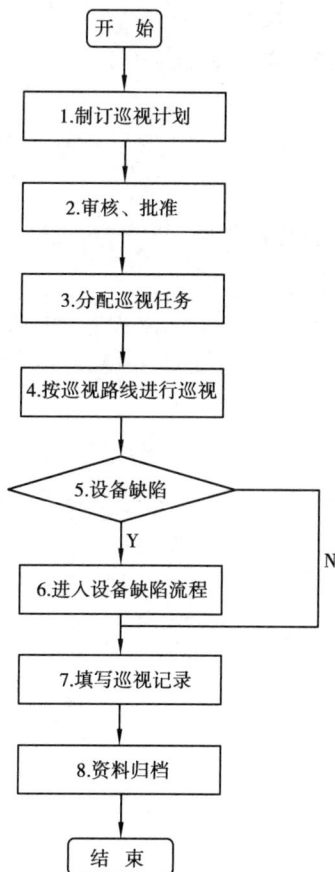

图 1-1-1　设备巡视流程图

五、变压器巡视

(一)例行巡视

1.本体及套管

①运行监控信号、灯光指示、运行数据等均应正常。

②各部位无渗油、漏油。

③套管油位正常,套管外部无破损裂纹、无严重油污、无放电痕迹,防污闪涂料无起皮、脱落等异常现象。

④套管末屏无异常声音,接地引线固定良好,套管均压环无开裂歪斜。

⑤变压器声响均匀、正常。

⑥引线接头、电缆应无发热迹象。

⑦外壳及箱沿应无异常发热,引线无散股、断股。

⑧变压器外壳、铁芯和夹件接地良好。

⑨35 kV及以下接头及引线绝缘护套良好。

2.分接开关

①分接挡位指示与监控系统一致。三相分体式变压器分接挡位三相应置于相同挡位,且与监控系统一致。

②机构箱电源指示正常,密封良好,加热、驱潮等装置运行正常。

③分接开关的油位、油色应正常。

④在线滤油装置工作方式设置正确,电源、压力表指示正常。

⑤在线滤油装置无渗漏油。

3.冷却系统

①各冷却器(散热器)的风扇、油泵、水泵运转正常,油流继电器工作正常。

②冷却系统及连接管道无渗漏油,特别注意冷却器潜油泵负压区出现渗漏油。

③冷却装置控制箱电源投切方式指示正常。

④水冷却器压差继电器、压力表、温度表、流量表的指示正常,指针无抖动现象。

⑤冷却塔外观完好,运行参数正常,各部件无锈蚀、管道无渗漏、阀门开启正确、电机运转正常。

4.非电量保护装置

①温度计外观完好、指示正常,表盘密封良好,无进水、凝露,温度指示正常。

②压力释放阀、安全气道及防爆膜应完好无损。

③气体继电器内应无气体。

④气体继电器、油流速动继电器、温度计防雨措施完好。

5. 储油柜

①本体及有载调压开关储油柜的油位应与制造厂提供的油温、油位曲线相对应。

②本体及有载调压开关吸湿器呼吸正常,外观完好,吸湿剂符合要求,油封油位正常。

6. 其他

①各控制箱、端子箱和机构箱应密封良好,加热、驱潮等装置运行正常。

②变压器室通风设备应完好,温度正常。门窗、照明完好,房屋无漏水。

③电缆穿管端部封堵严密。

④各种标志应齐全明显。

⑤原存在的设备缺陷是否有发展。

⑥变压器导线、接头、母线上无异物。

(二)全面巡视

全面巡视在例行巡视的基础上增加以下项目:

①消防设施应齐全完好。

②储油池和排油设施应保持良好状态。

③各部位的接地应完好。

④冷却系统各信号正确。

⑤在线监测装置应保持良好状态。

⑥抄录主变油温及油位。

(三)熄灯巡视

①引线、接头、套管末屏无放电、发红迹象。

②套管无闪络、放电。

(四)特殊巡视

新投入或者经过大修的变压器应进行特殊巡视。

①各部件无渗漏油。

②声音应正常,无不均匀声响或放电声。

③油位变化应正常,应随温度的增加合理上升,并符合变压器的油温曲线。

④冷却装置运行良好,每一组冷却器温度应无明显差异。

⑤油温变化应正常,变压器(电抗器)带负载后,油温应符合厂家要求。

异常天气时的巡视:

①气温骤变时,检查储油柜油位和瓷套管油位是否有明显变化,各侧连接引线是否受力,是否存在断股或者接头部位、部件发热现象。各密封部位、部件有否渗漏油现象。

②浓雾、小雨、雾霾天气时,瓷套管有无沿表面闪络和放电,各接头部位、部件在小雨中不应有水蒸气上升现象。

③下雪天气时,应根据接头部位积雪溶化迹象检查是否发热。检查导引线积雪累积厚度情况,为了防止套管因积雪过多受力引发套管破裂和渗漏油等,应及时清除导引线上的积雪和形成的冰柱。

④高温天气时,应特别检查油温、油位、油色和冷却器运行是否正常。必要时,可以启动备用冷却器。

⑤大风、雷雨、冰雹天气过后,检查导引线摆动幅度及有无断股迹象,设备上有无飘落积存杂物,瓷套管有无放电痕迹及破裂现象。

⑥覆冰天气时,观察外绝缘的覆冰厚度及冰凌桥接程度,覆冰厚度不超 10 mm,冰凌桥接长度不宜超过干弧距离的 1/3 ,放电不超过第二伞裙,不出现中部伞裙放电现象。

过载时的巡视:

①定时检查并记录负载电流,检查并记录油温和油位的变化。

②检查变压器声音是否正常,接头是否发热,冷却装置投入数量是否足够。

③防爆膜、压力释放阀是否动作。

故障跳闸后的巡视:

①检查现场一次设备(特别是保护范围内设备)有无着火、爆炸、喷油、放电痕迹、导线断线、短路、小动物爬入等情况。

②检查保护及自动装置(包括气体继电器和压力释放阀)的动作情况。

③检查各侧断路器运行状态(位置、压力、油位)。

六、断路器巡视

(一)例行巡视

1.本体

①外观清洁、无异物、无异常声响。

②油断路器本体油位正常,无渗漏油现象,油位计清洁。

③断路器套管电流互感器无异常声响、外壳无变形、密封条无脱落。

④分、合闸指示正确,与实际位置相符;SF_6 密度继电器(压力表)指示正常、外观无破损或渗漏,防雨罩完好。

⑤外绝缘无裂纹、破损及放电现象,增爬伞裙粘接牢固、无变形,防污涂料完好、无脱落、起皮现象。

⑥引线弧垂满足要求,无散股、断股,两端线夹无松动、裂纹、变色现象。

⑦均压环安装牢固,无锈蚀、变形、破损。

⑧套管防雨帽无异物堵塞,无鸟巢、蜂窝等。

⑨金属法兰无裂痕,防水胶完好,连接螺栓无锈蚀、松动、脱落。

⑩传动部分无明显变形、锈蚀,轴销齐全。

2.操动机构

①液压、气动操动机构压力表指示正常。

②液压操动机构油位、油色正常。

③弹簧储能机构储能正常。

3.其他

①名称、编号、铭牌齐全、清晰,相序标志明显。

②机构箱、汇控柜箱门平整,无变形、锈蚀,机构箱锁具完好。

③基础构架无破损、开裂、下沉,支架无锈蚀、松动或变形,无鸟巢、蜂窝等异物。

④接地引下线标志无脱落,接地引下线可见部分连接完整可靠,接地螺栓紧固,无放电痕迹,无锈蚀、变形现象。

⑤原存在的设备缺陷无发展。

(二)全面巡视

全面巡视是在例行巡视基础上增加以下巡视项目,并抄录断路器油位、SF_6气体压力、液压(气动)操动机构压力、断路器动作次数、操动机构电机动作次数等运行数据。

①断路器动作计数器指示正常。

②气动操动机构空压机运转正常、无异音,油位、油色正常;气水分离器工作正常,无渗漏油、无锈蚀。

③液压操动机构油位正常,无渗漏,油泵及各储压元件无锈蚀。

④弹簧操动机构弹簧无锈蚀、裂纹或断裂。

⑤电磁操动机构合闸保险完好。

⑥SF_6气体管道阀门及液压、气动操动机构管道阀门位置正确。

⑦指示灯正常,压板投退、远方/就地切换把手位置正确。

⑧空气开关位置正确,二次元件外观完好、标志、电缆标牌齐全清晰。

⑨端子排无锈蚀、裂纹、放电痕迹;二次接线无松动、脱落,绝缘无破损、老化现象;备用芯绝缘护套完备;电缆孔洞封堵完好。

⑩照明、加热驱潮装置工作正常。加热驱潮装置线缆的隔热护套完好,附近线缆无过热灼烧现象。加热驱潮装置投退正确。

⑪机构箱透气口滤网无破损,箱内清洁无异物,无凝露、积水现象。

⑫箱门开启灵活,关闭严密,密封条无脱落、老化现象。

⑬五防锁具无锈蚀、变形现象,锁具芯片无脱落损坏现象。

⑭高寒地区应检查罐式断路器罐体、气动机构及其联接管路加热带工作正常。

(三)熄灯巡视

重点检查引线、接头、线夹有无发热,外绝缘有无放电现象。

(四)特殊巡视

①新安装或A、B类检修后投运的断路器、长期停用的断路器投入运行72 h内,应增加巡视次数(不少于3次),巡视项目按照全面巡视执行。

②异常天气时的巡视。

a.大风天气时,检查引线摆动情况,有无断股、散股,均压环及绝缘子是否倾斜、断裂,各部件上有无搭挂杂物。

b. 雷雨天气后,检查外绝缘有无放电现象或放电痕迹。

c. 大雨后、连阴雨天气时,检查机构箱、端子箱、汇控柜等有无进水,加热驱潮装置工作是否正常。

d. 冰雪天气时,检查导电部分是否有冰雪立即熔化现象,大雪时还应检查设备积雪情况,及时处理过多的积雪和悬挂的冰柱。

e. 覆冰天气时,观察外绝缘的覆冰厚度及冰凌桥接程度,覆冰厚度不超 10 mm,冰凌桥接长度不宜超过干弧距离的 1/3 ,爬电不超过第二伞裙,无中部伞裙爬电现象。

f. 冰雹天气后,检查引线有无断股、散股,绝缘子表面有无破损现象。

g. 大雾、重度雾霾天气时,检查外绝缘有无异常电晕现象,重点检查污秽部分。

h. 温度骤变时,检查断路器油位、压力变化情况、有无渗漏现象;加热驱潮装置工作是否正常。

i. 高温天气时,检查引线、线夹有无过热现象。

③高峰负荷期间,增加巡视次数,检查引线、线夹有无过热现象。

④故障跳闸后的巡视。

a. 断路器外观是否完好。

b. 断路器的位置是否正确。

c. 外绝缘、接地装置有无放电现象、放电痕迹。

d. 断路器内部有无异音。

e. SF$_6$密度继电器(压力表)指示是否正常,操动机构压力是否正常,弹簧机构储能是否正常。

f. 油断路器有无喷油,油色及油位是否正常。

g. 各附件有无变形,引线、线夹有无过热、松动现象。

h. 保护动作情况及故障电流情况。

七、隔离开关巡视

(一)例行巡视

1. 导电部分

①合闸状态的隔离开关触头接触良好,合闸角度符合要求;分闸状态的隔离开关触头间的距离或打开角度符合要求,操动机构的分、合闸指示与本体实际分、合闸位置相符。

②触头、触指(包括滑动触指)、压紧弹簧无损伤、变色、锈蚀、变形,导电臂(管)无损伤、变形现象。

③引线弧垂满足要求,无散股、断股,两端线夹无松动、裂纹、变色等现象。

④导电底座无变形、裂纹,连接螺栓无锈蚀、脱落现象。

⑤均压环安装牢固,表面光滑,无锈蚀、损伤、变形现象。

2.绝缘子

①绝缘子外观清洁,无倾斜、破损、裂纹、放电痕迹或放电异声。

②金属法兰与瓷件的胶装部位完好,防水胶无开裂、起皮、脱落现象。

③金属法兰无裂痕,连接螺栓无锈蚀、松动、脱落现象。

3.传动部分

①传动连杆、拐臂、万向节无锈蚀、松动、变形现象。

②轴销无锈蚀、脱落现象,开口销齐全,螺栓无松动、移位现象。

③接地开关平衡弹簧无锈蚀、断裂现象,平衡锤牢固可靠;接地开关可动部件与其底座之间的软连接完好、牢固。

4.基座、机械闭锁及限位部分

①基座无裂纹、破损,连接螺栓无锈蚀、松动、脱落现象,其金属支架焊接牢固,无变形现象。

②机械闭锁位置正确,机械闭锁盘、闭锁板、闭锁销无锈蚀、变形、开裂现象,闭锁间隙符合要求。

③限位装置完好可靠。

5.操动机构

①隔离开关操动机构机械指示与隔离开关实际位置一致。

②各部件无锈蚀、松动、脱落现象,连接轴销齐全。

6.其他

①名称、编号、铭牌齐全清晰,相序标识明显。

②超 B 类接地开关辅助灭弧装置分合闸指示正确、外绝缘完好无裂纹、SF_6 气体压力正常。

③机构箱无锈蚀、变形现象,机构箱锁具完好,接地连接线完好。

④基础无破损、开裂、倾斜、下沉,架构无锈蚀、松动、变形现象,无鸟巢、蜂窝等异物。

⑤接地引下线标志无脱落,接地引下线可见部分连接完整可靠,接地螺栓紧固,无放电痕迹,无锈蚀、变形现象。

⑥五防锁具无锈蚀、变形现象,锁具芯片无脱落损坏现象。

⑦原存在的设备缺陷无发展。

(二)全面巡视

全面巡视在例行巡视的基础上增加以下项目:

①隔离开关"远方/就地"切换把手、"电动/手动"切换把手位置正确。

②辅助开关外观完好,与传动杆连接可靠。

③空气开关、电动机、接触器、继电器、限位开关等元件外观完好。二次元件标识、电缆标牌齐全清晰。

④端子排无锈蚀、裂纹、放电痕迹;二次接线无松动、脱落,绝缘无破损、老化现象;备用

芯绝缘护套完备;电缆孔洞封堵完好。

⑤照明、驱潮加热装置工作正常,加热器线缆的隔热护套完好,附近线缆无烧损现象。

⑥机构箱透气口滤网无破损,箱内清洁无异物,无凝露、积水现象。

⑦箱门开启灵活,关闭严密,密封条无脱落、老化现象,接地连接线完好。

⑧五防锁具无锈蚀、变形现象,锁具芯片无脱落损坏现象。

(三)熄灯巡视

重点检查隔离开关触头、引线、接头、线夹有无发热,绝缘子表面有无放电现象。

(四)特殊巡视

①新安装或 A、B 类检修后投运的隔离开关应增加巡视次数,巡视项目按照全面巡视执行。

②异常天气时的巡视。

a. 大风天气时,检查引线摆动情况,有无断股、散股,均压环及绝缘子是否倾斜、断裂,各部件上有无搭挂杂物。

b. 雷雨天气后,检查绝缘子表面有无放电现象或放电痕迹,检查接地装置有无放电痕迹。

c. 大雨、连阴雨天气时,检查机构箱、端子箱有无进水,驱潮加热装置工作是否正常。

d. 冰雪天气时,检查导电部分是否有冰雪立即融化现象,大雪时还应检查设备积雪情况,及时处理过多的积雪和悬挂的冰柱。

e. 覆冰天气时,观察外绝缘的覆冰厚度及冰凌桥接程度,覆冰厚度不超过 10 mm,冰凌桥接长度不宜超过干弧距离的 1/3,爬电不超过第二伞裙,无中部伞裙爬电现象。

f. 冰雹天气后,检查引线有无断股、散股,绝缘子表面有无破损现象。

g. 大雾、重度雾霾天气时,检查绝缘子有无放电现象,重点检查污秽部分。

h. 高温天气时,检查触头、引线、线夹有无过热现象。

③高峰负荷期间,增加巡视次数,重点检查触头、引线、线夹有无过热现象。

④故障跳闸后,检查隔离开关各部件有无变形,触头、引线、线夹有无过热、松动,绝缘子有无裂纹或放电痕迹。

八、电流互感器巡视

(一)例行巡视

①各连接引线及接头无发热、变色迹象,引线无断股、散股。

②外绝缘表面完整,无裂纹、放电痕迹、老化迹象,防污闪涂料完整无脱落。

③金属部位无锈蚀,底座、支架、基础无倾斜变形。

④无异常振动、异常声响及异味。

⑤底座接地可靠,无锈蚀、脱焊现象,整体无倾斜。

⑥二次接线盒关闭紧密,电缆进出口密封良好。

⑦接地标识、出厂铭牌、设备标识牌、相序标识齐全、清晰。

⑧油浸电流互感器油位指示正常,各部位无渗漏油现象;吸湿器硅胶变色在规定范围内;金属膨胀器无变形,膨胀位置指示正常。

⑨SF_6电流互感器压力表指示在规定范围,无漏气现象,密度继电器正常,防爆膜无破裂。

⑩干式电流互感器外绝缘表面无粉蚀、开裂,无放电现象,外露铁芯无锈蚀。

⑪原存在的设备缺陷无发展趋势。

(二)全面巡视

全面巡视在例行巡视的基础上增加以下项目:

①端子箱内各空气开关投退正确,二次接线名称齐全,引接线端子无松动、过热、打火现象,接地牢固可靠。

②端子箱内孔洞封堵严密,照明完好;电缆标牌齐全、完整。

③端子箱门开启灵活、关闭严密,无变形锈蚀,接地牢固,标识清晰。

④端子箱内部清洁,无异常气味、无受潮凝露现象;驱潮加热装置运行正常,加热器按季节和要求正确投退。

⑤记录并核查SF_6气体压力值,应无明显变化。

⑥熄灯巡视。

⑦引线、接头无放电、发红、严重电晕迹象。

⑧外绝缘无闪络、放电。

(三)特殊巡视

1. 大负荷运行期间的巡视

①检查接头无发热、本体无异常声响、异味。必要时用红外热像仪检查电流互感器本体、引线接头的发热情况。

②检查SF_6气体压力指示或油位指示正常。

2. 异常天气时的巡视

①气温骤变时,检查一次引线接头无异常受力,引线接头部位无发热现象;各密封部位无漏气、渗漏油现象,SF_6气体压力指示及油位指示正常;端子箱内无受潮凝露。

②大风、雷雨、冰雹天气过后,检查导引线无断股迹象,设备上无飘落积存杂物,外绝缘无闪络放电痕迹及破裂现象。

③雾霾、大雾、毛毛雨天气时,检查无沿表面闪络和放电,重点监视瓷质污秽部分,必要时夜间熄灯检查。

④高温及严寒天气时,检查油位指示正常,SF_6气体压力正常。

⑤覆冰天气时,检查外绝缘覆冰情况及冰凌桥接程度,覆冰厚度不超过10 mm,冰凌桥接长度不宜超过干弧距离的1/3,放电不超过第二伞裙,无中部伞裙放电现象。

3.故障跳闸后的巡视

故障范围内的电流互感器重点检查油位、气体压力是否正常,有无喷油、漏气,导线有无烧伤、断股,绝缘子有无闪络、破损等现象。

九、电压互感器巡视

(一)例行巡视

①外绝缘表面完整,无裂纹、放电痕迹、老化迹象,防污闪涂料完整无脱落。

②各连接引线及接头无松动、发热、变色迹象,引线无断股、散股。

③金属部位无锈蚀;底座、支架、基础牢固,无倾斜变形。

④无异常振动、异常音响及异味。

⑤接地引下线无锈蚀、松动情况。

⑥二次接线盒关闭紧密,电缆进出口密封良好;端子箱门关闭良好。

⑦均压环完整、牢固,无异常可见电晕。

⑧油浸电压互感器油色、油位指示正常,各部位无渗漏油现象;吸湿器硅胶变色小于2/3;金属膨胀器膨胀位置指示正常。

⑨SF_6电压互感器压力表指示在规定范围内,无漏气现象,密度继电器正常,防爆膜无破裂。

⑩电容式电压互感器的电容分压器及电磁单元无渗漏油。

⑪干式电压互感器外绝缘表面无粉蚀、开裂、凝露、放电现象,外露铁芯无锈蚀。

⑫330 kV 及以上电容式电压互感器、电容分压器各节之间防晕罩连接可靠。

⑬接地标识、设备铭牌、设备标示牌、相序标注齐全、清晰。

⑭原存在的设备缺陷是否有发展趋势。

(二)全面巡视

全面巡视在例行巡视的基础上增加以下项目:

①端子箱内各二次空气开关、刀闸、切换把手、熔断器投退正确,二次接线名称齐全,引接线端子无松动、过热、打火现象,接地牢固可靠。

②端子箱内孔洞封堵严密,照明完好,电缆标牌齐全完整。

③端子箱门开启灵活、关闭严密,无变形、锈蚀,接地牢固,标识清晰。

④端子箱内部清洁,无异常气味、无受潮凝露现象;驱潮加热装置运行正常,加热器按要求正确投退。

⑤检查 SF_6 密度继电器压力正常,记录 SF_6 气体压力值。

(三)熄灯巡视

①引线、接头无放电、发红、严重电晕迹象。

②外绝缘套管无闪络、放电。

（四）特殊巡视

异常天气时：

①气温骤变时,检查引线无异常受力,是否存在断股,接头部位无发热现象;各密封部位无漏气、渗漏油现象,SF_6气体压力指示及油位指示正常;端子箱无凝露现象。

②大风、雷雨、冰雹天气过后,检查导引线无断股、散股迹象,设备上无飘落积存杂物,外绝缘无闪络放电痕迹及破裂现象。

③雾霾、大雾、毛毛雨天气时,检查外绝缘无沿表面闪络和放电,重点监视瓷质污秽部分,必要时夜间熄灯检查。

④高温天气时:检查油位指示正常,SF_6气体压力应正常。

⑤覆冰天气时,检查外绝缘覆冰情况及冰凌桥接程度,覆冰厚度不超过10 mm,冰凌桥接长度不宜超过干弧距离的1/3,放电不超过第二伞裙,不出现中部伞裙放电现象。

⑥大雪天气时,应根据接头部位积雪溶化迹象检查是否发热,及时清除导引线上的积雪和形成的冰柱。

故障跳闸后的巡视：

故障范围内的电压互感器重点检查导线有无烧伤、断股,油位、油色、气体压力等是否正常,有无喷油、漏气异常情况等,绝缘子有无污闪、破损现象。

十、电容器巡视

（一）例行巡视

①设备铭牌、运行编号标识、相序标识齐全、清晰。

②母线及引线无过紧过松、散股、断股、无异物缠绕,各连接头无发热现象。

③无异常振动或响声。

④电容器壳体无变色、膨胀变形;集合式电容器无渗漏油,油温、储油柜油位正常,吸湿器受潮硅胶不超过2/3,阀门接合处无渗漏油现象;框架式电容器外熔断器完好。带有外熔断器的电容器,应检查外熔断器的运行工况。

⑤限流电抗器附近无磁性杂物存在,干抗表面涂层无变色、龟裂、脱落或爬电痕迹,无放电及焦味,电抗器撑条无脱出现象,油电抗器无渗漏油。

⑥放电线圈二次接线紧固无发热、松动现象;干式放电线圈绝缘树脂无破损、放电;油浸放电线圈油位正常,无渗漏。

⑦避雷器垂直和牢固,外绝缘无破损、裂纹及放电痕迹,运行中避雷器泄漏电流正常,无异响。

⑧设备的接地良好,接地引下线无锈蚀、断裂且标识完好。

⑨电缆穿管端部封堵严密。

⑩套管及支柱绝缘子完好,无破损裂纹及放电痕迹。

⑪围栏安装牢固,门关闭,无杂物,五防锁具完好。

⑫本体及支架上无杂物,支架无锈蚀、松动或变形。

⑬原有的缺陷无发展趋势。

(二)全面巡视

全面巡视在例行巡视的基础上增加以下项目:

①电容器室干净整洁,照明及通风系统完好。

②电容器防小动物设施完好。

③端子箱门应关严,无进水受潮,温控除湿装置应工作正常,在"自动"方式长期运行。

④端子箱内孔洞封堵严密,照明完好;电缆标牌齐全、完整。

(三)熄灯巡视

①检查引线、接头有无放电、发红过热迹象。

②检查套管无闪络、放电痕迹。

(四)特殊巡视

新投入或经过大修后巡视:

①声音应正常,如果发现响声特大,不均匀或者有放电声,应认真检查。

②单体电容器壳体无膨胀变形,集合式电容器油温、油位正常。

③红外测温各部分本体和接头无发热。

异常天气时巡视:

①气温骤变时,检查一次引线端子无异常受力,引线无断股、发热,集合式电容器检查油位应正常。

②雷雨、冰雹、大风天气过后,检查导引线无断股迹象,设备上无飘落积存杂物,瓷套管无放电痕迹及破裂现象。

③浓雾、毛毛雨天气时,检查套管无沿表面闪络和放电,各接头部位、部件在小雨中不应有水蒸气上升现象。

④高温天气时,应特别检查电容器壳体无变色、膨胀变形;集合式电容器油温、油位正常。

⑤覆冰天气时,观察外绝缘的覆冰厚度及冰凌桥接程度,放电不超过第二伞裙,无中部伞裙放电现象。

⑥下雪天气时,应根据接头部位积雪溶化迹象检查是否发热。检查导引线积雪累积厚度情况,应及时清除导引线上的积雪和形成的冰柱。

故障跳闸后的巡视:

①检查电容器各引线接点无发热现象,外熔断器无熔断或松弛。

②检查本体各部件无位移、变形、松动或损坏现象。

③检查外表涂漆无变色,壳体无膨胀变形,接缝无开裂、渗漏油。

④检查外熔断器、放电回路、电抗器、电缆、避雷器是否完好。

⑤检查瓷件无破损、裂纹及放电闪络痕迹。

十一、电抗器巡视

（一）例行巡视

①设备铭牌、运行编号标识、相序标识齐全、清晰。

②包封表面无裂纹、无爬电，无油漆脱落现象，防雨帽、防鸟罩完好，螺栓紧固。

③空心电抗器撑条无松动、位移、缺失等情况。

④铁芯电抗器紧固件无松动，温度显示及风机工作正常。

⑤引线无散股、断股、扭曲，松弛度适中；连接金具接触良好，无裂纹、发热变色、变形。

⑥瓷瓶无破损，金具完整；支柱绝缘子金属部位无锈蚀，支架牢固，无倾斜变形。

⑦运行中无过热，无异常声响、震动及放电声。

⑧设备的接地良好，接地引下线无锈蚀、断裂，接地标识完好。

⑨电缆穿管端部封堵严密。

⑩围栏安装牢固，门关闭，无杂物，五防锁具完好；周边无异物且金属物无异常发热。

⑪电抗器本体及支架上无杂物，若室外布置应检查无鸟窝等异物。

⑫设备基础构架无倾斜、下沉。

⑬原有的缺陷无发展趋势。

（二）全面巡视

全面巡视在例行巡视的基础上增加以下项目：

①电抗器室干净整洁，照明及通风系统完好。

②电抗器防小动物设施完好。

③检查接地引线是否完好。

④端子箱门关闭，封堵完好，无进水受潮。

⑤端子箱体内加热、防潮装置工作正常。

⑥表面涂层无破裂、起皱、鼓泡、脱落现象。

⑦端子箱内孔洞封堵严密，照明完好；电缆标牌齐全、完整。

（三）熄灯巡视

①检查引线、接头无放电、发红过热迹象。

②检查绝缘子无闪络、放电痕迹。

（四）特殊巡视

新投入后巡视：

①声音应正常，如果发现响声特大，不均匀或者有放电声，应认真检查。

②表面无爬电，壳体无变形。

③表面油漆无变色，无明显异味。

④红外测温电抗器本体和接头无发热。

⑤新投运电抗器应使用红外成像测温仪进行测温,注意收集、保存、填报红外测温成像图谱佐证资料。

异常天气时巡视:

①气温骤变时,检查一次引线端子无异常受力,无散股、断股,撑条无位移、变形。

②雷雨、冰雹、大风天气过后,检查导引线摆动幅度及有无断股迹象,设备上有无飘落积存杂物,瓷套管有无放电痕迹及破裂现象。

③浓雾、毛毛雨天气时,瓷套管有无沿表面闪络、放电和异常声响。

④高温天气时,应特别检查电抗器外表有无变色、变形,有无异味或冒烟。

⑤下雪天气时,应根据接头部位积雪溶化迹象检查是否发热。检查导引线积雪累积厚度情况,及时清除导引线上的积雪和形成的冰柱。

故障跳闸后的巡视:

①线圈匝间及支持部分有无变形、烧坏。

②回路内引线接点有无发热现象。

③检查本体各部件无位移、变形、松动或损坏。

④外表涂漆是否变色,外壳有无膨胀、变形。

⑤瓷件有无破损、裂缝及放电闪络痕迹。

十二、避雷器巡视

(一)例行巡视

①引流线无松股、断股和弛度过紧及过松现象;接头无松动、发热或变色等现象。

②均压环无位移、变形、锈蚀现象,无放电痕迹。

③瓷套部分无裂纹、破损、无放电现象,防污闪涂层无破裂、起皱、鼓泡、脱落;硅橡胶复合绝缘外套伞裙无破损、变形,无电蚀痕迹。

④密封结构金属件和法兰盘无裂纹、锈蚀。

⑤压力释放装置封闭完好且无异物。

⑥设备基础完好、无塌陷;底座固定牢固、整体无倾斜;绝缘底座表面无破损、积污。

⑦接地引下线连接可靠,无锈蚀、断裂。

⑧引下线支持小套管清洁、无碎裂,螺栓紧固。

⑨运行时无异常声响。

⑩监测装置外观完整、清洁、密封良好、连接紧固,表计指示正常,数值无超标;放电计数器完好,内部无受潮、进水。

⑪接地标识、设备铭牌、设备标识牌、相序标识齐全、清晰。

⑫原存在的设备缺陷是否有发展趋势。

（二）全面巡视

全面巡视在例行巡视的基础上增加记录避雷器泄漏电流的指示值及放电计数器的指示数，并与历史数据进行比较。

（三）熄灯巡视

①引线、接头无放电、发红、严重电晕迹象。

②外绝缘无闪络、放电。

（四）特殊巡视

异常天气时：

①大风、沙尘、冰雹天气后，检查引线连接应良好，无异常声响，垂直安装的避雷器无严重晃动，户外设备区域有无杂物、漂浮物等。

②雾霾、大雾、毛毛雨天气时，检查避雷器无电晕放电情况，重点监视污秽瓷质部分，必要时夜间熄灯检查。

③覆冰天气时，检查外绝缘覆冰情况及冰凌桥接程度，覆冰厚度不超过 10 mm，冰凌桥接长度不宜超过干弧距离的 1/3，放电不超过第二伞裙，不出现中部伞裙放电现象。

④大雪天气，检查引线积雪情况，为防止套管因过度受力引起套管破裂等现象，应及时处理引线积雪过多和冰柱。

雷雨天气及系统发生过电压后：

①检查外部是否完好，有无放电痕迹。

②检查监测装置外壳完好，无进水。

③与避雷器连接的导线及接地引下线有无烧伤痕迹或断股现象，监测装置底座有无烧伤痕迹。

④记录放电计数器的放电次数，判断避雷器是否动作。

⑤记录泄漏电流的指示值，检查避雷器泄漏电流变化情况。

十三、开关柜巡视

（一）例行巡视

①开关柜运行编号标识正确、清晰，编号应采用双重编号。

②开关柜上断路器或手车位置指示灯、断路器储能指示灯、带电显示装置指示灯指示正常。

③开关柜内断路器操作方式选择开关处于运行、热备用状态时置于"远方"位置，其余状态时置于"就地"位置。

④机械分、合闸位置指示与实际运行方式相符。

⑤开关柜内应无放电声、异味和不均匀的机械噪声。

⑥开关柜压力释放装置无异常,释放出口无障碍物。

⑦柜体无变形、下沉现象,柜门关闭良好,各封闭板螺栓应齐全,无松动、锈蚀。

⑧开关柜闭锁盒、五防锁具闭锁良好,锁具标号正确、清晰。

⑨充气式开关柜气压正常。

⑩开关柜内 SF_6 断路器气压正常。

⑪开关柜内断路器储能指示正常。

⑫开关柜内照明正常,非巡视时间照明灯应关闭。

(二)全面巡视

全面巡视在例行巡视的基础上增加以下项目:

①开关柜出厂铭牌齐全、清晰可识别,相序标识清晰可识别。

②开关柜面板上应有间隔单元的一次电气接线图,并与柜内实际一次接线一致。

③开关柜接地应牢固,封闭性能及防小动物设施应完好。

开关柜控制仪表室巡视检查项目及要求:

①表计、继电器工作正常,无异声、异味。

②不带有温湿度控制器的驱潮装置小开关正常在合闸位置,驱潮装置附近温度应稍高于其他部位。

③带有温湿度控制器的驱潮装置,温湿度控制器电源灯亮,根据温湿度控制器设定启动温度和湿度,检查加热器是否正常运行。

④控制电源、储能电源、加热电源、电压小开关正常在合闸位置。

⑤环路电源小开关除在分段点处断开外,其他柜均在合闸位置。

⑥二次接线连接牢固,无断线、破损、变色现象。

⑦二次接线穿柜部位封堵良好。

有条件时,通过观察窗检查以下项目:

①开关柜内部无异物。

②支持瓷瓶表面清洁、无裂纹、破损及放电痕迹。

③引线接触良好,无松动、锈蚀、断裂现象。

④绝缘护套表面完整,无变形、脱落、烧损。

⑤油断路器、油浸式电压互感器等充油设备,油位在正常范围内,油色透明无炭黑等悬浮物,无渗、漏油现象。

⑥检查开关柜内 SF_6 断路器气压是否正常,并抄录气压值。

⑦试温蜡片(试温贴纸)变色情况及有无熔化。

⑧隔离开关动、静触头接触良好;触头、触片无损伤、变色;压紧弹簧无锈蚀、断裂、变形。

⑨断路器、隔离开关的传动连杆、拐臂无变形,连接无松动、锈蚀,开口销齐全;轴销无变位、脱落、锈蚀。

⑩断路器、电压互感器、电流互感器、避雷器等设备外绝缘表面无脏污、受潮、裂纹、放电、粉蚀现象。

⑪避雷器泄漏电流表电流值在正常范围内。

⑫手车动、静触头接触良好,闭锁可靠。

⑬开关柜内部二次线固定牢固、无脱落,无接头松脱、过热,引线断裂,外绝缘破损等现象。

⑭柜内设备标识齐全、无脱落。

⑮一次电缆进入柜内处封堵良好。

⑯检查遗留缺陷有无发展变化。

⑰根据开关柜的结构特点,在变电站现场运行专用规程中补充检查的其他项目。

（三）熄灯巡视

熄灯巡视时应通过外观检查或者通过观察窗检查开关柜引线、接头无放电、发红迹象,检查瓷套管无闪络、放电。

（四）特殊巡视

新设备或大修投入运行后巡视:

重点检查有无异声、触头是否发热、发红、打火,绝缘护套有无脱落等现象。

雨、雪天气特殊巡视项目:

①检查开关室有无漏雨、开关柜内有无进水情况。

②检查设备外绝缘有无凝露、放电、爬电、电晕等异常现象。

高温大负荷期间巡视:

①检查试温蜡片(试温贴纸)变色情况。

②用红外热像仪检查开关柜有无发热情况。

③通过观察窗检查柜内接头、电缆终端有无过热,绝缘护套有无变形。

④开关室的温度较高时应开启开关室所有的通风、降温设备,若此时温度还不断升高应减轻负荷。

⑤检查开关室湿度是否超过75%,否则应开启全部通风、除湿设备进行除湿,并加强监视。

故障跳闸后的巡视:

①检查开关柜内断路器控制、保护装置动作和信号情况。

②检查事故范围内的设备情况,开关柜有无异音、异味,开关柜外壳、内部各部件有无断裂、变形、烧损等异常。

十四、母线及绝缘子巡视

（一）例行巡视

1. 母线

①名称、电压等级、编号、相序等标识齐全、完好,清晰可辨。

②无异物悬挂。

③外观完好,表面清洁,连接牢固。

④无异常振动和声响。

⑤线夹、接头无过热、无异常。

⑥带电显示装置运行正常。

⑦软母线无断股、散股及腐蚀现象,表面光滑整洁。

⑧硬母线应平直、焊接面无开裂、脱焊,伸缩节应正常。

⑨绝缘母线表面绝缘包敷严密,无开裂、起层和变色现象。

⑩绝缘屏蔽母线屏蔽接地应接触良好。

2.引流线

①引线无断股或松股现象,连接螺栓无松动脱落,无腐蚀现象,无异物悬挂。

②线夹、接头无过热、无异常。

③无绷紧或松弛现象。

3.金具

①无锈蚀、变形、损伤。

②伸缩节无变形、散股及支撑螺杆脱出现象。

③线夹无松动,均压环平整牢固,无过热发红现象。

4.绝缘子

①绝缘子防污闪涂料无大面积脱落、起皮现象。

②绝缘子各连接部位无松动现象、连接销子无脱落等,金具和螺栓无锈蚀。

③绝缘子表面无裂纹、破损和电蚀,无异物附着。

④支柱绝缘子伞裙、基座及法兰无裂纹。

⑤支柱瓷瓶及硅橡胶增爬伞裙表面清洁、无裂纹及放电痕迹。

⑥支柱绝缘子无倾斜。

(二)全面巡视

全面巡视在例行巡视的基础上增加以下内容:

①检查绝缘子表面积污情况。

②支柱绝缘子结合处涂抹的防水胶无脱落现象,水泥胶装面完好。

(三)熄灯巡视

①母线、引流线及各接头无发红现象。

②绝缘子、金具应无电晕及放电现象。

(四)特殊巡视

新投运及设备经过检修、改造或长期停运后重新投入运行后巡视:

①观察支柱瓷绝缘子有无放电及各引线连接处是否有发热现象。

②使用红外热成像仪进行测温。

③严寒季节时重点检查母线抱箍有无过紧、有无开裂发热、母线接缝处伸缩节是否良

好、绝缘子有无积雪冰凌桥接等现象,软母线是否过紧造成绝缘子严重受力。

④双母线接线方式下,一组母线退出运行时,应加强另一组运行母线的巡视和红外测温。

⑤高温季节时重点检查接点、线夹、抱箍发热情况,母线连接处伸缩器是否良好。

异常天气时重点检查以下内容:

①冰雹、大风、沙尘暴天气:重点检查母线、绝缘子上无悬挂异物,倾斜等异常现象,以及母线舞动情况。

②大雾霜冻季节和污秽地区:检查绝缘子表面无爬电或异常放电,重点监视污秽瓷质部分。

③雨雪天气:检查绝缘子表面无爬电或异常放电,母线及各接头不应有水蒸气上升或融化现象,如有,应用红外热像仪进一步检查。大雪时还应检查母线积雪情况,无冰溜及融雪现象。

④雷雨后:重点检查绝缘子无闪络痕迹。

⑤严重雾霾天气:重点检查绝缘子有无放电、闪络等情况发生。

⑥覆冰天气时,观察绝缘子的覆冰厚度及冰凌桥接程度,覆冰厚度不超 10 mm,冰凌桥接长度不宜超过干弧距离的 1/3 ,爬电不超过第二伞裙,无中部伞裙爬电现象。

故障跳闸后的巡视:

①检查现场一次设备(特别是保护范围内设备)外观,导引线有无断股或放电痕迹等情况。

②检查保护装置的动作情况。

③检查断路器运行状态(位置、压力、油位)。

④检查绝缘子表面有无放电。

⑤检查各气室压力、接缝处伸缩器(如有)有无异常。

【任务实施】

(一)220 kV 杨高变电站巡视路线图

按图 1-1-2 中箭头指示方向进行全面巡视。

(二)变压器巡视

变压器巡视内容及标准见表 1-1-1。

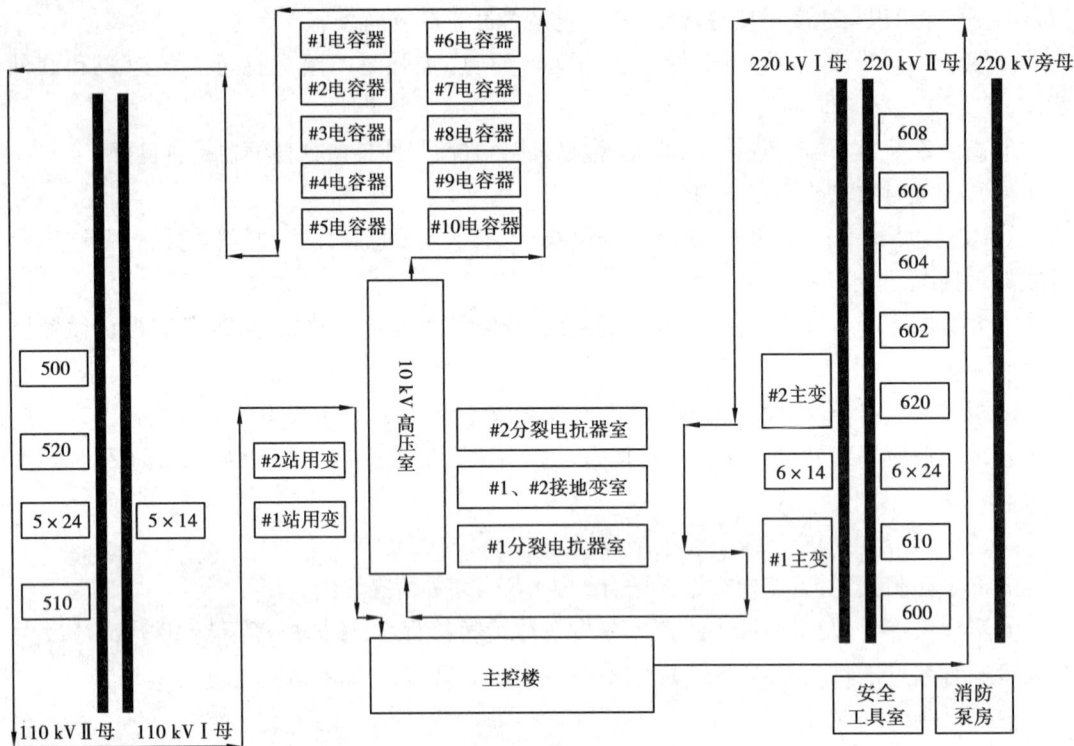

图 1-1-2 220 kV 杨高变电站巡视路线图

表 1-1-1 变压器巡视内容及标准

设备名称	序号	巡视内容	巡视标准
变压器本体	1	油温	1. 变压器本体绕组温度计完好、无破损 2. 记录变压器上层油温数值,上层油温限值 85 ℃、温升限值:45 ℃。抄录油温值:就地:_____,远方:_____ 3. 主控室远方测温数值正确,与主变本体温度指示数值相符。将变压器各部位所装温度计的指示相互对照、比较。 4. 相同运行条件下,上层油温比平时高 10 ℃ 及以上,或负荷不变但油温不断上升,均为异常 5. 抄录绕组油温,就地:_____,远方:_____
	2	检查变压器的油位、油色	1. 变压器指针式油位计指示正常,符合现场运行规程有关规定 2. 正常油色应为透明的淡黄色 3. 油位计应无破损和渗漏油,没有影响察看油位的油垢
	3	变压器本体、附件及各连接处无渗漏油	1. 检查有无渗漏油,要记录清楚渗漏的部位、程度 2. 设备本体附着有油、灰的部位,必要时进行清擦;可以利用多次巡视机会检查现象,鉴别是否有渗油缺陷 3. 渗漏油的部位,1 min 超过 1 滴,属于漏油

续表

设备名称	序号	巡视内容	巡视标准
变压器本体	4	检查变压器本体及调压瓦斯继电器	1.瓦斯继电器内应充满油,油色应为淡黄色透明,无渗漏油。瓦斯继电器内应无气体(泡) 2.瓦斯继电器防雨措施完好,防雨罩牢固 3.瓦斯继电器的引出二次电缆应无油迹和腐蚀现象,无松脱
	5	运行中的声音	变压器正常应为均匀的嗡嗡声音,无放电等异音。如声音不均匀,应向上级汇报
	6	压力释放装置	压力释放器有无油迹,二次电缆及护管无破损或被油腐蚀
	7	呼吸器	1.硅胶颜色无受潮变色。如硅胶变为红色,且变色部分超过1/3,应更换硅胶 2.呼吸器外部无油迹。油杯完好,油位正确
变压器三侧套管	1	油位	1.油位指示正常 2.油位计内油位不容易看清楚时,可采用以下方法: ①多角度观察 ②两个温差较大的时刻所观察的现象相比较 ③与其他设备的同类油位计相比较 ④比较油位计不同亮度下的底板颜色 3.油位计应无破损和渗漏油,没有影响察看油位的油垢
	2	油色	正常油色应为透明的淡黄色
	3	绝缘子	应清洁,无破损、裂纹、无放电声
	4	法兰	应无裂纹和严重锈蚀
	5	110~220 kV套管末屏	接地良好
变压器外部主导流部分	1	主导流接触位是否接触良好,有无发热现象	1.引线夹压接牢固、接触良好,无变色、变形,铜铝过渡部位无裂纹 2.主导流接触部位,看有无变色、有无氧化加剧、有无热气流上升、夜间有无发红等 3.雨雪天气,检查主导流接触部位,看有无积雪融化、水蒸气现象 4.以上检查若需要鉴定,应使用测温仪对设备进行检测
	2	引线有无断股、线夹有无损伤、接触是否良好	1.引线无断股、无烧伤痕迹 2.发现引线若有散股现象,应仔细辨认有无损伤、断股 3.检查母线、导线弧垂变化是否过大,对地、相间距离是否正常,有无挂落异物

续表

设备名称	序号	巡视内容	巡视标准
变压器外部主导流部分	3	10 kV 母线桥	1. 检查母线桥接头有无松动 2. 观察接头线夹有无变色严重、氧化加剧、夜间熄灯查看有无发红等方法，检查是否发热 3. 以上检查若需要鉴定，应使用测温仪对设备进行检测 4. 检查母线固定部位有无窜动等应力现象 5. 母线悬式瓷瓶无污脏、破损及放电迹象
	4	10 kV 母线桥穿墙套管	检查瓷质部分完好、无破损、清洁、无放电痕迹
变压器风冷系统	1	风扇	变压器风扇运转正常，无异常声音，风叶无抖动、碰壳。对称开启运行
	2	潜油泵	运转方向正确，无异常声音，无渗漏油
	3	散热器	散热装置清洁，散热片不应有过多的积灰等附着脏物
	4	风冷系统运行方式	冷却器投入、辅助、备用组数应符合制造厂和现场运行规程的规定，位置正确，相应位置指示灯指示正确
变压器中性点设备	1	中性点接地刀闸位置	符合电网运行要求，与变压器有关保护投退方式相对应
	2	中性点电流互感器	1. 套管无破损、裂纹，引线连接良好 2. 无渗漏油现象
	3	接地装置	完好、无松脱及脱焊
	4	避雷器	1. 清洁无损、无放电现象，法兰无裂纹锈蚀、进水等现象 2. 内部应无响声，本体无倾斜 3. 放电计数器是否完好，记录动作次数：_____泄漏电流：_____ 4. 引线完好，接触牢靠，线夹无裂纹
变压器有载调压装置	1	运行状态指示	有载调压装置电源指示正确，并投入"远控"位置，抄录分头挡位，就地：_____，远方：_____
	2	有载调压机构	驱潮器投入正常。挡位指示与控制屏、后台机一致，且与实际挡位相符
	3	温度探测器	检查消防喷淋系统温度探测器无损坏，各连接线绝缘良好
	4	消防泵房水泵	检查消防泵房水泵无损坏，电机绝缘良好；控制电源、动力电源正常

续表

设备名称	序号	巡视内容	巡视标准
变压器端子箱、风冷控制箱	1	箱体、箱门	箱内清洁,箱门关闭严密
	2	内部	1.检查Ⅰ、Ⅱ段电源投入灯亮,各运行冷却器指示灯亮,工作冷却器控制选择开关在"工作"位置,无其他异常信号灯 2.接触器启动正常,接触良好,无发热现象和异常响声 3.冷却器工作电源选择在"Ⅰ"位置 4.箱内加热器、照明均正常 5.箱内接线无松动、无脱落、无发热痕迹,孔洞封堵严密
	3	火灾控制器	检查火灾控制器运行工作正常
	4	喷淋系统水管	检查主变消防喷淋系统水管无损坏渗、漏水现象
	5	温度探测器	检查消防喷淋系统温度探测器无损坏,各连接线绝缘良好
	6	消防泵房水泵	检查消防泵房水泵无损坏,电机绝缘良好;控制电源、动力电源正常

进入仿真变电站户外设备区域注意事项。

（1）穿好工作服、戴好安全帽、带上必备的安全器具,选择安全器具界面如图 1-1-3 所示

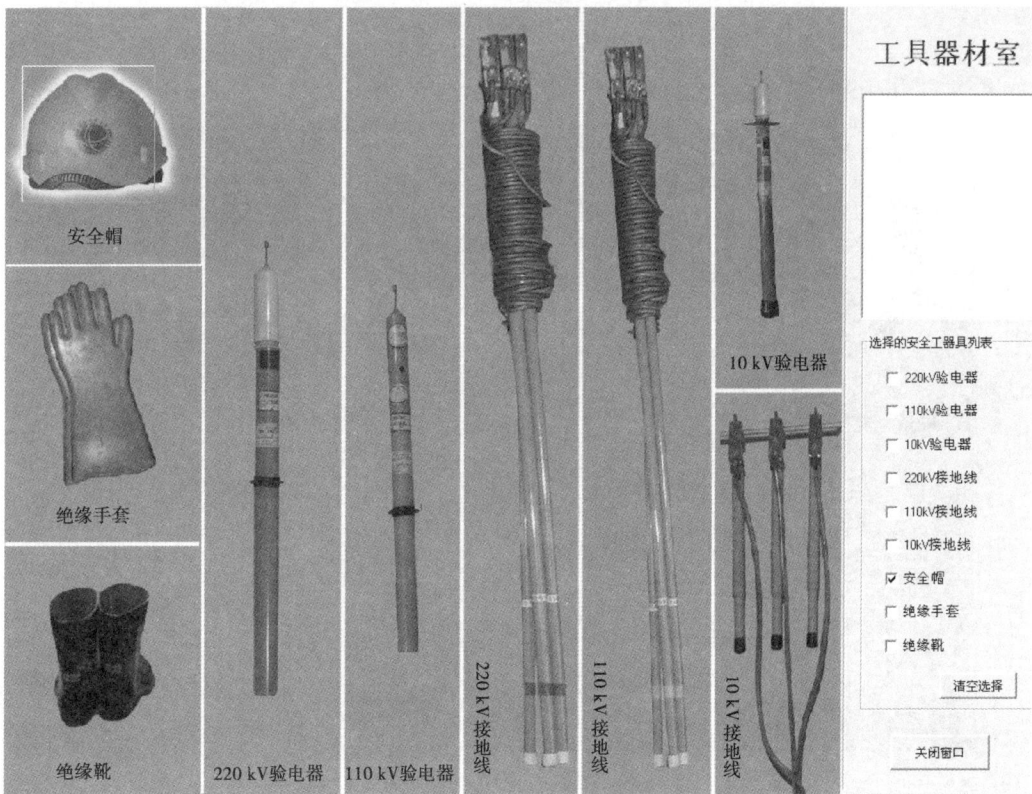

图 1-1-3　安全器具

（2）进入仿真变电站户外设备区域，找到#1 主变

主变正面巡视点如图 1-1-4 所示。

图 1-1-4　主变正面巡视点

主变右边有 9 个巡视点，如图 1-1-5 所示。

图 1-1-5　主变右边巡视点

主变背面巡视点如图 1-1-6 所示。

图 1-1-6　主变背面巡视点

有载调压机构巡视点如图 1-1-7 所示。

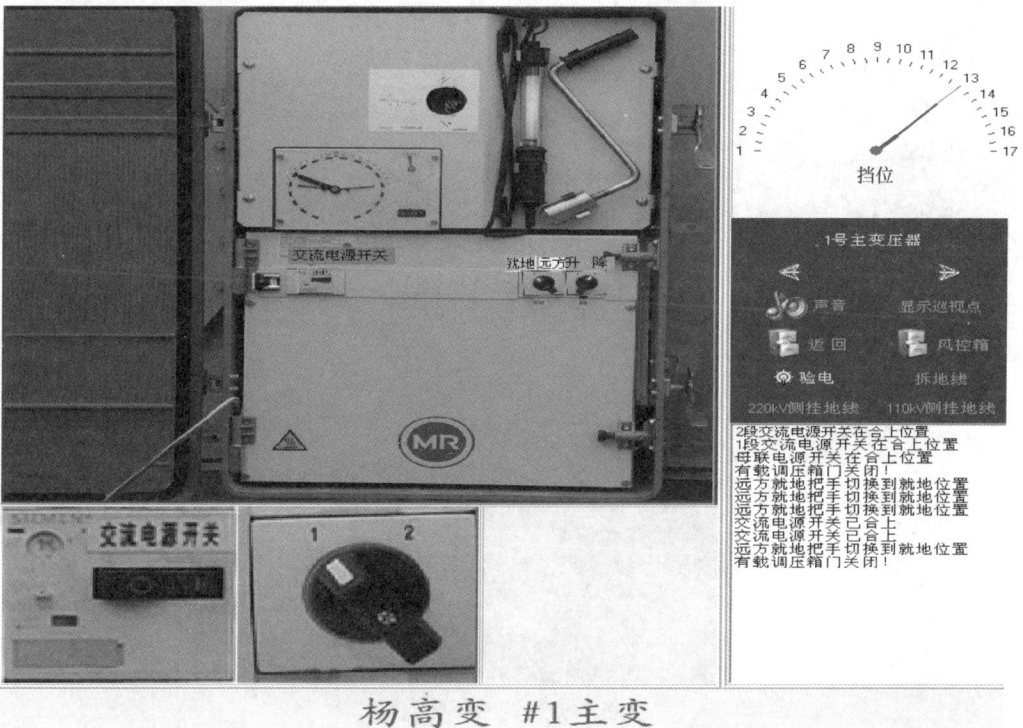

图 1-1-7　有载调压机构巡视点

风控箱巡视点如图 1-1-8 所示。

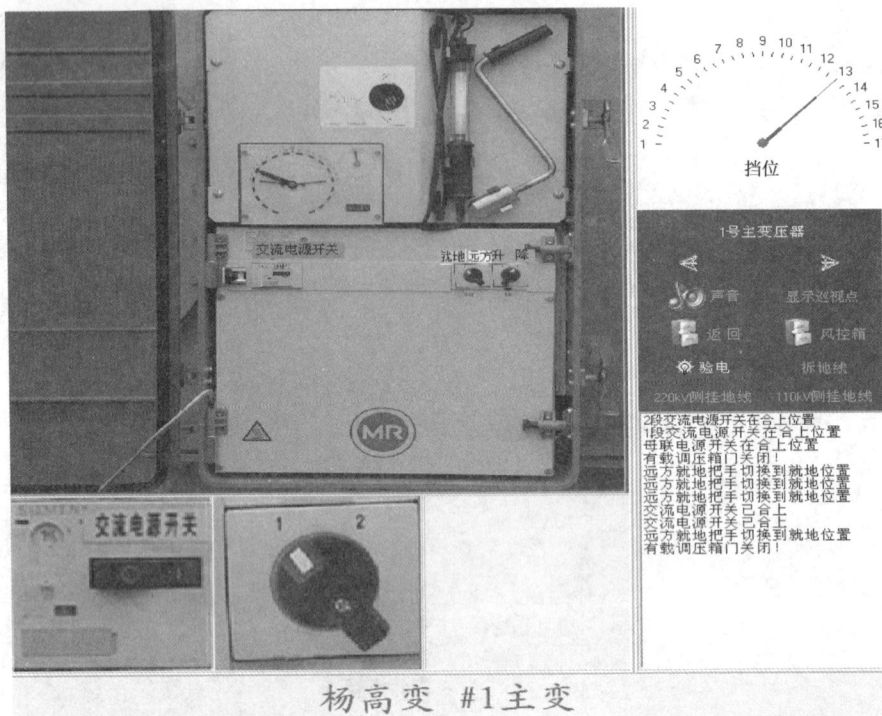

图 1-1-8 风控箱巡视点

主变风扇巡视点如图 1-1-9 所示。

图 1-1-9 主变风扇巡视点

（三）出线间隔巡视

出线间隔由断路器、隔离开关、互感器 3 大类设备构成。

1. 断路器巡视

（1）断路器结构

断路器主体结构及各部件名称如图 1-1-10—图 1-1-13 所示。

图 1-1-10　断路器外观图

1—灭弧室;2—支持瓷瓶;3—机构箱

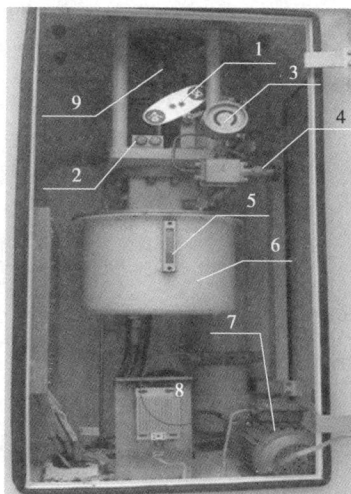

图 1-1-11　断路器操动机构箱图 1

1—接线位置指示;2—分合闸指示器;

3—SF_6 气体压力表;4—SF_6 取气口及阀门;

5—油位观察窗;6—储油箱;7—储能电机;

8—压力表;9—接线连杆

图 1-1-12　断路器操动机构箱图 2

1—辅助开关;2—储压桶;3—空气滤清器;

4—低压油连接管（三相联动才有）

图 1-1-13　断路器操动机构箱图 3

1—手动泄压阀;2—高压命令管(三相联动才有);3—防慢分挡板;4—二次开关;

5—交流接触器;6—电机热偶;7—时间继电器;8—温湿度控制器;9—端子排

(2)断路器巡视顺序及要点

按图 1-1-14 中 1 至 4 号位的顺序绕断路器一圈进行检查(1 至 4 号位应选择能看到全部三相的位置),检查完毕回 1 号位汇报外观检查结果,图中各点箭头为视线方向,按从上至下的原则进行断路器外观检查,每一点均需检查断路器三相,在 1 至 2 及 3 至 4 号位换位过程中需检查各相铭牌(用手接触检查)、标示牌(用手接触检查)、接地螺栓(需用手检查箱门接地螺栓是否紧固)、接地扁铁、基座。断路器外观检查完毕后开箱检查断路器机构箱,开门第一时间检查有无异味然后进行后续检查,断路器三相均需开箱检查。能用手触摸或检查的,就用手检查到位。

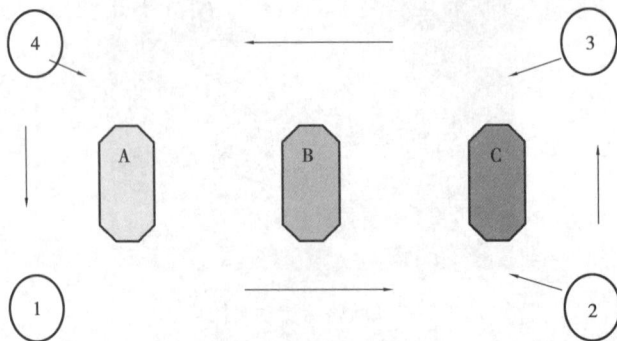

图 1-1-14　断路器巡视路线图

2.隔离开关巡视

(1)隔离开关结构

隔离开关外观如图1-1-15所示。

图1-1-15　隔离开关外观图

1—静触头消震环;2—静触杆;3—齿轮、齿条、撑板;

4—上下导电管;5—旋转瓷瓶;6—支持瓷瓶;7—附属地刀

隔离开关操作部分如图1-1-16所示。

图1-1-16　隔离开关操作部分

1—水平连杆;2—垂直连杆;3—对位装置;4—防误挡板;5—机构箱通气口;6—机构箱接地

限位装置示意图如图 1-1-17 所示。

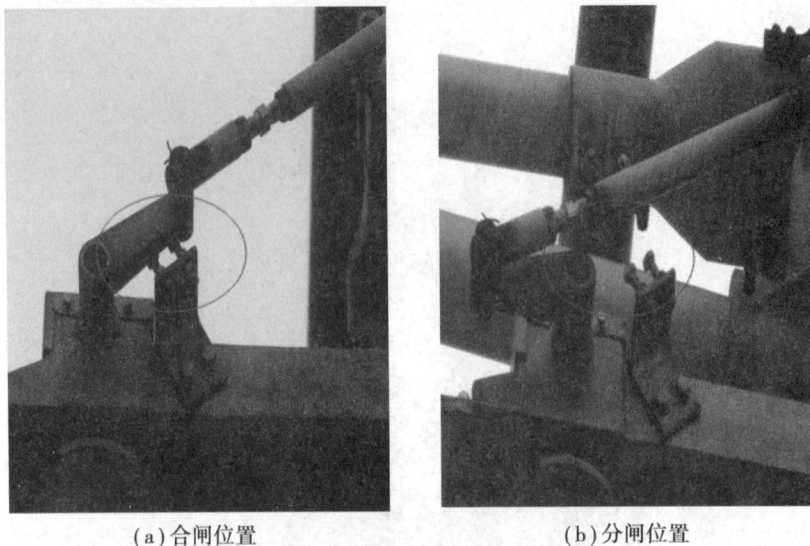

（a）合闸位置　　　　　　　　（b）分闸位置

图 1-1-17　限位装置示意图

（2）隔离开关巡视顺序及要点

到达现场后先核对设备双重编号，然后按图 1-1-15 顺序及从上至下的原则进行巡视，先绕圈巡视隔离开关上部，再巡隔离开关操作部分，再检查接地隔离开关。

（3）隔离开关正常巡视的内容及方法

①相序漆涂刷正确，无脱落，导线无挂落异物，无断股散股现象。

②合闸到位，触头接触良好，上下导电臂水平（竖直）成一直线（分闸位置只需分闸到位即可），限位装置完好，如图 1-1-17 所示。

③线夹完好无裂纹，无过热及变色发红现象，法兰连接紧固无锈蚀，金具无异常。

④断路器瓷瓶无损伤、无裂纹，无放电痕迹、表面清洁。

⑤连杆完好，无变形锈蚀，油漆无脱落。

⑥机械闭锁装置完好。

⑦对位装置完好，安装牢固，防误挡板完好无变形。

⑧箱门接地完好（用手接触检查），机构门关闭严密，密封部分密封良好；机构上锁，防误锁具完好，锁牌正确。

⑨接地桩已上锁，锁牌正确，接地点标识完好。

隔离开关部分完毕，巡视附属接地隔离开关，接地隔离开关基座部分需每相检查到位。

接地隔离开关基座部分如图 1-1-18 所示。

⑩接地隔离开关合闸到位，触头接触良好（分闸位置为分闸到位）。

⑪触头完好，刀臂完好，油漆涂刷正确。

⑫铜辫无断股闪股现象，基座完好。

⑬接地隔离开关操作机构部分巡视（与隔离开关操作机构巡视类似）。

图 1-1-18　接地隔离开关基座部分

1—接地铜辫;2—缓冲弹簧;3—限位板;4—接地刀杆

3. 互感器巡视

（1）互感器结构

互感器分位电流互感器和电压互感器,巡视内容相似,以电流互感器为例,结构如图 1-1-19、图 1-1-20 所示。

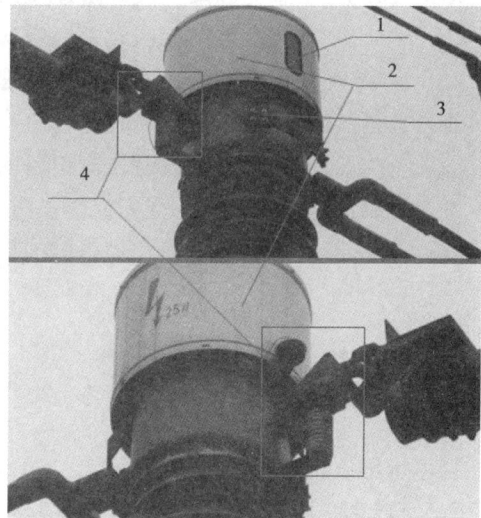

图 1-1-19　LB7-220 型电流互感器外观图

1—电流互感器顶部;2—瓷瓶;3—二次
接线盒;4—油箱;5—接地螺栓;6—放油活门

图 1-1-20　LB7-220 型电流互感器顶部细节

1—油位观察窗;2—膨胀器;3—联接片;
4—过电压保护器

（2）互感器巡视顺序及要点

①无异常声响。

②相序漆涂刷正确，无脱落，导线无挂落异物，无断股、散股现象。

③线夹完好无裂纹，无过热及变色发红现象，法兰连接紧固无锈蚀，金具无异常。

④油位观察窗油色油位指示正常。

⑤断路器瓷瓶无损伤、无裂纹，无放电痕迹、清洁程度。

⑥二次接线盒无渗漏油，末屏接地完好。

⑦对于 SF_6 电流互感器应注意检查气体压力是否正常，有无漏气现象，当达到报警气压时，须通知检修人员及时补气；复合绝缘套管表面是否清洁、完整、无裂纹、无放电痕迹、无老化迹象。

⑧各部位接地完好，基座良好、无下沉、倾斜。

任务 1.2　变电站二次设备巡视

【教学目标】

知识目标：1.熟悉变电站二次设备巡视的类型、周期及方法。

2.掌握变电站二次设备巡视的基本工作流程。

3.掌握变电站二次设备的巡视内容及标准。

能力目标：1.会按照标准化流程进行二次设备巡视。

2.能通过巡视发现二次设备的异常及缺陷，并及时上报。

态度目标：1.能主动学习，在完成任务过程中发现问题，分析问题和解决问题。

2.在严格遵守安全规范的前提下，能与小组成员协作共同完成本学习任务。

【任务描述】

变电运维值长组织各自学习小组在仿真机环境下，认真分析运行规程，编制巡视作业卡后，正确完成 220 kV 杨高变电站二次设备例行巡视。

【任务准备】

课前预习相关知识部分。根据 220 kV 杨高变电站接线和运行方式，经讨论后编制巡视作业卡,并独立回答下列问题。

　　1.例行巡视前应做好哪些准备工作?

　　2.继电保护及自动装置的巡视内容有哪些?

【相关知识】

　　变电站二次设备是指对一次设备的工作状况进行监视、测量、控制、保护、调节的电气设备或装置,如监控系统、继电保护装置、自动装置等,通常还包括 TA、TV 的二次绕组、引出线及二次回路,站用电源及直流系统。

一、继电保护及自动装置巡视

例行巡视

　　①检查继电保护及二次回路各元件应接线紧固,无过热、异味、冒烟现象,标识清晰准确,继电保护装置内部无异常声响。

　　②检查交直流切换装置工作正常。

　　③检查继电保护及自动装置的运行状态、运行监视(液晶显示及各种信号灯显示)正确,无异常信号。

　　④检查继电保护及自动装置上各切换把手的位置正确。

　　⑤检查继电保护及自动装置压板的投退情况符合要求,压接牢固,长期不用的压板应取下。

　　⑥检查高频通道测试数据应正常。

　　⑦检查屏内 TV、TA 回路无异常。

　　⑧检查继电保护装置的打印机运行正常,不缺纸。

　　⑨检查继电保护及自动装置的定值区位和时钟正常。

　　⑩检查电能表指示正常,与潮流一致。

　　⑪检查继电保护及自动装置屏下电缆孔洞封堵严密。

二、站用变巡视

(一)例行巡视

①运行监控信号、灯光指示、运行数据等均应正常。

②各部位无渗油、漏油。

③套管无破损裂纹、无放电痕迹及其他异常现象。

④本体声响均匀、正常。

⑤引线接头、电缆应无过热。

⑥站用变低压侧绝缘包封情况良好。

⑦站用变各部位的接地可靠，接地引下线无松动、锈蚀、断股。

⑧电缆穿管端部封堵严密。

⑨有载分接开关的分接位置及电源指示应正常，分接挡位指示与监控系统一致。

⑩本体运行温度正常，温度计指示清晰，表盘密封良好、防雨措施完好。

⑪压力释放阀及防爆膜应完好无损，无漏油现象。

⑫气体继电器内应无气体。

⑬储油柜油位计外观正常，油位应与制造厂提供的油温、油位曲线相对应。

⑭吸湿器呼吸畅通，吸湿剂不应自上而下变色，上部不应被油浸润，无碎裂、粉化现象，吸湿剂潮解变色部分不超过总量的2/3，油杯油位正常。

⑮干式站用变环氧树脂表面及端部应光滑、平整，无裂纹、毛刺或损伤变形，无烧焦现象，表面涂层无严重变色、脱落或爬电痕迹。

⑯干式站用变温度控制器显示正常，器身感温线固定良好，无脱落现象，散热风扇可正常启动，运转时无异常响声。

⑰原存在的设备缺陷是否有发展。

⑱气体继电器(本体、有载开关)、温度计防雨措施良好。

(二)全面巡视

全面巡视在例行巡视的基础上增加以下项目：

①端子箱门应关闭严密无受潮，电缆孔洞封堵完好，温、湿度控制装置工作正常。

②站用变室的门、窗、照明完好，房屋无渗漏水，室内通风良好、温度正常、环境清洁；消防灭火设备良好。

(三)熄灯巡视

①引线、接头有无放电、发红迹象。

②瓷套管有无闪络、放电。

(四)特殊巡视

新投入或者经过大修的站用变巡视：

①声音应正常，如果发现响声特大，不均匀或者有放电声，应认为内部有故障。

②油位变化应正常，应随温度的增加合理上升，如果发现假油面应及时查明原因。

③油温变化应正常，站用变带负载后，油温应缓慢上升，上升幅度合理。

④干式站用变本体温度应变化正常，站用变带负载后，本体温度上升幅度应合理。

异常天气时的巡视：

①气温骤变时，检查储油柜油位是否有明显变化，各侧连接引线是否受力，是否存在断股或者接头部位、部件发热现象。各密封部位、部件有否渗漏油现象。

②大风、雷雨、冰雹天气过后,检查导引线有无断股迹象,设备上有无飘落积存杂物,瓷套管有无放电痕迹及破裂现象。

③浓雾、小雨天气时,瓷套管有无沿表面闪络和放电,各接头部位、部件在小雨中不应有水蒸气上升现象。

④雨雪低温天气时,根据接头部位积雪溶化迹象检查是否发热。检查导引线积雪累积厚度,根据情况清除导引线上的积雪和形成的冰柱。

⑤高温天气时,检查本体温度及其散热是否正常,室内站用变的散热风扇及辅助通风装置可正常启动。

⑥覆冰天气时,观察绝缘子的覆冰厚度及冰凌桥接程度,覆冰厚度不超 10 mm,冰凌桥接长度不宜超过干弧距离的 1/3 ,放电不超过第二伞裙,无中部伞裙放电现象。

故障跳闸后的巡视:

①检查站用变间隔内一次设备有无着火、爆炸、喷油、放电痕迹、导线断线、短路、小动物爬入等情况。

②检查保护及自动装置的动作情况。

③检查两侧断路器运行状态(位置、压力、油位)。

三、站用交直流电源系统巡视

(一)例行巡视

①站用电运行方式正确,三相负荷平衡,各段母线电压正常。

②低压母线进线断路器、分段断路器位置指示与监控机显示一致,储能指示正常。

③站用交流电源柜支路低压断路器位置指示正确,低压熔断器无熔断。

④站用交流电源柜电源指示灯、仪表显示正常,无异常声响。

⑤站用交流电源柜元件标志正确,操作把手位置正确。

⑥站用交流不间断电源系统(UPS)面板、指示灯、仪表显示正常,风扇运行正常,无异常告警、无异常声响振动。

⑦站用交流不间断电源系统(UPS)低压断路器位置指示正确,各部件无烧伤、损坏。

⑧备自投装置充电状态指示正确,无异常告警。

⑨自动转换开关(ATS)正常运行在自动状态。

⑩原存在的设备缺陷是否有发展趋势。

(二)全面巡视

全面巡视在例行巡视的基础上增加以下项目:

①屏柜内电缆孔洞封堵完好。

②各引线接头无松动、无锈蚀,导线无破损,接头线夹无变色、过热迹象。

③配电室温度、湿度、通风正常,照明及消防设备完好,防小动物措施完善。

④门窗关闭严密,房屋无渗、漏水现象。

⑤环路电源开环正常,断开点警示标志正确。

（三）特殊巡视

①雨、雪天气,检查配电室无漏雨,户外电源箱无进水受潮情况。

②雷电活动及系统过电压后,检查交流负荷、断路器动作情况,UPS 不间断电源主从机柜浪涌保护器、所用电屏(柜)避雷器动作情况。

【任务实施】

1. 进入仿真变电站保护室。

2. 巡视线路保护屏。

3. 巡视母差保护屏。

4. 巡视 #1 站用变进线控制屏。

5. 巡视充电屏。

项目 1 习题

任务 1.1 变电站一次设备巡视

一、判断题

1.1.1 变压器过负荷时,应立即将变压器停运。　　　　　　　　　　　　　　(　　)

1.1.2 变压器过负荷时应该投入全部冷却器。　　　　　　　　　　　　　　(　　)

二、选择题

1.1.3 新投运的 SF_6 断路器投运(　　)后应进行全面检漏一次。

A.3 个月　　　　　　　B.6 个月　　　　　　　C.9 个月　　　　　　　D.12 个月

1.1.4 新投运的耦合电容器的声音应为(　　)。

A.平衡的嗡嗡声　　　　　　　　　　　　B.有节奏的嗡嗡声

C.轻微的嗡嗡声　　　　　　　　　　　　D.没有声音

三、简答题

1.1.5 对巡视人员的专业素质要求是什么?

1.1.6 巡视设备时应遵守哪些规定?

1.1.7 电气设备巡视的基本流程是什么?

1.1.8　雷雨天气巡视室外高压设备有什么要求？

1.1.9　隔离开关在运行中可能出现哪些异常？

四、操作题

1.1.10　在仿真机上完成杨高变电站 #1 主变正常巡视。

任务 1.2　变电站二次设备巡视

一、判断题

1.2.1　雷雨天巡视室外高压设备时，应穿绝缘靴，并不得靠近避雷器和避雷针。（　　）

1.2.2　新安装或改造后的主变压器投入运行的 24 h 内每小时巡视 1 次，其他设备投入运行 8 h 内每小时巡视 1 次。（　　）

1.2.3　设备缺陷是通过设备巡视检查、各种检修、试验和维护发现的。（　　）

二、选择题

1.2.4　断路器 A 类检修后应进行（　　）。

A. 改进　　　　　　　B. 特巡　　　　　　　C. 加强巡视　　　　　　D. 正常巡视

1.2.5　仪器、工具、材料、消防器材等设施应在（　　）时进行检查。

A. 巡视　　　　　　　B 使用　　　　　　　C. 交接班　　　　　　　D. 维护

三、简答题

1.2.6　直流系统发生正极接地或负极接地对运行有哪些危害？

1.2.7　指示断路器位置的红、绿灯不亮，对运行有什么影响？

1.2.8　变压器气体继电器的巡视项目有哪些？

1.2.9　主控制室、继电保护室内及 10 kV 配电室内设备正常巡视有哪些项目？

1.2.10　强迫油循环变压器停了油泵为什么不准继续运行？

四、操作题

1.2.11　在仿真机上完成杨高变电站线路间隔二次回路电压切换检查。

1.2.12　在仿真机上完成杨高变电站站用直流电源例行巡视。

项目 2　变电站电气设备维护

【项目描述】

当变电站出现缺陷或故障时,为了降低运维成本,提高工作效率,需要开展变电运维一体化,同时提升缺陷处置效率也能提高供电可靠性。这就要求变电运维人员具有良好的技术能力,熟悉变电站运行方式和各设备的结构、性能和工作原理、运行参数以及变电站电气设备维护相关专业知识和技术法规。掌握变电站电气设备维护技能、及时消除缺陷和故障才能将损失减小到最低程度。本项目主要培养学生具备 220 kV 变电站电气设备简单维护的能力,能针对变电站一、二次设备的简单维护项目进行正确操作。在项目任务的实施过程中,学生熟悉 220 kV 变电站一、二次电气设备的维护项目,熟悉电气设备维护的危险点、预控措施以及维护流程,并掌握电气设备维护的一些方法和注意事项。

【教学目标】

1.能进行 220 kV 变电站一次设备维护。
2.能进行 220 kV 变电站二次设备维护。

【教学环境】

变电仿真实训室、变电设备模型室、多媒体课件、电气设备维护教学视频、变电站一次、二次接线图纸。

任务 2.1　变电站一次设备维护

【教学目标】

知识目标:1.掌握 220 kV 变电站一次设备的维护要求。

2.掌握 220 kV 变电站一次设备的维护周期。

3.了解维护 220 kV 变电站一次设备的注意事项。

能力目标:1.会维护 220 kV 变电站主要一次设备。

2.能说出 220 kV 变电站主要一次设备的主要维护点。

3.能描述 220 kV 变电站主要一次设备维护时各参数的正常范围。

态度目标:1.能主动学习,在完成任务过程中发现问题,分析问题和解决问题。

2.在严格遵守安全规范的前提下,能与小组成员协作共同完成本学习任务。

【任务描述】

运维人员进行简单的变电站一次设备维护工作可以降低设备运维成本,提高工作效率,从而提高供电可靠性。在对变电站的接线和运行方式以及电气设备有了一定了解后,运维人员需要根据变电站各类一次设备的特点,制订设备应期维护周期表以及相应的一次设备维护作业卡,正确完成各类一次设备的维护工作,并确保系统安全、稳定、经济运行。

【任务准备】

课前预习相关知识部分。根据 220 kV 杨高变电站的接线和运行方式,经讨论后制订变电站一次设备维护作业卡,并独立回答下列问题。

1.变电站一次设备维护及周期有哪些要求?

2.运维人员需要进行的一次设备维护项目主要是针对哪些设备开展的?

【相关知识】

一、变电站设备维护的意义

变电站电气设备的维护是掌握变电站设备的运行情况,及时发现设备和系统的异常现象,确保电力系统以及电气设备安全稳定运行的重要手段。变电运维值班人员必须对照电气设备的维护周期表认真执行,维护中不得同时做其他工作,雷雨等恶劣天气情况应停止室外设备的相关维护工作。

运维值班人员根据本班组人员实际情况以及电气设备的情况,结合本地区气象以及环境条件,制订本班组的运维周期表,实施各项运维工作,对运行电气设备应做到正常运行时按时维护,天气变化后及时维护,重点设备重点维护,以利于电气设备的安全稳定运行。

二、变电站一次设备维护及周期一般要求(含轮换试验)

①根据变电站一次设备情况及无人值班变电站《设备定期巡视周期表》,制订《设备定期维护周期表》,按时进行设备维护工作,每月至少进行 1 次。

②全站安全工器具检查、整理、清扫工作每月进行 1 次,要求工器具清洁、合格,摆放整齐。

③全站一次设备检查清扫干净。

④全站门窗孔洞、消防器材、防小动物设施、防火设施检查清扫工作每月进行 1 次,要求门窗孔洞封堵严密,玻璃完好,设备保管妥善,合格。

⑤站用电源每月必须轮换 1 次,并运行 1 h 以上。

⑥全站接地螺丝、防误闭锁装置锁头注油工作每半年进行 1 次,要求记录正确,维护到位。

⑦蓄电池维护检查,测量电压并记录工作每月进行 1 次,要求记录正确,维护到位。

⑧全站室内外照明、检修照明、事故照明检查。每月进行 1 次,要求开关电源合格,事故切换和照明切换功能正常。

⑨每年入冬前、雨季前对取暖、驱潮电源进行检查 1 次,要求设施完好。

⑩每年进行一次火灾报警系统试验检查,要求设施完好。

本部分内容以 220 kV 杨高变电站为例,主要包括以下一次设备的维护:变压器、断路器、隔离开关、母线、电容器、防雷设备、互感器等。

☞ 任务 2.1.1　变压器维护

【任务描述】

应经常监视变压器本体外观及其仪表指示变化,及时掌握变压器运行情况。监视仪表的抄录次数由现场运行规程规定,当变压器超过额定电流、温度运行时,应作好记录。应定期检查主变本体、冷却系统及其端子箱、冷控箱等,维护周期由现场运行规程规定。本任务主要包括呼吸器维护、冷却器控制系统元件更换、不停电的瓦斯继电器集气盒放气维护、事故油池通畅检查维护以及变压器不停电渗漏油处理等变压器维护工作项目及要求。

【任务准备】

课前预习相关知识部分。根据变压器的维护项目及要求,经讨论后制订变压器维护作业卡,并独立回答下列问题。

1. 变压器维护主要包括哪几个部分?
2. 简述变压器呼吸器维护危险点及预控措施。
3. 简述变压器冷却系统维护危险点及预控措施。
4. 简述变压器气体继电器放气危险点及预控措施。
5. 简述变压器铁芯、夹件接地电流测试危险点及预控措施。

【相关知识】

1. 变压器维护项目及要求

变压器主要由铁芯、绕组、引线、油箱、油枕、呼吸器、压力释放装置、散热器以及绝缘套管、分接开关和气体继电器等部分组成。

(1)维护内容要求

《国家电网公司变电运维管理规定第 1 分册 油浸式变压器(电抗器)运维细则》中规定,变压器维护主要内容包括呼吸器维护、冷却系统维护、气体继电器放气、变压器事故油池维护、变压器铁芯、夹件接地电流测试等。

（2）作业现场要求

现场无安装改造检修预试等工作内容；系统及站内为正常运行方式；非雨雾大风扬沙天气。

（3）作业人员要求

至少由两人进行，其中一人监护。掌握《电力安全工作规程》和工作现场的有关安全规定；作业人员应按规定穿工作服、绝缘鞋，戴安全帽、线手套，工作衣袖应扣住，工作前必须摘下手表或金属饰物。

（4）工器具要求

毛刷的金属裸露部分应使用绝缘带包扎严实；应使用干燥的棉纱布，禁用湿布。

2. 呼吸器维护

（1）维护项目简介

呼吸器是变压器储油柜与外界进行气体交换时的干燥滤装置，当呼吸器发生堵塞或内装硅胶发生严重潮解时，将影响变压器的正常运行。

目前使用较多的是一款悬挂式呼吸器，如图 2-1-1 所示，上端通过联管连接储油柜，下端与大气相通。呼吸器下端的空气进口处设有油封装置。在容器内部装满硅胶或氯化钙等吸潮剂，吸收空气中的尘埃和水分。呼吸器通常安装在距地面 1.5～2 m 处，以便检查和维护。随着油温升高，油的体积膨胀，油箱中多余的油进入储油柜油室（简称"油室"），使油室体积变大，同时储油柜气室（简称"气室"）内的空气受排挤通过呼吸器排入大气；当油箱内的油温降低、油体积收缩时，油室的油进入油箱，同时空气通过呼吸器被吸进气室。

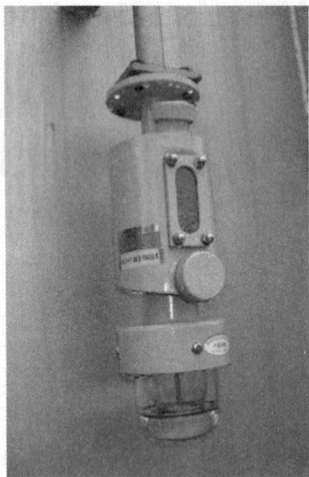 

（a）防爆吸湿器　　（b）玻璃吸湿器

图 2-1-1　常见呼吸器

呼吸器中填充的变色硅胶有蓝色和白色两种。硅胶干燥时为蓝色或浅蓝色玻璃状颗粒，当吸附受潮时逐渐变成浅红色，白色硅胶在受潮时逐渐变成粉红色或褐色。当硅胶变色接近2/3时，应及时更换。

（2）危险点及预控措施

呼吸器危险点及预控措施见表2-1-1。

表2-1-1　呼吸器维护危险点及预控措施

序号	危险点	预控措施
1	工作人员低压触电	工作人员必须按照电力安全工作规程的规定保证足够的安全距离，否则应停电处理（部分站用变压器安全距离不够），防止高压触电
2	工作人员氧化钴中毒	正确着装，穿戴好防护手套，防止硅胶进入眼中、口中，工作完毕后立即洗手

3. 冷却器控制系统元件更换

（1）维护项目简介

冷却器冷控系统是维持变压器冷却功能的控制系统，其功能主要如下：设定冷却器的工作状态（工作、停止、辅助或备用），自动控制冷却器的投入、退出，防止风机、油泵烧损，当风机或油泵出现故障时，变压器顶层油温过高及电源故障时能及时发出告警信号。

（2）危险点及预控措施

冷却器控制系统元件更换危险点及预控措施见表2-1-2。

表2-1-2　冷却器控制系统元件更换危险点及预控措施

序号	危险点	预控措施
1	工作人员低压触电	带电更换元器件时，做好防止误触电的措施。应穿绝缘鞋，使用带绝缘手柄的电工工具，解除带电端子时需用绝缘胶布将接线端子可靠包扎

4. 不停电的气体继电器集气盒放气维护

（1）维护项目简介

在运行过程中，变压器内部可能存在局部过热或局部放电两种形式的故障，故障时故障点周围的变压器油和固体绝缘材料因发热而产生气体，其中大部分气体不断溶入油中，但故障发展较快，产生的气体较多来不及溶解或饱和而往储油柜方向跑，当跑至气体继电器时，由于其顶部突出，高于储油柜与本体的连接管道，气体集于继电器顶部处，在储油柜油压下往集气盒里跑，但由于继电器与集气盒之间连接管道及集气盒均充满油，阻止气体的运动方向，气体无法引至集气盒，可将集气盒排油，将气体引至集气盒后再将气体放出。

（2）危险点及预控措施

不停电的气体继电器集气盒放气维护危险点及预控措施见表2-1-3。

表2-1-3　不停电的气体继电器集气盒放气维护危险点及预控措施

序号	危险点	预控措施
1	工作人员高压触电	放气时必须按照电力安全工作规程规定的安全距离进行，否则应停电处理（部分站用变压器安全距离不够），防止高压触电
2	阀门漏油	放气完毕后拧紧阀门，防止放气后关闭不严漏油

【任务实施】

1. 呼吸器维护

(1)呼吸器硅胶更换工序及工艺要求

①将运行中变压器的本体(调压)重瓦斯保护改投信号,防止因呼吸器堵塞导致本体内部压力增大,打开呼吸管道时压力释放引起重瓦斯保护动作。

②对图2-1-1(a)型呼吸器,无须拆卸呼吸器,更换硅胶时打开上、下密封盖,让变色硅胶自动流出,待变色硅胶全部流出后,盖好下部密封盖,从上部密封盖位置处倒入新的硅胶,并保留1/5~1/6高度的空隙,紧固密封上、下两个密封盖即可。

③对图2-1-1(b)型呼吸器,工序要求如下所述。

a.更换硅胶前需先拆卸油封杯,然后拆除呼吸器上部法兰4颗固定螺栓,取下呼吸器后倒出内部硅胶,检查玻璃罩是否完好,上下密封胶垫是否良好,并进行清扫(若玻璃罩及密封圈有破损需对呼吸器进行解体检修,即松开拉杆螺栓,取下玻璃罩及密封圈进行清扫和更换,组装后应紧固拉杆螺栓并密封可靠,必要时整体更换呼吸器)。

b.将干燥的变色硅胶倒入玻璃罩内,顶盖下面留出1/5~1/6高度的空隙。

c.呼吸器安装,连接部位密封胶垫应摆放正确,呼吸器上部法兰4颗固定螺栓应紧固。

d.对油封杯进行清洗、补充或更换合格的密封油,油位填充至油位线,油封杯安装后应保证油位高于挡气圈。

(2)呼吸器油封杯补油工序及工艺要求

①将运行中变压器的本体(调压)重瓦斯保护改投信号,防止呼吸器因堵塞导致本体内部压力增大,打开呼吸管道时压力释放引起重瓦斯保护动作。

②用螺丝刀松开止位螺丝直至油封杯能转动为止,转动油封杯上部托盘并取下油封杯。

③观察油封杯内的油是否清澈、有异物,若变质,将其倒出并用酒精及抹布对油封杯、挡气圈(油封内杯)进行清抹。

④若油封杯内的油清澈无异物,将备用油注入油封杯内,油位达到合格油位线即可。

⑤按照油封杯拆卸的方法反序进行,将油封杯托盘对准安装孔插入并转动托盘至限位位置,用螺丝刀拧紧螺丝即可。

⑥油封杯内油位应高于挡气圈底部,起到油封的作用,若油位低于挡气圈则重复补油过程。

(3)呼吸器玻璃罩、油封破损更换工序及工艺要求

①准备相同型号的吸湿器玻璃罩、油封1个。

②将运行中变压器的本体(调压)重瓦斯保护改投信号,防止因吸湿器堵塞导致本体内部压力增大,打开呼吸管道时压力释放引起重瓦斯保护动作。

③拆卸吸湿器,先取下油封杯,拆卸上部连接螺栓取下吸湿器后将呼吸管头用干净塑料

纸包扎,倒出内部变色硅胶。

④检查吸湿器玻璃罩及油封是否破损,如有破损则进行解体检修。

⑤解体检修时先松开拉杆螺栓,取下玻璃罩及密封圈进行清扫和更换,将更换的玻璃罩组装后应紧固拉杆螺栓并密封可靠。

⑥将干燥的变色硅胶倒入玻璃罩内,直至顶盖下面留出 1/5 ~ 1/6 高度的空隙为止。

⑦将吸湿器安装至主变压器,连接部位密封胶垫应摆放正确,密封良好,吸湿器上部法兰 4 颗固定螺栓应紧固。

⑧对更换的油封杯进行清洗、补充或更换合格的密封油,油位填充至油位线,油封杯安装后应保证油位高于挡气圈。

⑨检查吸湿器各连接螺栓及密封圈,要求连接螺栓紧固、密封圈密封可靠。

(4)吸湿器整体更换工序及工艺要求

①准备完好的新吸湿器 1 个。

②将运行中变压器的本体(调压)重瓦斯保护改投信号,防止因吸湿器堵塞导致本体内部压力增大,打开呼吸管道时压力释放引起重瓦斯保护动作。

③拆卸吸湿器,先取下油封杯,拆卸上部连接螺栓取下吸湿器后将呼吸管头用干净塑料纸包扎。

④检查新吸湿器完好,密封可靠,适当紧固新吸湿器各紧固螺栓,并取下新吸湿器油封杯。

⑤将干燥的变色硅胶倒入新吸湿器内,直至顶盖下面留出 1/5 ~ 1/6 高度的空隙为止。

⑥将新吸湿器安装至主变压器,连接部位密封胶垫应摆放正确,密封良好,吸湿器上部法兰 4 颗固定螺栓应紧固。

⑦对油封杯补充合格的密封油,油位填充至油位线,油封杯安装后应保证油位高于挡气圈。

⑧检查吸湿器各连接螺栓及密封圈,要求连接螺栓紧固、密封圈密封可靠。

(5)注意事项

①更换硅胶应在天气良好、空气湿度小时进行。拆掉呼吸器后应立即将呼吸管头用干净塑料纸包扎,防止潮气进入。

②油封杯油面应高于挡气圈(约 2/3),否则起不到油封作用。

2.冷却器控制系统元件更换

(1)工序及工艺要求

冷却器正常运行是保证变压器运行温度控制在安全范围内的必要条件,当控制箱内元器件发生故障时需尽快修复。日常运维中需要掌握空气断路器、热继电器、信号指示灯、接触器等元器件的更换方法。元器件更换一般流程及工序要求如下所述。

①断开相关回路电源。

②选择与待更换元器件相同型号的合格元器件,或者更换的元器件各项指标能符合控制回路要求。

③拆除元器件接线,做好端子标记。

④更换元器件。

⑤正确恢复接线,紧固。

⑥调整元器件的各种定值,使之与原来元器件相同,或者符合设计要求,如热继电器的动作电流值、时间继电器的动作时间等。

（2）注意事项

更换控制箱内元器件尽量在元器件各端子不带电压的条件下进行,或者通过拉开相关开关使需要更换的元件各端子无电压,但前提条件是不能影响冷却器的正常运行。更换元器件前应熟悉控制回路。

3. 不停电的气体继电器集气盒放气维护

（1）工序及工艺要求

①将运行中变压器的本体(调压)重瓦斯保护改投信号。

②打开瓦斯继电器集气盒盖板。

③打开集气盒下部阀门,放油至盒体上部充满气体后关闭下部阀门。放油时应用容器接好,不得污染场地。

④打开集气盒上部放气阀门缓慢将气体放出,放气至放出油为止。

⑤关闭集气盒上部放气阀门。检查无渗漏后将管道盖子盖好,取气完毕后集气盒内应充满变压器油。

（2）注意事项

①取气前,应将变压器重瓦斯保护改投信号。

②应记录放气时间、集气盒气体体积。

③放气后应及时关闭排气阀,确保关闭紧密,无渗漏油。

④如需取气进行气体检测时,应装设专用接头及进出口测量管路,接头及管路应连接可靠无漏气。

⑤严禁在取、放气口处以及变压器周围、充油充气设备周围进行气体点火检测。

⑥无气体地面采集装置时,若需将气体继电器集气室的气体排出时,为防止误碰探针,造成瓦斯保护跳闸可将变压器重瓦斯保护切换为信号方式;排气结束后,应将重瓦斯保护恢复为跳闸方式。

【拓展提高】

1. 变压器事故油池通畅检查维护

（1）工序及工艺要求

油池内不应有杂物,并视积水情况,及时进行清理和抽排。

（2）注意事项

①变电站事故油池的作用是防止变压器等充油设备损坏后,油外泄引起火灾等使事故扩大,当单个设备油箱的油量超过 1 000 kg,应同时设置事故油坑和总事故油池。

②一般来说,正常油池应该没有东西,事故后会存放一些废油。

③事故油池通畅检查。应检查单个设备油坑是否有水、单个设备油坑与总事故油池的管道是否畅通,总事故油池是否有水等情况。

2. 变压器铁芯、夹件接地电流测试

①检测周期:750 ~ 1 000 kV 每月不少于 1 次;330 ~ 500 kV 每 3 个月不少于 1 次;220 kV 每 6 个月不少于 1 次;35 ~ 110 kV 每年不少于 1 次。新安装及 A、B 类检修重新投运后 1 周内。

②严禁将变压器铁芯、夹件的接地点打开测试。

③在接地电流直接引下线段进行测试(历次测试位置应相对固定)。

④1 000 kV 变压器接地电流大于 300 mA 应予注意,其他电压等级的变压器接地电流大于 100 mA 时应予注意。

☞ 任务 2.1.2　断路器维护

【任务描述】

断路器除按有关专业规程的规定进行试验、检修和巡视外,还应进行必要的维护工作。运行班组应根据省公司《变电运行管理制度》并结合现场实际制订《设备维护和试验轮换周期表》,并按照制订的《标准化维护卡》按时、按质地进行设备的维护工作。运行人员在如下维护过程中发现缺陷时应及时汇报,并做好记录。本任务主要包括断路器操动机构储能快分开关更换、端子箱和机构箱内驱潮加热装置和回路维护等两个断路器维护工作项目及要求。

【任务准备】

课前预习相关知识部分。根据断路器的维护项目及要求,经讨论后制订断路器维护作业卡,并独立回答下列问题。

1. 简述断路器储能快分开关故障维护更换危险点分析及预控措施。

2. 简述断路器端子箱和机构箱内驱潮加热装置以及回路维护危险点分析及预控措施。

【相关知识】

1. 断路器操动机构储能快分开关更换

（1）断路器储能回路简介

储能机构是断路器分合闸单元中重要的元器件，其工作性能及状况直接影响断路器的可靠动作。

①在弹簧操动机构中，储能电动机电气控制回路一般由辅助继电器、电动机热继电器触点、合闸弹簧储能限位开关触点、储能接触器、储能接触器延时继电器触点组成。其工作过程为断路器合闸操作后，合闸弹簧储能限位开关触点闭合，启动储能接触器接通电机回路，对合闸弹簧储能。当储能到位时，通过机械凸轮使合闸弹簧储能限位开关断开，储能接触器返回，电动机停机。

弹簧操动机构电机储能回路快分开关如图 2-1-2 所示。

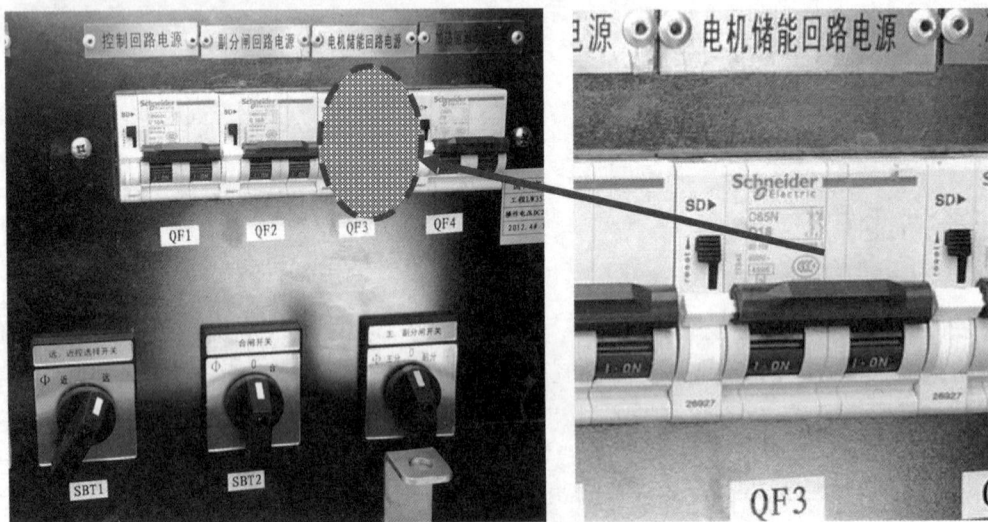

图 2-1-2　弹簧操动机构电机储能回路快分开关

②在液压操动机构中，其储能电动机电气控制回路工作原理与弹簧操动机构的基本一致，一般由辅助继电器、电动机热继电器触点、油压开关微动触点、储能接触器、储能接触器延时继电器触点组成。其工作过程为断路器液压机构压力下降到起泵压力值后，油压开关起泵行程开关微动触点闭合，启动储能接触器接通电机回路，带动油泵对液压系统储能。当打压到停泵压力值时，通过油压开关停泵行程开关微动触点断开储能回路，储能接触器返回，电动机停机。

电动机不启动可能原因如下：

①电动机电源及二次回路故障；②接触器、继电器（辅助继电器、延时继电器）故障；③储能限位开关或行程开关故障；④电动机过载故障；⑤电动机本体故障。

（2）危险点及预控措施

断路器操动机构储能快分开关更换危险点及预控措施见表 2-1-4。

表 2-1-4　断路器操动机构储能快分开关更换危险点及预控措施

序号	危险点	预控措施
1	工作人员低压触电	更换快分开关时候需断开本间隔断路器端子箱储能电源快分开关，更换前应用万用表测量快分开关接线端子无电压。两人进行工作，一人监护一人操作，作业人员不得触碰机构内信号回路和操作电源回路
2	工作人员受到机械伤害	在控制回路工作，不得触碰机构内传动部件并与之保持适当的距离，同时应避免在传动部件可能的运动范围内工作
3	造成断路器误动或拒动	不得将远控开关切换至近控。不得触碰分闸线圈以及铁芯。对于液压操动机构，更换前先将压力打至停泵值。对于弹簧操动机构，更换前先将合闸弹簧储能到位

2. 断路器端子箱和机构箱内驱潮加热装置以及回路维护

（1）维护项目简介

断路器的端子箱主要用于二次线路终端连接，以及变电站检修电源、工业企业中动力配电箱、动力控制箱、照明箱等，为布线和查线提供方便的一种接口装置。断路器机构箱（汇控柜）主要用于存放机械传动部件、控制及各种辅助设备等，同时又作为二次线路终端连接，汇控柜兼顾端子箱的功能。

端子箱和机构箱如图 2-1-3 所示。

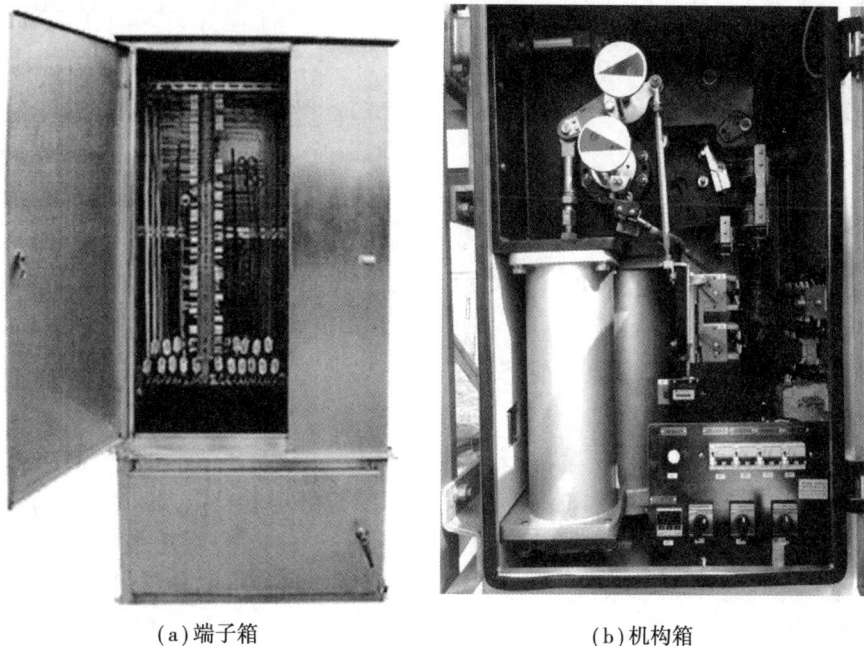

（a）端子箱　　　　　　　　　　（b）机构箱

图 2-1-3　端子箱和机构箱

为保持断路器端子箱和机构箱内干燥和适当温度,防止操动机构因低温导致性能下降,端子箱和机构箱内金属部件因受潮锈蚀导致功能失效,端子排元器件严重锈蚀及受潮、绝缘能力降低,直流系统的绝缘监测装置频繁告警,断路器的端子箱和机构箱内一般都装有驱潮加热装置。驱潮加热装置的原理就是利用电阻通过电流产生热量来实现,装置的投退分为手动和自动调节两种方式。手动调节需要人工根据气候条件的变化来进行投退,目前已基本淘汰。自动调节的加热驱潮装置有温、湿度控制器,用于阻止凝露和预调温度。温、湿度控制器由一个温度传感器和一个湿度传感器组成,实时监测温度和湿度变化情况,当环境温度低于预调温度或湿度达到或超过预先设定的值时,控制器自动启动加热器运行进行加热,以提高周边环境温度,破坏产生凝露的条件。当箱体内产生凝露的条件消失或环境温度达到预调温度时,加热器自动断开停止加热,控制器又恢复到监测状态。

驱潮加热装置及回路如图 2-1-4 所示。

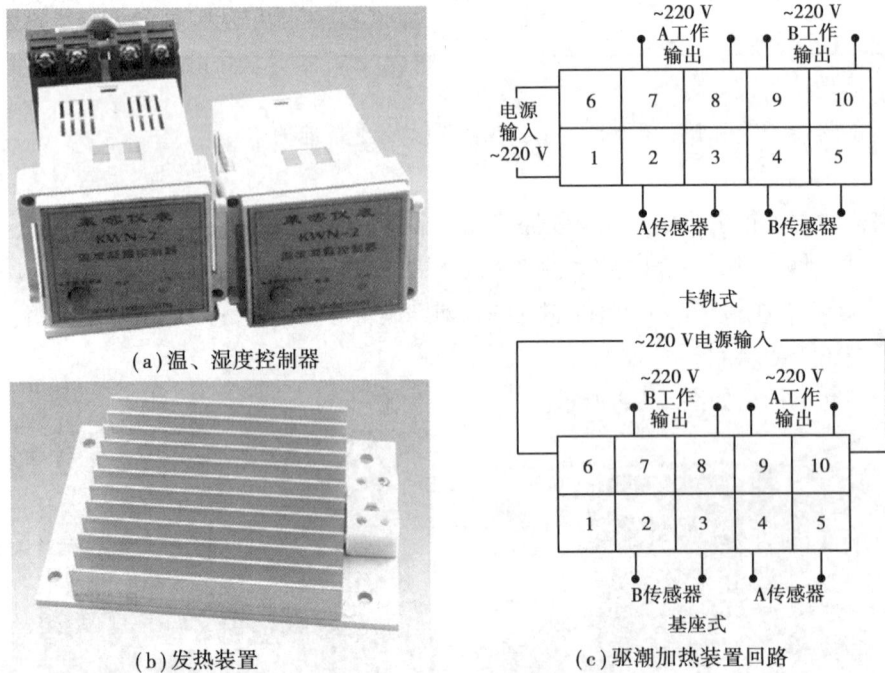

（a）温、湿度控制器

（b）发热装置

（c）驱潮加热装置回路

图 2-1-4　驱潮加热装置及回路

断路器端子箱和机构箱内驱潮加热装置和回路维护内容主要如下所述。

①在雷雨、雪、潮湿等恶劣天气前后,检查确认端子箱和机构箱的箱门关闭严密,检查确认驱潮加热装置工作正常。

②雷雨、雪、潮湿等恶劣天气后,应及时检查确认端子箱和机构箱是否进水受潮。

③应在尽量避免湿度传感器在酸性、碱性及含有机溶剂以及粉尘较大的环境中使用,避免将传感器安放在离箱壁太近或空气不流通的死角处。使用时应按要求提供合适的、符合精度要求的供电电源。

④定期检查调整温、湿度传感器的设定值是否发生漂移,温度传感器按低于温度设定值启动,一般温度设定值为 20 ℃,根据各地气象条件,允许误差为 ±5 ℃;湿度传感器按高于

设定湿度启动负载,湿度传感器一般按88%启动,70%停止设定,根据各地气象条件,允许误差为±5%。

⑤及时更换驱潮加热装置和回路中损坏的元器件,确保驱潮加热装置工作正常。

(2)危险点及预控措施

断路器端子箱和机构箱内驱潮加热装置以及回路维护危险点及预控措施见表2-1-5。

表 2-1-5　断路器端子箱和机构箱内驱潮加热装置以及回路维护危险点及预控措施

序号	危险点	预控措施
1	工作人员低压触电	工作时需断开本间隔断路器端子箱和机构箱内驱潮加热和回路电源上一级快分开关,更换元件前应用万用表测量接线端子无电压。在上级电源快分开关处悬挂"禁止合闸,有人工作"标示牌
2	工作人员被发热元件烫伤	正确着装,穿戴好防护手套,断开驱潮加热电源,待其充分冷却后方开始工作,不得直接触碰加热驱潮装置发热部件
3	误碰、误动开关	两人进行工作,一人监护一人操作,使用合格的工器具,作业人员不得触碰分闸线圈以及铁芯,不得触碰机构内信号回路和操作电源回路,不得触碰或按压端子箱和机构箱内继电器、接触器等

【任务实施】

1.断路器操动机构储能快分开关更换

(1)维护工序及要求

下面以220 kV液压机构断路器为例。

某变电站2011年08月28日17:18时,220 kV ××线604断路器发出低油压告警信号,现场运维人员对信号进行确认后,马上到现场进行检查。

原因分析:断路器器型号为LW10B-252,发现油压已降低至重合闸闭锁值,但电机未启动,运维人员检查无渗漏现象,对储能快分开关分合1次电机仍然未启动,经万用表测量检查,在储能快分开关合位时测得快分开关输入端有电压而输出端无电压,确认快分开关损坏。

处理方法:现场运维人员向当值调度值班员申请将该断路器单相重合闸退出,在设备运行状态对储能快分开关进行更换,让断路器恢复正常运行。

1)准备工作

①工作的仪表、工器具、匹配的备件,应确认断路器电机电源快分开关是直流专用还是交流专用,并测量安装尺寸,记录快分开关的技术参数。

②编制作业维护卡。

③穿戴合格的安全防护用品。

2）工作步骤及要求

①现场查勘确定故障为储能快分开关损坏。

②此类工作为不停电工作，运维人员办理维护卡，无须办理工作票。

③断路器处于"重合闸闭锁状态"，开工前应将储能快分开关故障相用导线接通，将断路器打压至停泵值，再在本间隔断路器端子箱拉开储能快分开关。

④记录快分开关接线端子及导线编号。

⑤拆掉小型断路器上所有接线，保证接线端头和线帽的完好，用螺丝刀挑起小型断路器底部固定夹，同时向外拉起并取下，取下损坏的快分开关。

⑥更换新的小型断路器，并根据线帽恢复接线，同一厂家的附件可通用，因此更换小型断路器时无须更换附件。

⑦用 1 000 V 兆欧表对储能回路进行绝缘测试，绝缘电阻不低于 2 MΩ。

⑧合上断路器端子箱和断路器机构内储能快分开关，用万用表测量机构内储能快分开关输出端电压正常。

⑨再次检查工作现场，验收结束。

⑩向相应值班调度员申请投入该断路器单相重合闸。

（2）注意事项

①如果只是快分开关损坏，建议无须停用重合闸，可手动按下电机储能接触器，打压至额定压力值后，解除重合闸闭锁后再进行处理，这样不会影响设备正常运行，似乎更加合理。

②若液压机构的压力值降为零后，严禁运行人员未采取防慢分措施对无防慢分结构的机构进行打压。

2. 断路器端子箱和机构箱内驱潮加热装置以及回路维护工序及要求

（1）加热驱潮装置快分开关更换

①快分开关更换要求。

a. 不影响储能等其他电源。

b. 拉开待更换的快分开关，用万用表检测快分开关上下端头均无电压，按逐根拆除、包扎、标记的原则拆除储能快分开关的上下端接线。

c. 选择同容量、同技术参数和同安装尺寸的快分开关，按标记正确接线，固定牢固。

②具体实施步骤和操作方法。

a. 断开上级电源，并悬挂"禁止合闸，有人工作"标示牌。

b. 拆除故障快分开关。

c. 装上合格的快分开关。

d. 取下上级电源快分开关处悬挂的"禁止合闸，有人工作"标示牌，给上上级电源，检测快分开关正常。

（2）温湿度传感器更换

①温湿度传感器更换要求。

a. 按逐根拆除、包扎、标记的原则拆除传感器接线。

b. 将接线按标记接好并检查已拧紧。

②具体实施步骤和操作方法。

a. 断开加热驱潮电源。

b. 拆除故障传感器。

c. 安装传感器。

d. 合上加热驱潮电源,试验传感器正常。

（3）温、湿度控制器更换

①温、湿度控制器更换要求。

a. 按逐根拆除、包扎、标记的原则拆除传感器接线。

b. 将接线按标记接好并检查已拧紧。

②具体实施步骤和操作方法。

a. 断开加热驱潮电源。

b. 拆除故障温、湿度控制器。

c. 安装温、湿度控制器。

d. 合上加热驱潮电源,试验温、湿度控制器正常。

（4）驱潮加热的发热装置更换

①发热装置更换要求。

a. 按逐根拆除、包扎、标记的原则拆除发热装置接线。

b. 将接线按标记接好并检查已拧紧。

②具体实施步骤和操作方法。

a. 断开驱潮加热的电源。

b. 拆除故障发热装置。

c. 安装合格的发热装置。

d. 合上驱潮加热的电源,试验发热装置工作正常。

☞ 任务 2.1.3　隔离开关维护

【任务描述】

隔离开关与断路器一样,除按有关专业规程的规定进行试验、检修和巡视外,还应进行必要的维护工作。运行班组应根据省公司《变电运行管理制度》并结合现场实际制订《设备维护和试验轮换周期表》,并按照制订的《标准化维护卡》按时、按质进行设备的维护工作。运行人员在维护过程中发现缺陷时应及时汇报,并做好记录。隔离开关维护内容包括隔离开关端子箱、机构箱检测清灰机构箱内油迹擦拭,驱潮装置维护,漏电保安器试验,端子箱内的加热回路检查并按要求投退,站内防误闭锁装置检查维护。

【任务准备】

课前预习相关知识部分。根据隔离开关的维护项目及要求,经讨论后制订隔离开关维护作业卡,并独立回答隔离开关维护危险点及预控措施。

【相关知识】

1. 隔离开关维护前应学习的内容
①就地控制箱和小开关、把手、主要继电器的位置及作用。
②辅助设备及其作用。
③隔离开关的闭锁(机械、电气及电磁闭锁)。
④隔离开关的异常运行检查及处理。
2. 隔离开关应具备的闭锁功能
①隔离开关与断路器之间闭锁。
②隔离开关与接地隔离开关之间闭锁。
③母线隔离开关与母联隔离开关之间闭锁。
3. 闭锁方式
(1)机械闭锁
机械闭锁是靠机械结构达到预定目的的一种闭锁。机械闭锁只能与隔离开关相关的接地隔离开关进行闭锁,无法实现和断路器、其他隔离开关或接地隔离开关闭锁。
(2)电气闭锁
电气闭锁是利用断路器、隔离开关辅助接点接通或断开电器操作电源而达到闭锁目的的一种装置,普遍用于电动隔离开关和电动接地隔离开关。
(3)电磁锁(微机防误闭锁)
电磁锁是利用断路器、隔离开关、设备网门等设备的辅助接点,接通或断开隔离开关、网门电磁锁电源,从而达到闭锁目的的装置。微机防误闭锁装置是专门为电力系统防止电气误操作事故而设计研制的,由后台机、全自动充电/通信装置、电脑钥匙、各类锁具及套件、五防防误软件系统等组成。

【任务实施】

隔离开关维护如下所述。

（1）维护工序及要求

①检查各控制柜、机构箱干燥、无孔洞、各电源完好,并进行清扫。

②检查刀闸各气室压力值正常,压力表无异常、计数器指示正确。

③红外测温应检查出发热设备和部位,及时报告调度和上级单位,并做好测温记录。

④清除隔离开关上的鸟窝。

⑤对动力电源开关进行检查(用万用表)。

⑥检查电磁锁完好。

⑦检查刀闸及其遮栏门上锁具齐备,站内各钥匙是否齐备并整理钥匙箱。

（2）注意事项

①每月检查箱门锁坏或关闭密封不严应立即处理。

②每月进行 1 次防误装置检查,检查电磁锁完好,检查刀闸及遮栏门上锁具齐备,站内各钥匙是否齐备并整理钥匙箱。

③每 3 个月对防误装置闭锁逻辑进行 1 次检查核对,确保闭锁逻辑正确无误。

④每半年对防误闭锁装置进行 1 次全面检查,及时要求厂家对防误系统进行升级。

⑤根据运行方式的变化,在下列情况下应进行重点测温:

a. 长期重负荷运行的隔离开关设备。

b. 负荷有明显增加的隔离开关设备。

c. 存在异常的隔离开关设备。

【拓展提高】

①红外测温时,应做好相关危险点分析和预控措施的交底,严防维护人员误入带电间隔,触碰或攀爬操作机构,触碰带电部分造成触电事故或设备跳闸。

②测温时打开运行中的开关柜柜门,维护人员的身体部位不能伸入柜门内,严防触电。

③认真、全面进行设备红外测温,严防漏测,完成测温后认真填写测温记录,并在 24 h 内录入 SG186 生产管理系统。

④清扫机构时应将端子各个部分清扫干净,发现机构箱存在的隐患和缺陷时,应及时向监护人报告,再由监护人向上级部门汇报,并将缺陷及时录入 SG186 生产管理系统。

⑤所有隔离开关维护工作在无异常情况下,应根据维护周期表认真、按时执行,在完成后,应在 24 h 内录入 SG186 生产管理系统,确保维护记事及时性。

⑥微机防误闭锁关系核对检查应从五防软件中将闭锁逻辑导出,核对完成后与维护卡一并保存。

⑦检查各间隔防误闭锁关系(逻辑规则):开关和刀闸的配合;接地刀闸和主刀闸的配合;旁路刀闸和线路侧刀闸的配合。方法:在防误主机进入开票程序,假想几种误操作能否开票模拟,特别注意检查主变带接地线送电的逻辑是否考虑高、中、低3侧。

☞ 任务 2.1.4　母线维护

【任务描述】

母线是变电站的神经枢纽,是电气元件的集合点。母线故障失压将直接影响到电网安全稳定运行。因此,在日常工作中必须加强母线设备的巡视维护,保证母线安全稳定运行。母线设备主要有母线、母线附属设备(母线 TV 端子箱、避雷器、母线 TV 等,GIS 设备和 SF_6 压力表等)。目前母线维护的主要内容包括母线红外测温及端子箱、汇控柜清扫等。

【任务准备】

课前预习相关知识部分。根据母线的维护项目及要求,经讨论后制订母线维护作业卡,并简述母线维护危险点及预控措施。

【相关知识】

目前母线维护的主要内容包括母线红外测温及端子箱、汇控柜清扫。

(1)母线红外测温

在设备负荷高峰时或高温天气时进行。一般在进行巡视时进行开关的红外测温工作。所需的工具器材包括安全帽、望远镜、红外测温仪、纸质测温记录等。

(2)端子箱、汇控柜清扫

端子箱、汇控柜清扫内容包括端子箱、汇控柜检测清灰机构箱内油迹擦拭,驱潮装置维护,漏电保护器试验。应由两人进行,一人清扫,一人监护,此工作为设备不停电工作,在工作中需加强监护,防止误碰设备造成跳闸或低压触电的危险。所需工具包括安全帽、绝缘毛刷、登高工具以及绝缘靴等。

【任务实施】

①母线和导线的负荷电流不能超过额定值运行。

②应尽量避免或缩短单母线运行方式。

③确保母线相关设备无变形、无锈蚀、连接无松动。传动元件的轴、销齐全无脱落、无卡涩。箱门关闭严密。无异常声音、气味等。

④检查 SF$_6$ 气室压力在正常范围内。

⑤检查汇控柜指示正常,无异常信号发出。操动切换把手与实际运行位置相符。控制、电源开关位置正常。连锁位置指示正常。柜内运行设备正常。封堵严密、良好。加热器及驱潮电阻正常。

⑥检查屏内各电源快分开关位置符合运行要求。

⑦清扫母线 TV 端子箱。

⑧红外测温应检查出发热设备和部位,及时报告调度和上级单位,并做好测温记录。

另外,还应注意:

①冬季应检查加热装置是否正常。

②一般情况下应结合正常巡视进行设备测温。

③根据运行方式的变化,在下列情况下应进行重点测温:长期重负荷运行的母线设备;负荷有明显增加的母线设备;存在温度异常的母线设备。

④操作后检查母线刀闸位置确认是否与实际一致。

⑤每月定期对母线 TV 端子箱、汇控柜进行清扫。清扫过程中人员应精力集中,严防用力过猛或振动使接线松动,清扫前监护人和清扫人应共同检查所要清扫的设备确已做好安全措施,认清设备名称编号,严防走错位置。

【拓展提高】

①母线分为硬母线和软母线。硬母线按其形状不同分为矩形母线、槽形母线、菱形母线、管形母线等。硬母线使用在大电流的母线桥及对热、动稳定要求较高的配电场合。软母线多用于室外,因室外空间大,导线间距宽,而且散热效果好,施工方便,造价较低。

②认真、全面进行设备红外测温,严防漏测,完成测温后认真填写测温记录,并在 24 h 内录入 SG186 生产管理系统。

③清扫端子箱、汇控柜时应将各个部分清扫干净,发现箱内存在隐患和缺陷时,应及时向监护人报告,再由监护人向上级部门汇报,并将缺陷及时录入 SG186 生产管理系统。

④所有母线维护工作在无异常情况下,应根据维护周期表认真、按时执行,在完成后,应在 24 h 内录入 SG186 生产管理系统,确保维护记录及时性。

☞ 任务 2.1.5 电容器维护

【任务描述】

电容器维护应根据省公司《变电运行管理制度》并结合现场实际制订《设备维护和试验轮换周期表》，并按照制订的《标准化作业维护卡》按时、按质进行设备的维护工作。运行人员在维护过程中发现缺陷时应及时汇报，并做好记录。本任务主要包括高压并联电容器外熔丝更换、硅胶更换等高压并联电容器维护项目及要求。

【任务准备】

课前预习相关知识部分。根据电容器的维护项目及要求，经讨论后制订电容器维护作业卡，并简述电容器维护危险点及预控措施。

【相关知识】

1. 外熔丝更换

（1）外熔丝更换简介

外熔丝作为单台电容器内部故障保护用熔丝。熔丝的作用在于：当电容器内部元件发生击穿短路故障时，与其串联的熔丝能可靠、迅速地断开故障电容器，从而避免发生电容器外壳爆裂事故，确保高压并联电容器装置及其相连电网的安全。外熔丝更换指在熔丝熔断后，运维人员使用新的熔丝更换熔断的熔丝，恢复设备性能的作业。

（2）危险点分析及预控措施

外熔丝更换危险点及预控措施见表 2-1-6。

表 2-1-6 外熔丝更换危险点及预控措施

序号	危险点	预控措施
1	工作人员高压触电	工作中设专人监护、与周围带电部分保持足够安全距离；工作前对电容器组进行充分放电，戴好绝缘手套，必要时站在绝缘垫上
2	工作人员弧光灼伤	工作中戴好护目镜，并保持足够的安全距离

2. 集合式高压并联电容器硅胶更换

（1）集合式高压并联电容器硅胶更换简介

集合式高压并联电容器油枕内的变压器油都是直接或间接通过呼吸器与外部大气相通。电容器空气呼吸器是电容器重要的附件，功能是给电容器呼吸用的，它通过呼吸管线安装在油枕的下方，呼吸器主体为一玻璃管，内盛有变色硅胶，硅胶的功能就是吸附空气中的水分，进入油枕内部的空气经过硅胶的吸潮净化后与变压器油接触，大大延缓了变压器油的氧化速度，不但提高了变压器油的使用寿命，同时也提高了设备运行的可靠性。变色硅胶在干燥状态下呈蓝色，吸收潮气后呈粉红色，达到2/3时需要进行更换。硅胶更换即为运维人员为恢复呼吸器作用而进行的作业。

集合式高压并联电容器油枕及呼吸器结构示意图如图2-1-5所示。

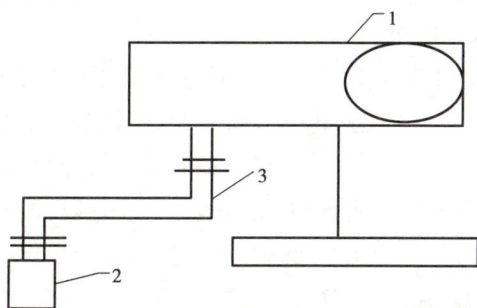

图2-1-5   集合式高压并联电容器油枕及呼吸器结构示意图

1—油枕；2—呼吸器；3—管道

（2）危险点分析及预控措施

集合式高压并联电容器硅胶更换危险点及预控措施见表2-1-7。

表2-1-7   集合式高压并联电容器硅胶更换危险点及预控措施

序号	危险点	预控措施
1	工作人员高压触电	工作时需将集合式电容器组退出运行并转检修，工作中设专人监护、与周围带电部分保持足够安全距离；工作前对电容器组进行充分放电并接地
2	工作人员氧化钴中毒	因蓝色硅胶含有少量有毒的氧化钴，工作前应正确着装，穿戴好防护手套，工作时防止硅胶进入眼中、口中，工作完毕后立即洗手，如发生中毒事件应立即找医生治疗

【任务实施】

1. 外熔丝更换

（1）更换工序及要求

①准备外熔丝更换专用工具、绝缘手套、护目镜、熔丝备件。

②戴好绝缘手套及护目镜,使用专用工具对准外熔丝卡扣部位,卡紧后一起拉出熔丝。

③拆卸更换的熔丝后,将新熔丝与专用工具卡扣部位卡住,对准连接部位进行安装。

④熔断器的安装后,熔管与水平夹角以30°为宜。尾线应拉紧,且不宜过长。

⑤安装完毕后卸下专用工具。

⑥更换熔丝前必须弄清熔丝熔断原因,并排除故障。

⑦更换熔丝前应清除熔丝器壳体和触点之间的碳化导电薄层。

⑧更换熔丝时,应合理选择熔丝的种类与型号,满足负荷电压与电流的要求。

(2)注意事项

①更换熔丝前应检查熔丝备品与原有的一致,符合电容器组要求。

②更换熔丝前,电容器装置必须处于检修状态,且电容器经逐台短接放电后,方可拆、卸熔断器与更换熔丝,防止高压触电。

③更换熔丝前应先检查熔断器动作原因是属于电容器内部故障正确动作,或是自身误动。切忌未查明原因,或者未更换故障电容器即更换熔丝重新合闸。

④新熔丝更换后,确保熔丝端子与连接部位固定可靠、接触良好。

⑤熔管口的气流喷射方向不得有任何障碍物,以防止熔断器动作时喷出气流,以及尾线与电容器外壳或安装支架碰触使故障扩大。

2.集合式高压并联电容器硅胶更换

(1)更换工序及要求

①对(a)型呼吸器,无须拆卸呼吸器。更换硅胶时打开上、下密封盖,让变色硅胶自动流出。待变色硅胶全部流出后,盖好下部密封盖,从上部密封盖位置处倒入新的硅胶,并保留1/5~1/6高度的空隙,紧固密封上、下两个密封盖即可。

②对(b)型呼吸器,更换硅胶前需先拆卸油封杯,然后拆除呼吸器上部法兰4颗固定螺栓,取下呼吸器后倒出内部硅胶。检查玻璃罩是否完好,上下密封胶垫是否良好,并进行清抹(若玻璃罩及密封圈有破损需对呼吸器进行解体检修,即松开拉杆螺栓,取下玻璃罩及密封圈进行清扫和更换,组装后紧固拉杆螺栓并密封可靠,必要时整体更换呼吸器)。

③将干燥的变色硅胶倒入玻璃罩内,顶盖下面留出1/5~1/6高度的空隙。

④呼吸器安装,连接部位密封胶垫正确摆放,呼吸器上部法兰4颗固定螺栓均匀紧固。

⑤对油封杯进行清洗,补充或更换合格的密封油,油位填充至油位线,油封杯安装后应保证油位高于挡气圈。

(2)注意事项

①更换呼吸器硅胶应停电处理。

②更换硅胶应在天气良好、空气湿度小时进行。拆掉呼吸器后应立即将呼吸管头用干净塑料纸包扎,防止潮气进入。

③油封杯油面应高于挡气圈(约2/3),否则起不到油封作用。

④更换硅胶时应做好自我防护,若硅胶进入眼中,需用大量的水冲洗,并尽快找医生治疗。

【拓展提高】

①电容器的长期运行电压不超过电容器额定电压的1.1倍,电流不应超过额定电流1.3倍。

②正常情况下电容器的投入和停用,应根据无功分布以及电压曲线和调度命令执行(装有自动装置的除外)。

③每组电容器都装有放电指示灯,并且运行正常,电容器运行时、指示灯应亮。

④电容器外壳接地要良好,每月要检查放电回路及放电电阻完好。

☞ 任务2.1.6　防雷设备维护

【任务描述】

防雷设备维护应根据省公司《变电运行管理制度》并结合现场实际制订《设备维护和试验轮换周期表》,并按照制订的《标准化维护卡》按时、按质进行设备的维护工作。运行人员在如下维护过程中发现缺陷时应及时汇报,并做好记录。本任务主要包括独立避雷针的维护以及金属氧化物避雷器等维护工序及要求。

【任务准备】

课前预习相关知识部分。根据防雷设备的维护项目及要求,经讨论后制订防雷设备维护作业卡,并独立回答下列问题。

1.简述独立避雷针维护危险点分析及预控措施。

2.简述金属氧化物避雷器维护危险点分析及预控措施。

【相关知识】

为了防止直击雷对变电站设备的损害,变电站装有避雷针、避雷线。为防止进行波的损害,按照相应电压等级装设避雷器和与此相配合的进线保护段,即架空地线、管型避雷器或火花间隙,在中性点不直接接地系统装设消弧线圈,可减少线路雷击跳闸次数。

防雷设备的主要功能是引雷、泄流、限幅以及均压等。

避雷针的防雷原理是在雷云离地面达到一定高度时,地面上的避雷针因静电感应聚焦了雷云先导性的大量电荷,使雷电场畸变,因而将雷云放电的通路由原来可能向其他物体发展的方向,吸引到避雷针本身,通过引下线和接地装置将雷电波放入大地,从而使被保护物体免受直接雷击。

避雷针由避雷针针头、引流体和接地体 3 部分组成,一般明显高于被保护物。

避雷器和避雷针用装设磁钢棒和放电记录器两种方法记录放电,放电计数器的基本原理是当雷电流通过避雷器入地时,对记录器内部电容器进行充电。当雷电消失后,电容器对记录器的线圈放电,记录放电次数。磁钢棒记录放电的基本原理是当雷电流通过避雷针入地时,磁钢棒被雷电流感应而磁化,记录雷电流数据。

1. 独立避雷针维护

(1)独立避雷针维护简介

独立避雷针维护项目主要包括接地引下线锈蚀处理、地网开挖、热镀锌改造处理等内容。

(2)危险点及预控措施

独立避雷针维护危险点及预控措施见表 2-1-8。

表 2-1-8　独立避雷针维护危险点及预控措施

序号	危险点	预控措施
1	工作人员触电	雷雨天气时不得进行独立避雷针的维护工作,防止人身触电事故

2. 金属氧化物避雷器维护

(1)金属氧化物避雷器维护项目简介

金属氧化物避雷器在线监测仪是高压交流电力系统中金属氧化物避雷器配套使用的仪器,该仪器串接在避雷器接地回路中。监测器中的毫安表用于监测运行电压下通过避雷器的漏电流(峰值),可以判断避雷器内部是否受潮,元件是否异常等情况;动作计数器则记录避雷器的过电压动作次数。所以运维人员在巡视时需要对金属氧化物避雷器在线监测器进行检测,判断避雷器在线监测仪泄漏电流是否显示正常,如显示不正常则需要更换金属氧化物避雷器在线监测仪。

(2)危险点及预控措施

金属氧化物避雷器维护危险点及预控措施见表 2-1-9。

表 2-1-9　金属氧化物避雷器维护危险点及预控措施

序号	危险点	预控措施
1	工作人员高压触电	禁止在雷雨天气下进行在线监测仪检测和更换。更换前先将在线监测仪引线可靠接地,装设个人保安线时应戴好绝缘手套。更换时监护人应严格监护,与带电部位保持足够的安全距离,距离 220 kV 的设备大于 3 m,距离 110 kV 的设备大于 1.5 m,距离 35 kV 的设备大于 1 m,作业人员身体及工器具严禁超过避雷器构架

续表

序号	危险点	预控措施
2	在线监测仪检测和更换应时试验电压伤人	在线监测仪检测和更换应防止试验电压伤人。使用放电棒时应戴绝缘手套并严禁误碰人员或其他设备

【任务实施】

1.独立避雷针维护

（1）维护工序及工艺要求

①编制独立避雷针维护作业卡。

②工作负责人办理工作许可、做好工作现场安全和技术措施，并向工作人员交代工作内容、带电部位、现场安全措施、现场作业危险点，明确人员分工及试验程序。

③按照维护作业卡要求进行作业。

④若涉及独立避雷针接地网的开挖，应清楚接地网走向，确定开挖位置缺陷维护。

⑤独立避雷针接地网开挖后回填。要求每回填 30 cm 高时，夯实一遍，反复循环进行施工直到与地面齐平，不得将石头、砖块、杂草等回填入内。

⑥采用热镀锌钢作为接地材料进行接地网改造时，厚度大于 5 mm 时，镀锌层厚度最小值为 70 μm，镀锌层厚度最小平均值为 86 μm；厚度小于 5 mm 时，镀锌层厚度最小值为 55 μm，镀锌层厚度最小平均值为 65 μm。

（2）注意事项

①施工过程中为防止人员触电，必须与设备带电部位保持足够的安全距离。

②开挖时，应前先将接地螺栓拆开。

③开挖过程中应防止破坏二次电缆。

④独立避雷针接地装置防腐处理时，接地体引出线的垂直部分和接地装置焊接部位外侧 100 mm 范围内应做防腐处理。热镀锌钢材焊接时应在焊痕外 100 mm 内做防腐处理。

2.金属氧化物避雷器维护

（1）维护工序及工艺要求

①在线监测仪、引线及支柱瓷瓶外观完好，无破损、锈蚀、进水等异常现象。

②在线监测仪检测

a.在线监测仪动作次数显示正常。

b.避雷器在运行状态，泄漏电流应有指示，且泄漏电流在合理范围内，避雷器在备用或检修状态时，泄漏电流应为 0（数据记录见避雷器泄漏电流、动作次数登记表），如怀疑在线监测仪有损坏，执行第 2 项进行检测；如判断在线监测仪损坏，需更换，则执行第 3 项工序。

③在线监测仪更换

a.编制在线监测仪更换作业卡。

b.工作负责人办理工作许可、做好工作现场安全和技术措施,并向工作人员交代工作内容、带电部位、现场安全措施、现场作业危险点,明确人员分工及试验程序。

c.工作人员戴好绝缘手套将避雷器在线监测仪引线接地,接地线先接接地端,再接导体端,接触点应紧固,油漆应刮去。

d.将旧的在线监测仪拆除。

e.对构架角铁、引线铜鼻子进行打磨清扫,确保接触面无污垢、锈蚀等现象。

f.安装新在线监测仪,紧固基础螺栓,计数器上端引线螺栓暂不紧固。

g.用放电棒对在线监测仪进行检测(5次),泄漏电流指针摆动正常,动作计数器动作正常。

h.紧固在线监测仪上端引线螺丝,紧固时不能用力过大,防止在线监测仪瓷瓶损坏。

i.拆除在线监测仪的引线接地线,先拆导体端,后拆接地端。

j.对接地点进行油漆修补。

④监护人对新更换的在线监测仪进行自验收,检查现场无遗留物。

⑤记录在线监测仪铭牌参数、避雷器泄漏电流、动作次数初始值。

(2)注意事项

无。

【拓展提高】

①发现避雷器瓷套有明显裂纹,可能有进水受潮时,应立即向相应的当值调度员汇报申请退出故障避雷器,并向队长及主管部门汇报。

②发现避雷器法兰等处有轻微裂纹,且无明显受潮现象时,应汇报上级领导及主管部门。

③避雷器爆炸,尚未造成接地短路时,应立即向调度申请停电,更换或退出故障避雷器。

☞ 任务2.1.7 互感器维护

【任务描述】

电流互感器与电压互感器维护应根据省公司《变电运行管理制度》并结合现场实际制订

《设备维护和试验轮换周期表》,并按照制订的《标准化维护卡》按时、按质进行设备的维护工作。运行人员在如下维护过程中发现缺陷时应及时汇报,并做好记录。本任务主要包括电压互感器高压侧熔断器更换、二次快分开关或熔断器更换等互感器维护工序及要求。

【任务准备】

课前预习相关知识部分。根据互感器的维护项目及要求,经讨论后制订电压互感器高压侧熔断器更换、二次快分开关或熔断器更换维护作业卡,并独立回答下列问题。

1. 简述电压互感器高压侧熔断器更换危险点分析及预控措施。

2. 简述电压互感器二次快分开关或熔断器更换危险点分析及预控措施。

【相关知识】

1. 电压互感器高压侧熔断器更换

(1) 项目简介

电压互感器高压侧保险管在电压互感器一次侧发生故障时自行熔断,以免扩大故障和减小设备损坏程度。所以运维人员在巡视时需要通过观察电压表的指示判断电压互感器高压侧保险管是否熔断,如已熔断则需要更换电压互感器高压侧保险管。

注:适用于 35 kV 和 10 kV 电压等级。

(2) 危险点分析及预控措施

电压互感器高压侧熔断器更换危险点及预控措施见表 2-1-10。

表 2-1-10　电压互感器高压侧熔断器更换危险点及预控措施

序号	危险点	预控措施
1	工作人员高压触电或感应电伤害	工作中应有专人监护,工作中注意身体各部位保持与带电部分的安全距离,防止发生人身触电事故
2	造成设备误动或拒动	停用电压互感器应事先取得有关负责人的许可,应考虑到对继电保护,自动装置和电能计量的影响,必要时将有关保护、自动装置暂时停用,以防误动作
3	造成设备烧毁和大面积停电事故	更换保险管时必须采用符合标准的保险管,不能用普通保险管代替。否则电压互感器一次侧一旦发生故障,普通保险管不能限制短路电流和熄灭电弧,很可能发生烧毁设备和造成大面积停电的重大事故

2.电压互感器二次快分开关或熔断器更换

（1）项目简介

电压互感器二次侧所接负荷是很多的，而这些负荷的连线（继电器、表计、保护二次线）相当复杂，这就造成短路与接地的可能性，如果短路或 AC 任一相接地则会使电压互感器长时间过负荷，从而使电压互感器损坏或低电压保护误动作，为避免上述情况，在二次侧装设快分开关或保险管，若发生上述现象，快分开关动作或保险熔断，切断故障点，并发出"电压回路断线"信号。所以运维人员在巡视时需要判断电压互感器二次侧快分开关是否能正常工作或电压互感器二次侧保险管是否熔断，如电压互感器二次侧快分开关不能正常工作或电压互保险管已熔断则需要更换快分开关或保险管。

（2）危险点分析及预控措施

电压互感器二次快分开关或熔断器更换危险点及预控措施见表 2-1-11。

表 2-1-11　电压互感器二次快分开关或熔断器更换危险点及预控措施

序号	危险点	预控措施
1	影响电压互感器的正常运行	更换电压互感器二次侧快分开关或保险管应尽量在元器件各端子不带电压的条件下进行，或者通过拉开相关开关使需更换的元件各端子无电压，但前提条件是不能影响电压互感器的正常运行
2	工作人员带电更换元器件时误触电	需带电更换元器件时，应做好防止误触电的措施，穿好绝缘鞋，使用带绝缘手柄的电工工具，解除带电端子时需用绝缘胶布将接线端子可靠包扎

【任务实施】

1.电压互感器高压侧熔断器更换

（1）电压互感器高压侧熔断器更换工序及工艺要求

①编制电压互感器高压侧熔断器更换作业卡。

②汇报调度将电压互感器退出运行，即拉开电压互感器高压侧隔离开关，为防止互感器反送电（二次侧电压感应到一次侧），应取下二次侧低压熔断器中的熔丝。停用电压互感器应事先取得调度的许可，应考虑到对继电保护，自动装置和电能计量的影响，必要时汇报调度将有关保护、自动装置暂时停用，以防误动作。

③工作负责人办理工作许可，做好工作现场安全和技术措施，并向工作人员交代工作内容、带电部位、现场安全措施、现场作业危险点，明确人员分工及试验程序。

④在工作负责人监护的情况下，运维人员取下已熔断的高压熔断器。

⑤换上合格的专用高压熔断器（测量电阻值）。

⑥监护人对新更换的电压互感器高压侧熔断器进行自验收，检查现场无遗留物。

（2）注意事项

①更换高压熔丝前应首先将电压互感器退出运行，即拉开电压互感器高压侧隔离开关或将电压互感器小车拖至检修位置，为防止电压互感器反送电（二次侧电压感应到一次侧），应取下二次侧低压熔断器中的熔丝。

②新电压互感器高压侧熔断器投入使用后检查电压表指示应正常。

2. 电压互感器二次快分开关或熔断器更换

（1）电压互感器二次侧快分开关或熔断器更换工序及工艺要求

①编制电压互感器二次侧快分开关和熔断器更换作业卡。

②断开相关回路电源。

③工作负责人办理工作许可，做好工作现场安全和技术措施，并向工作人员交代工作内容、带电部位、现场安全措施、现场作业危险点，明确人员分工及试验程序。

④选择与待更换元器件相同型号的合格元器件，或者更换的元器件各项指标能符合回路要求。

⑤拆除元器件接线，做好端子标记。

⑥更换二次侧快分开关或熔断器。

⑦正确恢复接线，紧固。

⑧监护人对新更换的电压互感器二次侧快分开关或熔断器进行自验收，检查现场无遗留物。

（2）注意事项

无。

【拓展提高】

①互感器的外壳及二次回路必须有牢固接地，电压互感器二次侧中性点必须用电缆引至控制室可靠接地。

②电压互感器的二次侧不许短路，电流互感器二次侧不许开路。

③互感器在连接时，应注意一、二次线圈接线端子上的极性。

④电压互感器回路上的熔断器熔丝或二次快分开关的动作电流必须逐级配合。

⑤电流互感器二次只允许一点接地。

⑥电流互感器正常运行时一次电流不得超过其额定值。

⑦在运行中的 TA 二次回路上清扫时应注意：

a. 工作中绝对不允许将 TA 二次开路。

b. 根据需要可在适当地点将 TA 二次侧短路。短路应采取短路片或专用短路线，禁止采用熔丝或用导线缠绕。

c. 禁止在 TA 与短路点间的回路上进行任何工作。

d. 清扫二次线时,应穿长袖工作服,戴线手套,使用干燥的清洁工具,并将手表等金属物品摘下,避免造成元件损坏,二次回路断线或寄生回路的产生。

任务 2.2　变电站二次设备维护

【教学目标】

知识目标:1. 掌握 220 kV 变电站二次设备的维护要求。

2. 掌握 220 kV 变电站二次设备的维护周期。

3. 了解维护 220 kV 变电站二次设备的注意事项。

能力目标:1. 会维护 220 kV 变电站主要二次设备。

2. 能说出 220 kV 变电站主要二次设备的主要维护点。

3. 能描述 220 kV 变电站主要二次设备维护时各参数的正常范围。

态度目标:1. 能主动学习,在完成任务过程中发现问题,分析问题和解决问题。

2. 在严格遵守安全规范的前提下,能与小组成员协作共同完成本学习任务。

【任务描述】

运维人员进行简单的变电站二次设备维护工作,可以降低设备运维成本,提高工作效率,提高供电可靠性。在对变电站的接线和运行方式以及电气设备有了一定了解后,需要根据变电站各类二次设备的特点,制订设备应期维护周期表以及相应的二次设备维护作业卡,正确完成各类二次设备的维护工作,并确保系统安全、稳定、经济运行。

【任务准备】

课前预习相关知识部分。根据 220 kV 杨高变电站的接线和运行方式,经讨论后制订变电站二次设备维护作业卡,并独立回答下列问题。

1. 变电站二次设备维护及周期有哪些要求?

2. 运维人员需要进行的二次设备维护项目主要是针对哪些设备开展的?

【相关知识】

变电站二次设备运行维护要求如下所述。

①一次设备至少应保证有一套完整的保护装置投入运行,双重化配置的保护装置如需全部退出,应向值班调度员申请将被保护的一次设备退出运行。

②一次设备处于运行状态、热备用状态时,保护装置出口压板、功能压板均应按要求投入。

③当一次设备(母线除外)处于冷备用状态时,保护装置合闸压板、失灵回路有关压板、远切、远跳、联切、联跳压板应全部退出,跳闸压板和功能压板可投入。

④运行人员每个月应使用设备定期维护标准化作业卡对继电保护装置进行维护工作,内容包括保护定值与压板位置核对,打印微机保护定值清单核对后存档,检查保护压板与方式开关投退正确。

⑤本站 220 kV、110 kV 各线路保护及主变保护,当电压切换箱中两个交流电压切换中间继电器同时动作发信号时,在发信号期间运行人员不允许断开母联断路器,以防止电压互感器反充电。

☞ 任务 2.2.1　继电保护及安全自动装置维护

【任务描述】

继电保护及自动装置维护应根据省公司《变电运维管理制度》并结合现场实际制订《设备维护和试验轮换周期表》,并按照制订的《标准化维护卡》按时、按质进行设备的维护工作。运行人员在如下维护过程中发现缺陷时应及时汇报,并做好记录。本任务主要包括继电保护及安全自动装置维护工作项目及要求。

【任务准备】

课前预习相关知识部分。根据继电保护及安全自动装置的维护项目及要求,经讨论后制订继电保护及安全自动装置维护作业卡,并简述电保护及安全自动装置维护危险点及预控措施。

【相关知识】

1. 二次设备缺陷分类

按照严重程度和对安全运行造成的威胁大小,分为危急缺陷、严重缺陷、一般缺陷3类。

(1)危急缺陷

危急缺陷是指性质严重,情况危急,直接威胁安全运行的隐患,应当立即采取应急措施,并尽快予以消除。

一次设备失去主保护时,一般应停运相应设备;保护存在误动风险,一般应退出该保护;保护存在拒动风险时,应保证有其他可靠保护作为运行设备的保护。以下缺陷属于危急缺陷:

①电流互感器回路开路。

②二次回路或二次设备着火。

③保护、控制回路直流消失。

④保护装置故障或保护异常退出。

⑤保护装置电源灯灭或电源消失。

⑥收发信机运行灯灭、装置故障、裕度告警。

⑦控制回路断线。

⑧电压切换不正常。

⑨电流互感器回路断线告警、差流越限,线路保护电压互感器回路断线告警。

⑩保护开入异常变位,可能造成保护不正确动作的。

⑪直流接地等。

(2)严重缺陷

严重缺陷是指设备缺陷情况严重,有恶化发展趋势,影响保护正确动作,对电网和设备安全构成威胁,可能造成事故的缺陷。

严重缺陷可在保护专业人员到达现场进行处理时再申请退出相应保护。缺陷未处理期间,运行人员应加强监视,保护有误动风险时应及时处理。以下缺陷属于严重缺陷:

①保护通道异常。

②保护装置只发告警或异常信号,未闭锁保护。

③录波器装置故障、频繁启动或电源消失。

④保护装置液晶显示屏异常。

⑤操作箱指示灯不亮,但未发控制回路断线信号。

⑥保护装置动作后报告打印不完整或无事故报告。

⑦就地信号正常,后台或中央信号不正常。

⑧切换类不亮,但未发生电压互感器断线告警。

⑨母线保护隔离开关辅助接点开入异常,但不影响母线保护正确动作。

⑩无人值班变电站保护信息通信中断。

⑪无人值班变电站保护信息通信中断。

⑫频繁出现又能自动恢复的缺陷等。

（3）一般缺陷

一般缺陷是指上述危急、严重缺陷以外的,性质一般,情况较轻,保护能继续运行,对安全运行影响不大的缺陷。以下缺陷属于一般缺陷:

①打印机故障或打印格式不对。

②电气继电器外壳变形、损坏,不影响内部。

③GPS装置失灵或时间不对,保护装置时钟无法调整。

④保护屏上按钮接触不良。

⑤能自动复归的偶然缺陷。

⑥其他对安全运行影响不大的缺陷等。

2.保护装置运行及维护规定

①差动保护和带方向保护在新安装及一次设备、二次回路异动后投入运行时注意事项:

a.当被保护设备投入时,保护应投入。

b.设备带负荷前,应退出差动保护和带方向保护压板,作方向或不平衡电压、电流测量。

c.测量无问题后,立即投入该保护压板。

②在一次系统操作中,为防止保护误动,需改变其保护运行方式时,应将保护退出运行后,方可操作;操作完毕后,应根据操作后的运行方式投入其保护。

③为防止寄生回路引起保护装置误动,在装直流控制保险或快分开关时,应按先负极,后正极的顺序操作;取控制保险时,顺序相反。

④一次设备或保护装置检修试验前(即将开工前),应考虑退出以下相应压板:

a.主变保护联跳、母联及旁路跳闸压板。

b.低周、低电压装置跳该设备的跳闸压板。

c.母差保护跳该设备的跳闸压板。

d.其他停用保护联跳运行中设备压板。

e.该设备的跳闸压板。

⑤当TV回路发生断线(交流电压回路失压)无法尽快恢复时,必须将该电压回路上的下列保护装置退出,并汇报调度:

a.距离保护。

b.低周、低电压减载装置。

c.低电压保护。

d.其他可能误动的保护装置。

⑥TV回路切换时及二次快分开关跳闸、二次保险熔断时,必须退出该电压回路上的下列保护:

a.距离保护。

b. 低周、低电压减载装置。

c. 其他可能误动的保护装置。

⑦保护动作使断路器跳闸后,运维人员应准确记录断路器跳闸的时间,详细记录所有需要人工复归的保护动作信号和光字牌信号及异常情况,及时打印微机保护报告及故障录波报告。

⑧保护误动或动作原因不明造成断路器跳闸,除按事故处理原则做好记录外,运维人员应保护好现场。严禁打开继电器和保护装置盖子或动二次回路,并及时汇报调度和有关领导,等候处理。

⑨一次设备的负荷电流不得超过设备所允许的负荷电流,否则应汇报调度员。

⑩继电保护装置的检验工作在开工前,运维人员应按《电业安全工作规程》的要求布置好安全措施和对可能引起保护装置误动的有效措施。

⑪运行中继电保护装置如需改变原理接线,应有经专业主管部门批准和文件和图纸资料,经运维人员验收合格并签字后方可投入运行。

⑫当运维人员发现保护有异常且可能引起保护误动时,应及时汇报当值调度员将其停用,并迅速通知检修单位。

⑬危险点分析及预控措施

继电保护及安全自动装置维护危险点及预控措施见表 2-2-1。

表 2-2-1 继电保护及安全自动装置维护危险点及预控措施

序号	危险点	预控措施
1	工作人员高压触电	继电保护与安全自动装置维护时需要两人进行,一人操作一人监护,并与带电部位保持足够的安全距离,测试过程中禁止解锁相关防误装置
2	工作人员低压触电	继电保护与完全自动装置维护时需要两人进行,一人操作一人监护,并确认二次控制回路电源已经断开或隔离。在清扫端子箱时使用绝缘材料进行清扫,并且不得碰触带电设备

【任务实施】

继电保护及安全自动装置维护。

(1)维护工序及工艺要求

①编制继电保护及安全自动装置维护作业卡。

②工作负责人办理工作许可、做好工作现场安全和技术措施,并向工作人员交代工作内容、带电部位、现场安全措施、现场作业危险点,明确人员分工及试验程序。

③按照维护作业卡要求进行作业。

④每次维护对压板、吊牌、时钟、采样值等情况进行检查,屏内堵洞及清扫。

⑤做好《继电保护定值及压板位置核对》记录,每月核对保护压板,每年春检核对定值并

与调度核对定值通知单编号。

⑥检查全站电话及网络畅通,并督促有关部门及时维修。

⑦检查故障录波装置正常,每月手动启动一次,与 UPS 对时准确。

⑧加强对保护室空调、通风等装置的管理。

⑨维护应根据 SG186 生产管理系统设备维护周期表执行,完成后应及时将维护记录录入 SG186 生产管理系统。

(2)注意事项

①保护室内相对湿度不超过 75%,环境温度应在 5～30 ℃。

②每月应检查打印纸是否充足、字迹是否清晰,负责加装打印纸盒及更换打印机色带等。

【拓展提高】

智能变电站二次系统基础知识

1.二次系统典型结构

典型的智能变电站二次系统结构可概括为"三层两网"。"三层"分别是指站控层设备、间隔层设备和过程层设备;"两网"指的是站控层网络和过程层网络,如图 2-2-1 所示。

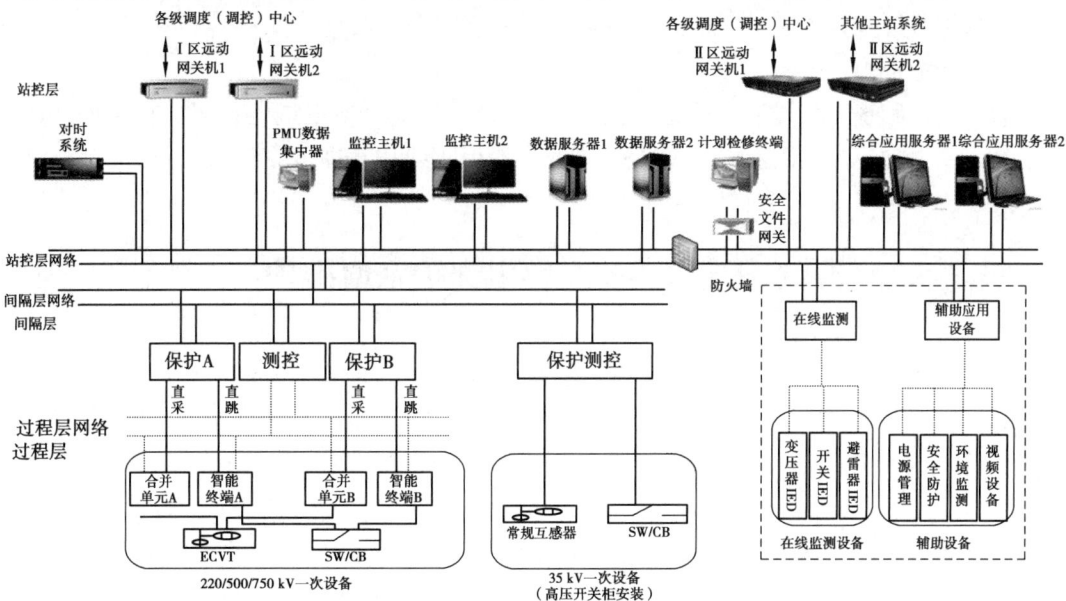

图 2-2-1　智能变电站二次系统结构示意图

2.合并单元

合并单元是对来自互感器的电流和电压信号进行采样及数据同步处理的装置。合并单元可以是互感器的一个组成件,也可以是一个分立单元。现在大多数智能变电站均采用传统互感器,所以合并单元基本都是分立单元,也有少量间隔将合并单元与智能终端合二为一。合并单元配合传统互感器使用时,自身配置的交流插件,可以进行模数转换,采用标准规约输出。

合并单元一般接收来自本间隔电流互感器的电流信号;若本间隔还有电压互感器,还应接入本间隔的电压信号;若本间隔的二次设备需要母线电压,还应接入来自母线电压合并单元的母线电压信号。

3. 智能终端

智能终端是一种智能组件,安装于一次设备就地汇控柜内。其与一次设备采用电缆连接,与保护、测控等二次设备采用光纤连接,实现对一次设备(如断路器、隔离开关、主变压器等)的测量和控制等功能,作用相当于常规变电站的操作箱加上测控装置的部分功能。

4. 数字式继电保护

数字式继电保护装置是新一代全面支持智能变电站的保护装置,除具有传统微机保护功能外还应满足以下要求:

①保护装置采样值采用点对点或组网方式接入。

②线路纵联差动保护应适应常规互感器和电子互感器混合使用的情况。

③保护装置应能处理合并单元上的数据品质位异常信息,并及时准确地提供告警信息。

④保护装置应采取措施,防止输入的双 A/D 数据之一异常时误动作。

⑤除检修连接片可采用硬压板外,保护装置应采用软压板,满足远方操作的要求。

⑥保护装置应具备通信中断、异常等状态的检测和告警功能。

5. 智能汇控柜

合并单元和智能终端下放就地汇控柜后,带来了二次设备就地运行环境控制的问题。目前智能变电站户外汇控柜主要有 3 种,即热交换柜、空调柜和风扇柜。

☞ 任务 2.2.2　继电保护定值维护

【任务描述】

二次设备定值维护主要是做好继电保护定值及压板位置核对记录,每月核对保护压板,每年春检核对定值并与调度核对定值通知单编号。二次设备定值维护应根据省公司《变电运维管理制度》并结合现场实际制订《设备维护和试验轮换周期表》,并按照制订的《标准化维护卡》按时、按质进行设备的维护工作。运维人员在维护过程中发现缺陷时应及时汇报,并做好记录。本任务主要包括继电保护定值维护工作项目及要求。

【任务准备】

课前预习相关知识部分。根据继电保护定值的维护项目及要求,经讨论后制订继电保护定值维护作业卡,并简述继电保护定值维护危险点及预控措施。

【相关知识】

1. 定值管理规定

①保护定值管理由专人负责,变电站现场具备保护定值台账资料并及时进行更新。

②保护装置定值调整应由检修人员执行,定值区切换和临时定值调整可由运行人员执行。

③定值调整应按照调度命令执行。运维人员应与值班调度员核对定值通知单编号,由运维人员临时变更定值时,应使用操作票,并将保护装置名称(含双重编号)、定值项名称及定值的变动情况做好记录,并在交接班时进行移交。

④进行定值核对时,应逐项核对实际定值无误(核对内容为定值通知单全部内容,含软件版本号和 CRC 码),与定值调整人员一起在保护定值通知单及保护装置定值打印清单上签名并注明日期,保护装置定值打印清单应存档备查。

⑤定值调整前,应按调度命令退出被调整保护装置对应的所有出口压板。

⑥调整完毕后,应确定定值调整无误,检查保护装置面板信号正常,采样值(对于差动保护应检查差流是否在允许范围内)正确。

⑦调整完毕后,应按调度命令投入被调整保护装置对应的所有出口压板。

2. 危险点分析及预控措施

继电保护定值维护危险点及预控措施见表 2-2-2。

表 2-2-2　继电保护定值维护危险点及预控措施

序号	危险点	预控措施
1	定值通知单不规范,整定随意性较大	严格落实三级审核制度,计算、复算、审核、批准应专人负责,保证定值单正确完备

【任务实施】

继电保护定值维护。

（1）维护工序及工艺要求

①编制继电保护定值维护作业卡。

②工作负责人办理工作许可，做好工作现场安全和技术措施，并向工作人员告知工作内容、带电部位、现场安全措施、现场作业危险点，明确人员分工及试验程序。

③按照维护作业卡要求进行作业。

④正确打印各保护定值，核对各保护定值正确无误，并签名存档。

⑤运维人员在核对过程中发现异常情况时，应立即汇报站长或当值调度员，严禁擅自更改保护定值。

⑥变更定值应核对调度命令与定值通知书相符，微机保护临时定值调整应由继电保护人员执行。

⑦保护定值应做到三符合（即调度下达的定值、定值记录簿记录的定值及现场实际的定值符合）。

⑧运维人员不得进行微机保护定值输入的固化工作。

⑨打印保护定值时，必须由两人进行，其中一人对保护装置打印定值步骤熟悉，按现场运行规程打印宣传方法执行。

⑩维护应根据 SG186 生产管理系统设备维护周期表执行，完成后应及时将维护记录录入 SG186 生产管理系统。

（2）注意事项

①维护标准是保证定值正确，微机保护打印定值核对后存档，保护压板位置正确。

②相关要求：打印保护定值时，必须由两人进行，其中一人对保护装置打印定值步骤熟悉，按现场运行规程打印定值方法执行。核对定值发现异常时，应汇报站长，核对时禁止私自投退压板或更改保护定值。

【拓展提高】

①定值维护对象主要有：主变保护装置、母差保护装置、线路保护装置、失灵保护屏、故障录波屏、备自投屏、低周屏、远联切屏等。

②定值由小调大时，应先调定值，再改变运行方式；定值由大调小时，其序相反。

③长远定值的变更由继电保护人员调整，运维人员只能进行临时定值变更的调整，进行定值调整必须有专人监护并核对无误。

☞ 任务 2.2.3　微机防误系统维护

【任务描述】

微机防误系统维护应根据省公司《变电运维管理制度》并结合现场实际制订《设备维护和试验轮换周期表》，并按照制订的《标准化维护卡》按时、按质进行设备的维护工作。运维人员在维护过程中发现缺陷时应及时汇报，并做好记录。本任务主要包括微机防误系统主机除尘、电源及传输适配器等附件维护、微机防误装置逻辑校验、电脑钥匙功能检测、锁具维护及编码正确性检查、接地螺栓及接地标志维护等的工作项目及要求。

【任务准备】

课前预习相关知识部分。根据微机防误系统维护项目及要求，经讨论后制订微机防误系统维护作业卡，并简述微机防误系统维护危险点及预控措施。

【相关知识】

1. 微机防误系统的组成及功能

微机防误系统主要由防误主机、电脑钥匙、传输适配器、电子闭锁装置、智能专家系统、外围设备等组成。防误主机是整个微机防误系统中的核心，负责防误相关信息的储存和运行全过程程序的控制。电脑钥匙的主要功能是用于辨别被操作设备身份和打开符合规定程序的被操作设备的闭锁装置，以控制操作人员的操作过程。传输适配器主要作用是及时、真实地将设备状态传送到防误主机，作为逻辑分析的依据。电子闭锁装置的主要功能是控制被操作设备操作（机构）回路的开放与否，它包括电编码锁具和机械编码锁具两部分。智能专家系统软件是整个微机防误闭锁系统的灵魂，基本的功能是状态判断与逻辑分析。外围设备是包括键盘、鼠标、打印机、显示器、音响等附件在内的计算机输入、输出设备，主要用于系统维护人员进行程序修改、逻辑编制和人机对话等。

微机防误系统的组成如图 2-2-2 所示。

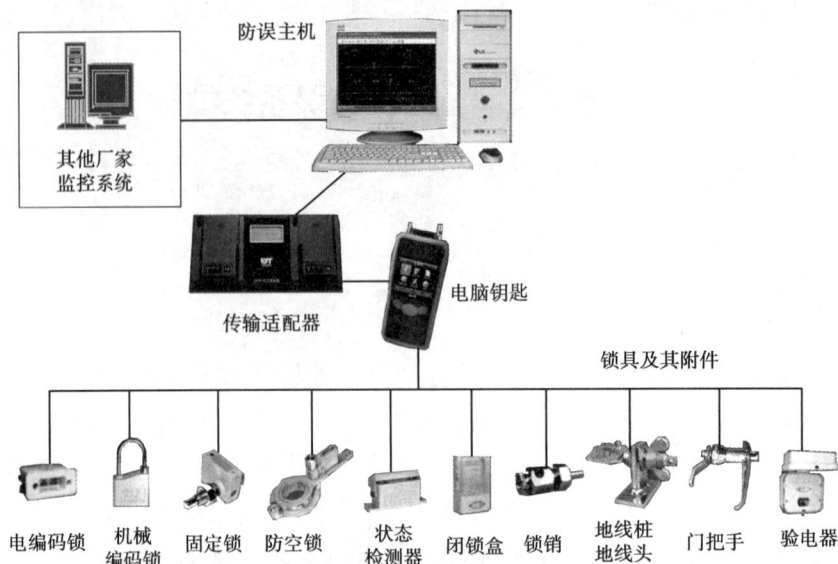

图 2-2-2 微机防误系统的组成

2. 危险点分析及预控措施

（1）微机防误系统主机除尘，电源及传输适配器等附件维护

微机防误系统主机除尘、电源及传输适配器等附件维护危险点及预控措施见表2-2-3。

表 2-2-3 微机防误系统主机除尘、电源及传输适配器等附件维护危险点及预控措施

序号	危险点	预控措施
1	人员低压触电或误碰引起事故	工作过程中加强监护，严禁误碰带电裸露端子，使用合格的劳动防护用品及安全工器具
2	主机插件损坏或程序丢失	主机清灰之前，按正常程序先关闭计算机后，再断开电源。恢复后，先接通电源，再打开计算机

（2）微机防误装置逻辑校验

微机防误装置逻辑校验危险点及预控措施见表 2-2-4。

表 2-2-4 微机防误装置逻辑校验危险点及预控措施

序号	危险点	预控措施
1	误修改防误逻辑	对防误装置逻辑检查时导出逻辑进行检查，不得在防误程序内进行核对。发现逻辑有错误或问题时及时汇报防误专门负责人，不得随意修改逻辑
2	微机中毒	严禁用带病毒的优盘复制微机防误逻辑

（3）电脑钥匙功能检测

电脑钥匙功能检测危险点及预控措施见表 2-2-5。

表 2-2-5 电脑钥匙功能检测危险点及预控措施

序号	危险点	预控措施
1	使用电脑钥匙试开设备锁具后操作了实际设备	加强监护，严禁操作实际设备

（4）锁具维护及编码正确性检查

锁具维护及编码正确性检查危险点及预控措施见表2-2-6。

表2-2-6　锁具维护及编码正确性检查危险点及预控措施

序号	危险点	预控措施
1	高压触电	防止人身触电,与一次设备带电部位保持足够的安全距离:距离500 kV 的设备大于 5 m,距离 220 kV 的设备大于 3 m,距离 110 kV 的设备大于 1.5 m,距离 35 kV 的设备大于 1 m,距离 10 kV 的设备大于 0.7 m

（5）接地螺栓及接地标志维护

接地螺栓及接地标志维护危险点及预控措施见表2-2-7。

表2-2-7　接地螺栓及接地标志维护危险点及预控措施

序号	危险点	预控措施
1	高压触电	防止人身触电,与一次设备带电部位保持足够的安全距离:距离500 kV 的设备大于 5 m,距离 220 kV 的设备大于 3 m,距离 110 kV 的设备大于 1.5 m,距离 35 kV 的设备大于 1 m,距离 10 kV 的设备大于 0.7 m

【任务实施】

1.微机防误系统主机除尘,电源及传输适配器等附件维护

（1）维护工序及工艺要求

①对防误主机和显示屏外壳进行清扫。

②检查主机显示屏显示正常,设备位置与监控系统保持一致。

③检查防误主机运行正常,USB 接口处的"禁止使用 U 盘"、"禁止与外网相连"标示清晰、粘贴牢固。

④每半年进行 1 次防误主机的电源、CPU 风扇的除尘工作,进行除尘工作应在断电情况下进行。

（2）注意事项

①使用电动工具前检查漏电保安器工作正常。

②定期检查五防软件一次图与现场实际运行方式一致。

2.微机防误装置逻辑校验

（1）维护内容

通常要求微机防误装置的逻辑校验每半年进行 1 次。在变电站新建、改扩建工程后,因为改动了微机防误装置的逻辑,也需进行校验。

（2）校验方法

①从微机防误系统中导出闭锁逻辑，与经防误专门负责人审核批准的闭锁逻辑进行核对。

②正逻辑核对，按停、送电的正常操作顺序进行模拟预演。

③反逻辑核对，对其闭锁逻辑中的逐一置反，检查操作是否能够进行。

3. 电脑钥匙功能检测

（1）维护内容

在微机防误主机上对处于热备用状态的设备（如电容器或电抗器组）进行转冷备用的操作模拟预演，模拟完毕后传送操作票至电脑钥匙，检查电脑钥匙接票正确。至现场检测是否能打开隔离开关的机构箱挂锁，此时严禁操作实际设备。最后将操作票回传至防误主机。

（2）注意事项

①发现无法开锁时需再次核对设备的双重名称。

②操作中发现编码错误则需上报防误专责。

③电脑钥匙操作后，应正确放置在充电座上充电。应保持电脑钥匙电池电量充足，保证设备操作和连续工作的需要。

④新电脑钥匙或返修回的电脑钥匙应自学后再使用。

4. 锁具维护及编码正确性检查

（1）维护内容

防误锁具应每半年检查1次并记录，应无锁码损坏、锁受潮、卡涩和锈蚀等情况。使用电脑钥匙的锁码检测功能进行锁具编码正确性的检测。进入电脑钥匙编码检测菜单，将电脑钥匙插入防误锁具，电脑钥匙显示防误锁具对应的设备编号。

（2）注意事项

①核对时严禁开锁操作。

②对锈蚀严重或破损的锁具进行更换时，需要重新进行编码。

5. 接地螺栓及接地标志维护

（1）维护内容

①接地螺栓应焊接良好，无锈蚀、开焊现象。

②防误锁具编号正确，已上锁。

③接地标示清晰。

（2）注意事项

①发现接地螺栓接地不牢靠时需及时进行维护。

②接地螺栓处应粘贴倒三角的接地标志，如有缺失及脱落的应及时补贴到位。

【拓展提高】

微机防误系统的功能如下所述。

（1）防误主机

防误主机是整个微机防误系统中的核心，负责防误相关信息的贮存和运行全过程程序的控制。其主要作用如下：

1）接收从现场与综自系统传来的信息

由于被操作设备的实际状况是决定可操作程序的依据，因此，防误主机在每次操作前和操作后都要逐一准确地读取、核对被操作设备及相关设施的现状，并将其与防误系统对比，给出提示信息供操作员纠正错误，以确保本次操作（或下次操作）前状态的正确性。

2）监测模拟操作过程

电气倒闸操作前均应先在防误主机上进行预演，计算机根据智能专家系统或事先编写的典型操作程序全过程监视模拟操作的每一个步骤，并进行逻辑判断，确定操作步骤是否合理。当步骤错误时提示错误内容，以便操作人员更正。

3）传递操作程序指令

当操作人员在微机五防系统预演操作结束后，微机将正确的操作程序指令发送到电脑钥匙。

4）核对操作过程

微机要求操作人员在现场完成操作任务后，插回电脑钥匙汇报操作过程，微机从电脑钥匙中读出操作记录，并及时更新五防一次接线图。

（2）电脑钥匙

电脑钥匙的主要功能是用于辨别被操作设备身份和打开符合规定程序的被操作设备的闭锁装置，以控制操作人员的操作过程。

（3）传输适配器

传输适配器主要作用是及时、真实地将设备状态传送到防误主机，作为逻辑分析依据。

（4）电子闭锁装置

电子闭锁装置的主要功能是控制被操作设备操作（机构）回路的开放与否，它包括电编码锁具和机械编码锁具两部分。

智能专家系统软件是整个微机防误闭锁系统的灵魂。各种产品的结构及性能差异较大，但一个最基本的功能是状态判断与逻辑分析。

（5）外围设备

外围设备是包括键盘、鼠标、打印机、显示器、音响等附件在内的计算机输入、输出设备。主要用于系统维护人员进行程序修改、逻辑编制和人机对话等功能。

☞ 任务 2.2.4　变电站自动化设备维护

【任务描述】

变电站自动化设备维护应根据省公司《变电运维管理制度》并结合现场实际制订《设备

维护和试验轮换周期表》,并按照制订的《标准化维护卡》按时、按质进行设备维护工作。运维人员在维护过程中发现缺陷时应及时汇报,并做好记录。本任务主要包括设备外观清扫、检查,监控后台机除尘,监控后台重启、远动装置重启、测控装置重启、监控后台数据维护、远动装置数据维护、监控系统设备对时检查等工作项目及要求。

【任务准备】

课前预习相关知识部分。根据变电站自动化设备维护项目及要求,经讨论后制订变电站自动化设备维护作业卡,并简述变电站自动化设备维护危险点及预控措施。

【相关知识】

1. 设备外观清扫

(1)维护简介

变电站自动化设备运行一段时间后,设备表面因运行环境及静电作用导致灰尘吸附,需要及时予以清扫。

(2)危险点分析及预控措施

变电站自动化设备外观清扫危险点及预控措施见表2-2-8。

表2-2-8 变电站自动化设备外观清扫危险点及预控措施

序号	危险点	预控措施
1	毛刷深入风扇转动部分或电源部分造成设备或人身伤害	监控系统主机、远动装置、测控装置、调度数据网设备、电力二次系统安全防护装置、同步相量测量装置(PMU)等背板清扫时,应避开设备风扇转动部分和电源部分
2	误动运行设备	清扫过程中应避开测控装置背板端子、运行设备电源开关和线缆接口

2. 监控后台主机除尘

(1)维护简介

变电站监控后台机在运行环境不佳或运行时间较长时,容易产生积灰,通常未上机架的塔式主机比机架式安装的主机积灰更严重。灰尘主要堵塞在主机进风口,另外机器内风扇、散热片等也有较重积灰。积灰导致计算机散热不佳,硬件温度较高,使设备运行寿命缩短,严重时会发生死机或板件烧坏现象。另外,内存条或硬盘积灰严重将导致插槽接触不良,影响系统运行稳定性。

进行监控后台机除尘操作,清除设备积灰,促进空气流通,使设备散热,从而有助于延长机器寿命,避免发生超温死机或板件故障。

（2）危险点分析及预控措施

监控后台主机除尘危险点及预控措施见表 2-2-9。

表 2-2-9 监控后台主机除尘危险点及预控措施

序号	危险点	预控措施
1	后台失去监控	监控后台主机关机除尘操作应逐台进行,关机前确保另外一台监控后台机运行正常(单后台运行厂站除外)
2	设备损坏	除尘操作应关机、断电进行。关机需用命令进行,不能强制关机或断电关机,避免造成设备损坏;主机及其零部件尤其是硬盘需要轻拿轻放,防止损坏设备
3	后台数据异常	除尘完成后,需要核对监控后台数据,遥测数据是否正确,遥测数据是否刷新

3. 监控后台重启

（1）维护简介

监控后台机开机运行时间较长或系统异常可能会造成运行缓慢、画面无法切换,甚至死机的情况,通过重启操作系统可以解决。

（2）危险点分析及预控措施

监控后台重启危险点及预控措施见表 2-2-10。

表 2-2-10 监控后台重启危险点及预控措施

序号	危险点	预控措施
1	设备损坏	重启操作系统需用命令进行,不能强制关机或断电关机,避免造成设备损坏
2	后台数据异常	重启操作完成后,需要核对监控后台数据,遥测数据是否正确,遥测数据是否刷新

4. 远动装置重启

（1）维护简介

远动装置在运行过程中可能出现死机、与某个测控装置或调度端通信中断的情况,通常非系统内部配置错误可以通过重启远动装置处理。

（2）危险点分析及预控措施

远动装置重启危险点及预控措施见表 2-2-11。

表 2-2-11 远动装置重启危险点及预控措施

序号	危险点	预控措施
1	远动至调度通道全部中断	远动装置重启前,需向各级调度申请,经同意后方可进行;远动装置不能两台同时重启,断开快分开关重启时需仔细核对标签标示,防止拉错开关

续表

序号	危险点	预控措施
2	远动数据异常	重启完成后需要向相关调度电话核对信号是否正确,遥测数据是否刷新

5. 测控装置重启

(1)维护简介

测控装置由于系统受到干扰或内存出错等异常情况造成通信故障、遥测数据不刷新,影响保护信息及遥测数据的实时传输,造成信息漏报或遥测数据不真实,运维人员应立即进行处理,恢复通信或遥测数据,防止监控过失。

发生测控装置通信异常或数据不刷新处理,运维人员一般处理方法是将测控装置重启,可消除因受到干扰或内存出错等发生的异常。

(2)危险点分析及预控措施

测控装置重启危险点及预控措施见表 2-2-12。

表 2-2-12　测控装置重启危险点及预控措施

序号	危险点	预控措施
1	测控装置至调度通信中断	测控装置重启需向监控中心及各级调度进行申请,经同意后方可进行;测控装置重启后需向监控中心及各级调度主站核对信号正确性
2	误遥控	测控装置重启前,需退出本装置相关遥控出口连接片;测控装置重启后,检查遥控端子电压正常后,方可投入遥控出口连接片

6. 监控后台数据维护

(1)维护简介

由于变电站改、扩建工程需要,监控后台通常需要配合进行数据修改的工作,主要有以下几类:

①数据库定义修改。

②遥测系数修改。

③图形编辑。

④用户增加与删除。

(2)危险点分析及预控措施

监控后台数据维护危险点及预控措施见表 2-2-13。

表 2-2-13　监控后台数据维护危险点及预控措施

序号	危险点	预控措施
1	误改参数	修改进行数据备份,修改过程中出现异常情况使用备份进行恢复;修改完成后退出系统管理员账号

7. 远动装置数据维护

（1）维护简介

由于变电站改、扩建工程或调度通道变更需要，远动装置通常需要配合进行数据修改的工作，主要有以下几类：

①数据库定义修改。

②转发遥测系数修改。

③转发点号修改。

④新增或删除转发信息。

⑤通道配置修改。

（2）危险点分析及预控措施

远动装置数据维护危险点及预控措施见表2-2-14。

表2-2-14　远动装置数据维护危险点及预控措施

序号	危险点	预控措施
1	误改参数	修改前进行数据备份，修改过程中出现异常情况使用备份进行恢复
2	调度通道长时间中断	远动装置数据维护前需向相应调度自动化管理单位申请自动化检修票，按相关检修流程进行。 远动装置重启前，需向各级调度进行申请，经同意后方可进行。 双机配置的远动装置重启需逐台进行，先重启备机，待备机重启完毕，切换远动主备通道，核对修改后，远动数据正确后才能进行另外一台的组态下装与重启，另外一台重启完成后也需要切换成主机核对通道与信号的正确性

8. 监控系统设备对时检查

（1）维护简介

监控系统装置内部都带有时钟，其固有误差难以避免，随着运行时间的增加，积累误差越来越大，会失去正确的时间计量作用，因此需要利用全站统一时钟源（GPS或北斗）对设备内部实时时钟进行时间同步，达到全网的时间一致。

监控系统对时异常后，会造成厂站数据无法正确采集，不能为故障或事故的发生提供正确的时钟数据，影响事故或分析判断，因此需要定期进行监控系统对时检查。

监控系统设备对时检查主要有以下几类：

①测控装置与站内时钟对时检查。

②远动装置与站内时钟对时检查。

③监控后台与站内时钟对时检查。

④站内监控设备与调控主站端对时检查。

（2）危险点分析及预控措施

监控系统设备对时检查危险点及预控措施见表2-2-15。

表 2-2-15　监控系统设备对时检查危险点及预控措施

序号	危险点	预控措施
1	误碰运行设备	检查过程中避免在运行设备面板进行其他操作或误碰设备运行线缆

【任务实施】

1. 设备外观清扫

维护工序及工艺要求如下所述。

①监控系统主机、显示器、远动装置、测控装置、调度数据网设备、电力二次系统安全防护装置、同步相量测量装置(PMU)等装置外壳用干抹布清除表面积灰。

②装置背板(测控装置除外)用不导电毛刷清扫干净。

2. 监控后台主机除尘

维护工序及工艺要求如下所述。

①除尘操作应关机、断电进行。先退出系统应用程序,再关闭操作系统(UNIX 操作系统的监控后台,应使用相关命令关机),正常关机完成后拔出电源线。

②拆机前,将主机外部灰尘、进风口灰尘用毛刷和干抹布清理干净。拆机后,注意对电源、风扇、散热片等部件进行灰尘清理。

③对机箱内表面上的积尘,可以用拧干的湿布进行擦拭。注意湿布应尽量干,避免残留水渍,擦拭完毕应该吹干。

④电源是非常容易积灰的设备,而且受温度影响严重。拆解电源时一定要注意内部高压,如果没有一定专业知识,不要私自拆开。如不拆解,可以对电源进风口进行除尘,并用硬毛刷隔着风扇滤网清洁风扇叶片。

⑤风扇的叶片内、外通常也会堆积大量积灰,可以用手抵住叶片逐一用毛刷掸去叶片上的积灰,然后用湿布将风扇及风扇框架内侧擦净。还可以在其转轴中加一些润滑油以改善其性能并降低噪声。具体加油方法是:揭开油挡即可看到风扇转轴,用手转动叶片并向转轴中滴入少许润滑油使其充分渗透,加油不宜过多否则会吸附更多的灰尘,最后贴上油挡。

⑥对散热片,可以用硬质毛刷清理缝隙中的灰尘。

⑦灰尘清理完成后,装好主机各部件,连接电源,开机。

3. 监控后台重启

维护工序及工艺要求如下所述。

①退出后台监控应用软件。

②重启操作系统,UNIX 操作系统应使用命令重启。

③系统重启完成后,启动监控后台应用软件(大部分变电站监控后台应用软件配置了开机自启动功能,不需要手动启动)。

4. 远动装置重启

维护工序及工艺要求如下所述。

远动装置重启可以进行软重启或硬重启。变电运维人员需要掌握硬重启的方法,部分厂家远动装置可以通过背面的开关进行硬重启,没有开关的远动装置可以通过快分开关重启。

变电站远动装置一般为双机配置,重启需逐台进行,待一台重启完成并与主站确认运行正常后,才能重启另外一台。

部分变电站远动装置为工控机配置,安装 Windows 操作系统,重启时需先退出远动,再重启操作系统。重启完成后,需观察远动程序是否自动启动,若没有需要手动操作。

5. 测控装置重启

维护工序及工艺要求如下所述。

测控装置重启步骤如下:

①汇报监控中心及各级调度,测控装置通信异常或数据不刷新,准备重启。

②退出该测控装置出口连接片。

③拉开该测控装置电源。

④合上该测控装置电源。

⑤检查测控装置运行指示灯、遥信遥测数据正确。

⑥与监控后台数据核对正确。

⑦投入该装置出口连接片。

⑧汇报监控中心及各级调度,测控装置重启完毕,装置已恢复正常工作。

6. 监控后台数据维护

维护工序及工艺要求如下所述。

①修改前进行后台数据库和图形备份。

②打开数据库,对相应记录进行修改。

③打开需要修改的图形编辑画面,并进行修改。

④修改完成后进行数据核对。

⑤数据核对正确后,进行修改后备份,并注明备份日期。

7. 远动装置数据维护

维护工序及工艺要求如下所述。

①笔记本配置调试 IP,连接远动装置调试口。

②申请远动装置配置文件,并进行修改前备份。

③进行相应的配置修改。

④下装修改后的组态配置至远动装置。

⑤重启远动装置,并核对调度数据。

8. 监控系统设备对时检查

维护工序及工艺要求如下所述。

①核对测控装置液晶面板时间是否与全站统一时钟源(GPS 或北斗)显示时间一致。

②核对远动装置液晶面板时间是否与全站统一时钟源(GPS 或北斗)显示时间一致,部分远动装置无液晶面板(或显示器),需附录组态软件查看时间。

③核对监控后台时间是否与全站统一时钟源(GPS 或北斗)显示时间一致。

④核对调控主站端时间是否与站内统一时钟源(GPS 或北斗)显示时间一致。

☞ 任务 2.2.5   带电显示装置维护

【任务描述】

带电显示装置除按有关专业规程的规定进行试验、检修和巡视外,还应进行必要的维护工作。运行班组应根据省公司《变电运行管理制度》并结合现场实际制订《设备维护和试验轮换周期表》,并按照制订的《标准化维护卡》按时、按质进行设备的维护工作。运行人员在如下维护过程中发现缺陷时应及时汇报,并做好记录。本任务主要包括室内、室外带电显示装置维护及更换工作项目及要求。

【任务准备】

课前预习相关知识部分。根据断路器的维护项目及要求,经讨论后制订带电显示装置维护作业卡,并独立回答下列问题。

简述带电显示装置更换危险点分析及预控措施。

【相关知识】

(1)带电显示装置的定义及结构

高压带电显示器装置一般安装在进线母线、断路器、主变、开关柜、GIS 组合电器及其他需要显示是否带电的地方,直观显示电气设备是否带有运行电压的提示性安全装置。当设备带有运行电压时,该显示器显示窗发出闪光,警示人们高压设备带电,并配合联锁装置防止误操作。装置在监测设备无电时则无指示,但当带电显示装置显示无电时,并不能可靠地表明此时不存在电压。装置须满足电力行业标准《高压带电显示装置》(DL/T 538—2006)要求。

带电显示装置结构包括下述内容。

①传感器单元。

②显示单元。

③连接点(可选)。

④联锁信号输出单元(可选)。

传感单元和显示单元安装并包含在高压电气设备内,也可装配在高压电气设备外(如户外感应式)。此外为了方便对开关柜的带电显示单元进行维护与更换,在设计选型时应采用插拔式结构,带电显示装置应具有自检功能。

(2)带电显示装置维护简介

带电显示装置的维护包括传感器维护和显示单元的维护。根据安装设备的不同,维护工作存在较大差异。

(3)危险点分析及预控措施

带电显示装置维护危险点及预控措施见表 2-2-16。

表 2-2-16　带电显示装置维护危险点及预控措施

序号	危险点	预控措施
1	工作人员高压触电	带电显示装置显示单元维护时需要两人进行,一人操作一人监护,并与带电部位保持足够的安全距离,测试过程中禁止解锁相关防误装置
2	工作人员低压触电	带电显示装置显示单元维护时需要两人进行,一人操作一人监护,并确认二次控制回路电源已经断开或隔离。在清扫端子箱时使用绝缘材料进行清扫,并且不得碰触带电设备

【任务实施】

1. 开关柜、GIS、独立配电装置的带电显示装置维护

不停电条件下完成以下维护内容:

①对带电显示装置显示单元进行外观维护、对安装螺栓进行紧固。

②对带电显示装置的工作电源空开进行投退检测确保动作可靠。

③对带电显示装置进行自检测试,确认动作可靠。

④对带电显示装置二次低压回路进行清扫并检查接线有无松动。

⑤对 GIS、独立配电装置的控制柜进行密封、锈蚀及温湿度维护,检测接地是否连接可靠。

停电条件下设备的维护内容:

①清扫外置传感器单元灰尘并进行紧固检查。

②完善装置带电部位的相序标识。

③检查传感器出口接线端子及二次线是否绑扎牢固。

2. 开关柜带电显示装置更换

①对于拔插式带电显示装置的显示单元更换。准备合格、匹配的备件,对插接端子进行除尘清扫,拔掉故障的显示单元,确保不误碰插接端子,将新的显示单元按照原位置进行恢复,并确保安装紧固,安装后进行自检测试。合格后对现场进行场地清理与恢复。

②对于固定安装式带电显示装置的显示单元更换,应停电进行。更换前准备合格、匹配的备件,对原二次配线进行标记及拆除,拆除故障的显示单元,将新的显示单元按照原位置进行恢复,按照记录恢复二次配线并确保紧固,安装后进行自检测试。合格后对现场进行场地清理与恢复。

③对于传感器单元进行更换时必须停电,更换前准备试验合格、安装尺寸匹配的备件,对原二次配线进行标记及拆除,拆除故障的传感器单元,将新的传感器单元按照原位置进行恢复,按照记录恢复二次配线并确保紧固,安装后对传感器单元的安装尺寸进行校核,安装完毕进行自检测试。合格后对现场进行场地清理与恢复。

3. GIS 和独立配电装置的带电显示装置更换

①对于 GIS 和独立配电装置带电显示装置的显示单元,由于配置有专门的端子箱,在进行显示单元更换时,换前准备合格、匹配的备件,对原二次配线进行标记及拆除,拆除故障的显示单元,将新的显示单元按照原位置进行恢复,按照记录恢复二次配线并确保紧固,安装后进行自检测试。合格后对现场进行场地清理与恢复。

②对于独立配电装置的传感器单元进行更换时必须停电,更换前准备试验合格、安装尺寸匹配的备件,对原二次配线进行标记及拆除,拆除故障的传感器单元,将新的传感器单元按照原位置进行恢复,按照记录恢复二次配线并确保紧固,安装后对传感器单元的安装尺寸进行校核,安装完毕进行自检测试。合格后对现场进行场地清理与恢复。

③对于 GIS 配电装置的传感器单元进行更换时,由于涉及 GIS 气室的解体,需要由专业的 GIS 检修技术人员操作。

4. 注意事项

带电显示装置作为防误与安全防护的专用组部件,严禁在维护与更换时擅自进行人为解锁。同时由于带电显示装置厂家与成套设备厂家总类多,在维护时必须进行严格查勘与安全距离的检测,防止因违章或冒险作业造成人身、设备事故。此外在传感器单元存在放电等绝缘异常情况时,严禁对显示单元进行维护,防止高压触电事故。

【拓展提高】

带电显示装置一般由传感器、显示器两部分组成,装置通过传感器利用电容分压或利用空间杂散电场耦合电信号(即静电感应产生的感应电荷)对带电体的电压进行取样,通过显示器内检测处理电路对检测设备有无电压进行判别并通过声、光显示部件提醒设备运维或检修人员,通过控制接点作为防误闭锁的控制开关。其工作原理框如图 2-2-3 所示。

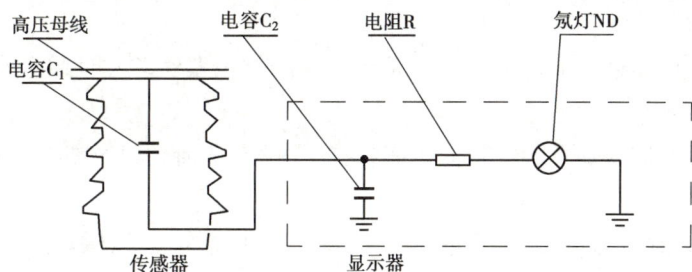

图 2-2-3　高压带电显示装置工作原理结构图

以三相传感器的带电显示装备为例,"A、B、C"三相传感器分别检测对应相别的带电体,并传送给显示器进行比较判断:

①当被测设备或网络带电时,"A、B、C"三相指示灯亮,指示可以操作的指示灯熄灭,并且可以输出强制闭锁信号。

②当被测设备或网络不带电时,"A、B、C"三相指示灯都熄灭,"操作"指示灯亮,同时解除闭锁信号,可以进行设备操作。对于采用分相控制的装置,任何一相带电时即闪光报警,并输出强制闭锁信号。

③当显示器失去控制电源时,显示器输出强制闭锁信号,保持闭锁状态。显示器上设有"自检"功能,即可自动检测传感器和显示器的各种功能模块,在装置发生任何故障时,"电源"指示灯长亮,"操作"指示灯不会亮,始终输出强制闭锁信号,保持闭锁状态。

项目 2 习题

任务 2.1　变电站一次设备维护

任务 2.1.1　变压器维护

一、判断题

2.1.1.1　变压器油位计油面异常升高或呼吸系统有异常时应立即打开放油或放气阀门。　　　　　　　　　　　　　　　　　　　　　　　　　　　　　　（　　）

2.1.1.2　散热器冲洗应按照先背面后正面,先上端后下端的顺序进行。　（　　）

2.1.1.3　投入重瓦斯保护压板前,应用万用表量取压板上下端头电压。　（　　）

2.1.1.4　变电站高压室应加装空调或除湿机,并装设温、湿度监视装置,室内湿度应不大于 70%。　　　　　　　　　　　　　　　　　　　　　　　　　　（　　）

2.1.1.5　更换吸湿器及吸湿剂期间,应将相应重瓦斯保护改投信号,对于有载分接开关还应将 AVC 调档功能退出。　　　　　　　　　　　　　　　　　　　　（　　）

2.1.1.6 更换指示灯、空开、热耦和接触器时,应检查设备电源是否已断开,用万用表测量接线柱(对地)是否已确无电压。 （ ）

2.1.1.7 变压器铁芯夹件电流测试是为了判断变压器铁芯夹件是否存在多点接地情况,防止设备进一步损坏。 （ ）

2.1.1.8 变压器冷却电源宜在低负荷状态下进行,负荷超过80%时,不得进行该项试验。 （ ）

2.1.1.9 测量变压器铁芯夹件电流时,为防止变压器涡流、漏磁对测试数据的干扰,宜在变压器大盖环以上进行测量。 （ ）

二、选择题

2.1.1.10 对110 kV及以上变压器的管束式冷却器,应每年至少进行一次水冲洗,冲洗后( )内,运行监控人员应检查变压器油温变化情况并进行记录。

A.12 h B.24 h C.36 h D.48 h

2.1.1.11 变压器更换呼吸器硅胶后,顶盖下面应留出( )高度的空隙。

A.1/4 ~ 1/3 B.1/5 ~ 1/4 C.1/6 ~ 1/5 D.1/7 ~ 1/6

2.1.1.12 变压器冷却器交流电源切换试验应( )进行一次。

A. 每月 B. 每季度 C. 每半年 D. 每年

三、简答题

2.1.1.13 运维人员需要进行的一次设备维护项目主要是针对哪些设备开展的?

2.1.1.14 简述变压器维护包括的主要项目。

2.1.1.15 变压器的负压区域包括哪些部位,负压区域渗漏油有什么危害?

四、操作题

2.1.1.16 试对220 kV杨高变主变压器呼吸器进行维护。

2.1.1.17 试对220 kV杨高变主变压器冷却器控制系统进行元件更换。

2.1.1.18 试对220 kV杨高变主变压器不停电的气体继电器集气盒放气维护。

任务2.1.2 断路器维护

一、判断题

2.1.2.1 断路器机构箱内进行照明回路消缺工作时应加强监护,禁止触碰机构箱内分合闸线圈。 （ ）

2.1.2.2 加热驱潮维护消缺如需更换快分开关,还应拉开上级快分开关,用万用表检测加热驱潮电源快分开关上端头无电压。 （ ）

2.1.2.3 端子箱、机构箱和屏柜内底部应以10 mm防火隔板进行封隔。 （ ）

2.1.2.4 断路器液压机构压力值降为零后,运维人员应先采取防慢分措施后才能对机构进行打压。 （ ）

2.1.2.5 断路器液压机构压力值降为零后,运维人员应先采取防快分措施后才能对机构进行打压。 （ ）

二、选择题

2.1.2.6 以下断路器中,(   )灭弧过电压相对不会太高。

A. 自动产气断路器　　　B. 磁吹断路器　　　　C. 真空断路器　　　　　D. 油断路器

2.1.2.7 下列不是造成断路器 SF$_6$ 压力降低的原因有(   )。

A. SF$_6$ 系统漏气　　　　　　　　　　B. 表计指示错误

C. SF$_6$ 密度计失灵　　　　　　　　　D. SF$_6$ 灭弧次数过多

三、简答题

2.1.2.8 电动机不启动可能原因有哪些?

四、操作题

2.1.2.9 试对 220 kV 杨高变 110 kV SF$_6$ 断路器操动机构储能快分开关进行更换。

2.1.2.10 试对 220 kV 杨高变 110 kV SF$_6$ 断路器端子箱和机构箱内驱潮加热装置以及回路进行维护。

任务 2.1.3 隔离开关维护

一、判断题

2.1.3.1 每月检修隔离开关箱门锁坏或关闭密封不严应立即处理。　　　　　　(   )

2.1.3.2 每月进行 1 次防误装置检查,检查电磁锁完好,检查刀闸及遮拦门上锁具齐备,站内各钥匙是否齐备并整理钥匙箱。　　　　　　　　　　　　　　　(   )

2.1.3.3 每月对防误装置闭锁逻辑进行 1 次检查核对,确保闭锁逻辑正确无误。

(   )

2.1.3.4 每半年对防误闭锁装置进行一次全面检查,及时要求厂家对防误系统进行升级。　　　　　　　　　　　　　　　　　　　　　　　　　　　　　(   )

2.1.3.5 隔离开关与断路器之间不需要闭锁。　　　　　　　　　　　　　　(   )

二、选择题

2.1.3.6 新安装或检修后的隔离开关必须进行(   )测试。

A. 触指压力测试　　　B. 红外测温　　　　　C. 回路电阻　　　　　　D. 绝缘子探伤

2.1.3.7 隔离开关(   )灭弧能力。

A. 有　　　　　　　　B. 没有　　　　　　　C. 有少许　　　　　　　D. 不一定有

2.1.3.8 隔离开关应有(   )装置。

A. 防误闭锁　　　　　B. 锁　　　　　　　　C. 机械锁　　　　　　　D. 万能锁

2.1.3.9 因隔离开关传动机构本身故障而不能操作的,应(   )处理。

A. 停电　　　　　　　B. 自行　　　　　　　C. 带电处理　　　　　　D. 以后

三、简答题

2.1.3.10 隔离开关的维护工序及要求有哪些?

四、操作题

2.1.3.11 试对 220 kV 杨高变 110 kV 隔离开关进行维护。

任务 2.1.4　母线维护

一、判断题

2.1.4.1　母线是变电站的神经枢纽,是电气元件的集合点。　　　　　　　（　　）

2.1.4.2　母线红外测温一般在设备负荷低时进行。　　　　　　　　　　（　　）

2.1.4.3　母线端子箱、汇控柜清扫工作一般由 1 人进行即可。　　　　　（　　）

2.1.4.4　母线端子箱、汇控柜清扫为设备停电工作。　　　　　　　　　（　　）

2.1.4.5　母线和导线的负荷电流不能超过额定值运行。　　　　　　　　（　　）

二、选择题

2.1.4.6　完成母线红外测温工作后应认真填写测温记录,并在(　　)h 内录入 SG186 生产管理系统。

A. 12　　　　　　　　B. 24　　　　　　　　C. 36　　　　　　　　D. 48

三、简答题

2.1.4.7　母线红外测温所需的工具器材包括哪些?

2.1.4.8　目前母线维护的主要内容包括哪些?

四、操作题

2.1.4.9　试对 220 kV 杨高变 110 kV 母线进行红外测温。

2.1.4.10　试对 220 kV 杨高变 110 kV 母线端子箱、汇控柜进行清扫。

任务 2.1.5　电容器维护

一、判断题

2.1.5.1　外熔丝作为单台电容器内部故障保护用熔丝。　　　　　　　　（　　）

2.1.5.2　外熔丝更换指在熔丝熔断后,运维人员使用新的熔丝更换熔断的熔丝,恢复设备性能的作业。　　　　　　　　　　　　　　　　　　　　　　　（　　）

2.1.5.3　外熔丝更换工作不需要监护。　　　　　　　　　　　　　　　（　　）

2.1.5.4　电容器硅胶在干燥状态下呈粉红色。　　　　　　　　　　　　（　　）

2.1.5.5　电容器硅胶在变色达到 2/3 时需进行更换。　　　　　　　　　（　　）

2.1.5.6　将干燥的变色硅胶倒入玻璃罩内,顶盖下应留出 1/5 ~ 1/6 高度的空隙。

　　　　　　　　　　　　　　　　　　　　　　　　　　　　　　　（　　）

二、选择题

2.1.5.7　油封杯油面应高于挡气圈约(　　),否则起不到油封作用。

A. 1/3　　　　　　　B. 2/3　　　　　　　C. 1/5　　　　　　　D. 1/6

三、简答题

2.1.5.8　目前电容器维护的主要内容包括哪些?

四、操作题

2.1.5.9　试对 220 kV 杨高变 10 kV 电容器外熔丝进行更换。

2.1.5.10　试对 220 kV 杨高变集合式高压并联电容器硅胶进行更换。

任务 2.1.6　防雷设备维护

一、判断题

2.1.6.1　正常天气情况下,泄漏电流表读数超过初始值 1.4 倍,为严重缺陷,应登记缺陷并按缺陷流程处理。　　　　　　　　　　　　　　　　　　　　　　　　　　　　（　　）

2.1.6.2　避雷器每年雷雨季节前进行持续电流检测,与其他相比无显著差异(阻性电流初值差不大于 20%,且不大于全电流 50%)。　　　　　　　　　　　　　　　（　　）

2.1.6.3　严格遵守避雷器交流泄漏电流测试周期,雷雨季节前后各测量一次,测试数据应包括全电流及阻性电流。　　　　　　　　　　　　　　　　　　　　　　　（　　）

2.1.6.4　独立避雷针的接地电阻测试值应在 500 mΩ 以上,当独立避雷针导通电阻值低于 500 mΩ 时,需进行校核测试。　　　　　　　　　　　　　　　　　　　（　　）

2.1.6.5　独立避雷针的接地电阻应不大于 10 Ω。　　　　　　　　　　　　（　　）

2.1.6.6　独立避雷针的接地阻抗测量通常采用三极法,三极法通常又分为直线法和夹角法。　　　　　　　　　　　　　　　　　　　　　　　　　　　　　　　　（　　）

二、选择题

2.1.6.7　避雷器交流泄漏电流测试周期是(　　　)。

A.雷雨季节前一次　　　　　　　　　　　　B.雷雨季节后一次

C.每年一次　　　　　　　　　　　　　　　D.雷雨季节前后各测量一次

2.1.6.8　变压器、避雷器、避雷针等设备接地电阻不大于(　　　)且导通电阻初值差不大于 50% 为注意值。

A.50 mΩ　　　　　　　B.100 mΩ　　　　　　　C.150 mΩ　　　　　　　D.200 mΩ

三、简答题

2.1.6.9　独立避雷针维护的注意事项有哪些?

四、操作题

2.1.6.10　试对 220 kV 杨高变独立避雷针进行维护。

2.1.6.11　试对 220 kV 杨高变金属氧化物避雷器进行维护。

任务 2.1.7　互感器维护

一、判断题

2.1.7.1　电容式电压互感器电磁单元整体发热,但二次电压输出正常,判断为严重缺陷。　　　　　　　　　　　　　　　　　　　　　　　　　　　　　　　　　（　　）

2.1.7.2　倒立式结构的电流互感器耐受动、热稳定试验考核的能力较正立式结构差。
　　　　　　　　　　　　　　　　　　　　　　　　　　　　　　　　　　　（　　）

2.1.7.3　电容式电压互感器运行时易导致系统的铁磁谐振。　　　　　　　（　　）

2.1.7.4　公用电压互感器的二次回路只允许在控制室内有一点接地。　　（　　）

2.1.7.5　对长期微渗的互感器应重点开展 SF_6 气体微水量的检测,必要时可缩短检测时间,以掌握 SF_6 电流互感器气体微水量变化趋势。　　　　　　　　　　　（　　）

2.1.7.6　使用万用表查明电压互感器二次侧故障时应提前将挡位调整到交流电压挡,

严禁通过万用表其他挡位将 TV 二次短路。 （　　）

二、选择题

2.1.7.7　对于中性点非有效接地系统,用于接地保护的电压互感器,其剩余电压绕组的二次额定电压为(　　)。

A. 100　　　　　　B. $\dfrac{100}{3}$　　　　　　C. $\dfrac{100}{\sqrt{3}}$　　　　　　D. $\sqrt{3} \times 100$

三、简答题

2.1.7.8　与电磁式电压互感器比,电容式电压互感器有哪些优点?

2.1.7.9　10 kV 电压互感器高压熔丝熔断后,有时换上熔丝能正常运行,有时换上同样熔丝,合上 TV 刀闸后,熔丝又熔断,请问为什么?

四、操作题

2.1.7.10　试对 220 kV 杨高变电压互感器高压侧熔断器进行更换。

2.1.7.11　试对 220 kV 杨高变电压互感器二次快分开关或熔断器进行更换。

任务 2.2.1　继电保护及安全自动装置维护

一、判断题

2.2.1.1　装置保护通道异常告警灯亮时,应立即汇报值班调度员申请退出纵联保护,尽快通知检修人员处理。 （　　）

2.2.1.2　保护系统已按要求进行验收,详细记录并经运维、检修双方签字认可,如智能控制柜、汇控柜更换,运维人员还应对温、湿度控制调节装置进行验收。 （　　）

2.2.1.3　"远方投退软压板""远方切换定值区""远方修改定值"3 个软压板只能在装置本地修改。 （　　）

2.2.1.4　当一次设备(母线除外)处于检修状态时,该设备保护装置所有出口软压板、其他保护跳该设备的出口软压板及母线保护中该间隔 SV 接收软压板(或该间隔投入软压板)和 GOOSE 启动失灵接收软压板应退出。 （　　）

2.2.1.5　测控装置重启后应检查测控装置显示正确,且测控装置与监控后台显示一致后,方可投入该装置出口压板。 （　　）

2.2.1.6　备自投装置要求人工切除工作电源时,备自投装置不应动作。 （　　）

二、选择题

2.1.2.7　停用防误闭锁装置应经本单位分管生产的行政副职或(　　)批准。

A. 班长　　　　B. 变电站站长　　　　C. 总工程师　　　　D. 发电厂当班值长

2.1.2.8　保护系统投运应按要求进行验收,详细记录并经(　　)、基建、检修三方签字认可。

A. 安装　　　　B. 运维　　　　C. 运输　　　　D. 生产

三、简答题

2.1.2.9　二次设备的缺陷有哪几类?

四、操作题

2.1.2.10　试对 220 kV 杨高变继电保护及安全自动装置进行维护。

任务 2.2.2　继电保护定值维护

一、判断题

2.2.2.1　保护定值管理不需要专人负责。　　　　　　　　　　　　　　　　（　　）

2.2.2.2　保护定值调整应由检修人员执行,定值区切换和临时定值调整可由运维人员执行。　　　　　　　　　　　　　　　　　　　　　　　　　　　　　　　（　　）

2.2.2.3　由运维人员根据调度命令临时变更定值时,应使用工作票。　（　　）

2.2.2.4　保护定值打印清单应存档备查。　　　　　　　　　　　　　（　　）

2.2.2.5　定值调整前,应按调度命令退出被调整保护装置对应的所有出口压板。
　　　　　　　　　　　　　　　　　　　　　　　　　　　　　　　　（　　）

2.2.2.6　打印保护定值可由一人进行。　　　　　　　　　　　　　　（　　）

2.2.2.7　定值由小调大时,应先调定值,再改变运行方式。　　　　　（　　）

二、选择题

2.2.2.8　"（　　　）""（　　　）""（　　　）"3 个软压板只能在装置本地修改。

A. 远方投退软压板　　　　　　　　　　B. 远方切换定值区

C. 远方修改定值　　　　　　　　　　　D. 远方浏览定值

三、简答题

2.1.2.9　继电保护定值维护有哪些危险点和预控措施?

四、操作题

2.1.2.10　试对 220 kV 杨高变继电保护定值进行维护。

任务 2.2.3　微机防误系统维护

一、判断题

2.2.3.1　防误装置的检修、维护应纳入运行、检修规程,防误装置应与相应主设备统一管理。　　　　　　　　　　　　　　　　　　　　　　　　　　　　　　（　　）

2.2.3.2　防误装置电源应与继电保护及控制回路电源独立。　　　　（　　）

2.2.3.3　每半年进行 1 次防误主机的电源、CPU 风扇的除尘工作。　（　　）

2.2.3.4　除尘工作可在带电情况下进行。　　　　　　　　　　　　　（　　）

2.2.3.5　发现无法开锁时需再次核对设备双重名称。　　　　　　　　（　　）

2.2.3.6　防误锁具应每年检查 1 次并记录,应无锁码损坏、锁受潮、卡涩和锈蚀等情况。　　　　　　　　　　　　　　　　　　　　　　　　　　　　　　　　（　　）

2.2.3.7　发现接地螺栓接地不牢靠时不需及时进行维护,可另找适当时间进行维护。
　　　　　　　　　　　　　　　　　　　　　　　　　　　　　　　　（　　）

二、选择题

2.2.3.8　通常要求微机防误装置的逻辑校验（　　　）进行一次。

A. 每月　　　　　B. 每季度　　　　　C. 每半年　　　　　D. 每年

三、简答题

2.2.3.9　微机防误系统主要由哪些部分组成?

四、操作题

2.2.3.10 试对 220 kV 杨高变微机防误系统主机进行除尘,对电源及传输适配器等附件进行维护。

2.2.3.11 试对 220 kV 杨高变微机防误装置进行逻辑校验。

2.2.3.12 试对 220 kV 杨高变电脑钥匙进行功能检测。

2.2.3.13 试对 220 kV 杨高变锁具维护及编码进行正确性检查。

2.2.3.14 试对 220 kV 杨高变接地螺栓及接地标志进行维护。

任务 2.2.4 变电站自动化设备维护

一、判断题

2.2.4.1 监控后台机开机运行时间较长或系统异常可能会造成运行缓慢、画面无法切换,甚至死机的情况,通过重启操作系统可以解决。 (　　)

2.2.4.2 远动装置运行过程中可能出现死机、与某个测控装置或调度端通信中断的情况,通常非系统内部配置错误可以通过重启远动装置处理。 (　　)

2.2.4.3 装置背板(测控装置除外)可用导电毛刷清扫干净。 (　　)

2.2.4.4 除尘操作应关机、断电进行。 (　　)

2.2.4.5 对于机箱内表面上的积尘,可以用拧干的湿布进行擦拭。 (　　)

2.2.4.6 对散热片,可以用硬质毛刷清理缝隙中的灰尘。 (　　)

二、选择题

2.2.4.7 由于变电站改、扩建工程需要,监控后台通常需要配合进行数据修改的工作,主要有(　　)。

A. 数据库定义修改　　　　　　　B. 遥测系数修改

C. 图形编辑　　　　　　　　　　D. 用户增加与删除

三、简答题

2.2.4.8 变电站自动化设备维护主要包括哪些项目?

四、操作题

2.2.4.9 试对 220 kV 杨高变监控系统后台数据进行维护。

2.2.4.10 试对 220 kV 杨高变远动装置数据进行维护。

2.2.4.11 试对 220 kV 杨高变监控系统设备进行对时检查。

任务 2.2.5 带电显示装置维护

一、判断题

2.2.5.1 工作人员进入 SF_6 配电装置室前,先开启通风 15 min,确保室内含氧量不低于 18%,SF_6 含量不高于 1 000 ppm。 (　　)

2.2.5.2 更换指示灯时,用万用表测量灯座两侧电压是否合格,如为合格则判断为灯座或灯泡损坏,如为电压异常则判断为回路存在其他故障,应停止作业并通知检修单位处理。 (　　)

2.2.5.3 带电显示装置维护项目都需在不停电条件下完成。 (　　)

2.2.5.4　对于固定安装式带电显示装置的显示单元更换,应该不停电进行。 　　(　　)

2.2.5.5　带电显示装置作为防误与安全防护的专用组部件,严禁在维护与更换时擅自进行人为解锁。　　(　　)

2.2.5.6　在传感器单元存在放电等绝缘异常情况时,严禁对显示单元进行维护,以防止高压触电事故。　　(　　)

二、选择题

2.2.5.7　高压带电显示装置根据其工作原理可分为(　　)和(　　)。

A. 接触式　　　　　　B. 闭锁式　　　　　　C. 感应式　　　　　　D. 提示型

三、简答题

2.2.5.8　带电显示装置结构主要包括哪几个部分?

四、操作题

2.2.5.9　试对 220 kV 杨高变开关柜、GIS、独立配电装置的带电显示装置进行维护。

2.2.5.10　试对 220 kV 杨高变开关柜带电显示装置进行更换。

2.2.5.11　试对 220 kV 杨高变 GIS 和独立配电装置的带电显示装置进行更换。

项目3 变电站倒闸操作

【项目描述】

变电站设备在长期带电运行中可能出现各种缺陷或故障,因此在固定的周期内需要对其进行检修,也就需要对相关设备进行停、送电的倒闸操作。倒闸操作是变电站值班员主要工作之一,是一项复杂而重要的工作,操作的正确与否,直接关系到操作人员的安全和设备的正常运行。掌握变电站倒闸操作技能、对变电站设备进行正确的停、送电操作才能避免误操作事故的发生。本项目主要培养学生具备电气设备停、送电倒闸操作的能力,能针对线路、变压器、母线等设备进行停、送电操作。在项目任务的实施过程中,学生熟悉电气设备倒闸操作的要求、原则、注意事项和流程,并掌握电气设备停、送电操作票的填写原则和依据。

【教学目标】

1. 能进行 220 kV 及以下线路变压器停、送电操作。
2. 能进行 220 kV 及以下母线变压器停、送电操作。
3. 能进行 220 kV 及以下变压器停、送电操作。
4. 能进行 220 kV 及以下互感器停、送电操作。
5. 能进行补偿装置停、送电操作。

【教学环境】

变电仿真实训室、变电设备模型室、多媒体课件、倒闸操作教学视频、变电站一次、二次接线图纸。

任务 3.1　变电站线路停、送电操作

【教学目标】

知识目标:1.掌握变电站倒闸操作的基本原则。

2.掌握变电站倒闸操作的注意事项。

3.掌握变电站倒闸操作票的填写及倒闸操作的执行程序。

4.掌握变电站倒闸操作的防误闭锁。

能力目标:1.能根据任务和设备实际运行情况正确填写操作票。

2.能对 220 kV 及以下电压等级的线路进行正确倒闸操作。

态度目标:1.能主动学习,在完成任务过程中发现问题、分析问题和解决问题。

2.能严格遵守安全规程,具有较高的安全意识、质量意识和追求效益的观念。

3.能与小组成员协商、交流配合共同完成本学习任务。

【任务描述】

电力线路是用来传递电能的,电力线路在长期带电运行中可能出现各种缺陷或故障,在固定的周期内可能需要进行检修,也就需要对线路进行停、送电操作,值长组织各自学习小组在变电仿真环境下,认真学习运行规程、调度规程,进行 220 kV 及以下电压等级线路停、送电操作。线路倒闸操作内容较多,本任务按电压等级划分为 3 个子任务,分别实施。

【任务准备】

课前预习相关知识部分。根据杨高变运行规程,经讨论后制订 220 kV 及以下电压等级线路停、送电方案,并独立回答下列问题。

1.变电站倒闸操作的基本原则是什么?

2.变电站倒闸操作的注意事项是什么?

【相关知识】

一、倒闸操作的基本概念

1. 操作方式

①电气操作有就地操作、遥控操作和程序操作 3 种方式。

②正式操作前可进行模拟预演,确保操作步骤正确。

2. 操作分类

①监护操作,是指有人监护的操作。

②单人操作,是指一人进行的操作。

③程序操作,是指应用可编程计算机进行的自动化操作。

3. 电气设备的状态

电气设备由一种状态转换到另一种状态,或改变电气一次系统运行方式所进行的一系列操作,称为倒闸操作。电气设备的状态分为以下 4 种。

①"运行状态"的设备:是指设备的隔离开关及断路器都在合上位置,将电源至受电端间的电路接通。

②"热备用状态"的设备:是指设备的断路器断开而隔离开关仍在合上位置。

③"冷备用状态"的设备:是指设备的断路器及隔离开关都在断开位置。

④"检修状态"的设备:是指设备的所有断路器、隔离开关均断开,待检修设备验电并挂好接地线或合上接地刀闸,悬挂标示牌,装好临时遮栏时的状态。

二、倒闸操作的基本原则

①电气设备投入运行之前,应先将继电保护投入运行,没有继电保护的设备不允许投入运行。

②拉、合隔离开关及合小车断路器之前,必须检查相应断路器在断开位置(倒母线除外)。因隔离开关没有灭弧装置,当拉、合隔离开关时,若断路器在合闸位置,将会造成带负荷拉、合隔离开关而引起短路事故。而倒母线时,母联断路器必须在合闸位置,其操作、动力熔断器应取下,以防止母线隔离开关在切换过程中,因母联断路器跳闸引起母线隔离开关带负荷拉、合隔离开关。

③停电拉闸操作必须按照断路器、负荷侧隔离开关、母线侧隔离开关的顺序依次操作,送电合闸操作应按上述相反的顺序进行。严防带负荷拉、合隔离开关。

④拉、合隔离开关后,必须就地检查刀口的开度及接触情况,检查隔离开关位置指示器及继电器的转换情况。

⑤在倒闸操作过程中,若发现带负荷误拉、合隔离开关,则误拉的隔离开关不得再合上,误合的隔离开关不得再拉开。

⑥油断路器不允许带工作电压手动分、合闸(弹簧机构断路器,当弹簧储能已储备好,可带工作电压手动合闸)。带工作电压用机械手动分、合油断路器时,因手力不足,会形成断路器慢分、慢合,容易引起断路器爆炸事故。

⑦操作中产生疑问时,应立即停止操作,并将疑问汇报给发令人或值班负责人,待情况弄清楚后再继续操作。

三、倒闸操作注意事项

①倒闸操作必须 2 人进行,1 人操作,1 人监护。

②倒闸操作必须先在一次接线模拟屏上进行模拟操作(用微机操作的不作此规定),核对系统接线方式及操作票正确无误后方可正式操作。

③倒闸操作时,不允许将设备的电气和机械防误操作闭锁装置解除,特殊情况下如需解除,必须经值长(或值班负责人)同意。

④倒闸操作时,必须按操作票填写的顺序逐项唱票和复诵进行操作,每操作完一项,应检查无误后做一个"√"记号,以防操作漏项或顺序颠倒。全部操作完毕后进行复查。

⑤操作时,应戴绝缘手套和穿绝缘靴。

⑥雷电时,禁止倒闸操作。雨天操作室外高压设备时,绝缘棒应有防雨罩。

⑦装、卸高压熔断器时,应戴护目镜和绝缘手套,必要时使用绝缘夹钳,并站在绝缘垫或绝缘台上。

⑧装设接地线(或合接地刀闸)前,应先验电,后装设接地线(或合接地刀闸)。

⑨电气设备停电后,即使是事故停电,在未拉开有关隔离开关和做好安全措施前,不得触及设备或进入遮栏,以防突然来电。

四、倒闸操作中的操作要点

①停电操作时先拉开断路器,后拉开隔离开关,送电操作时相反。

②线路断路器停电操作,拉开断路器后,先拉负荷侧隔离开关,再拉母线侧隔离开关,送电操作相反。

③倒换母线供电操作时,先给上母联断路器,再切换母线隔离开关。

④断路器或隔离开关拉开或合闸后,应检查断路器或隔离开关的实际位置。

⑤拆除临时接地线后应检查该地点的临时接地线已拆除;拉开接地隔离开关后也应检查该接地隔离开关在分闸位置。

⑥变压器送电操作时,先合电源侧断路器,后合负荷侧断路器,停电时相反。

⑦在倒闸操作中,不得通过电压互感器或所用变压器二次反高压。

⑧停用110 kV及以上主变压器操作时,在拉电源侧断路器前,主变电源侧的中性点隔离开关应在合闸位置,送电操作时,在合上电源侧断路器时,主变中性点隔离开关也应处于合闸位置。

⑨停用电压互感器时,应考虑相应的保护与自动装置。

⑩投入电压互感器二次并列手把时,两组电压互感器应在同一母线上运行。否则不得将两组电压互感器二次并列。

五、倒闸操作票填写要求

①单位指执行操作任务的变电站,编号由发供电企业统一规定,使用单位应按规定分配编号顺序依次使用。

②调度员发操作命令和变电运行人员接收操作命令应包含以下内容:发令人姓名、受令人姓名、发令时间及操作任务。发令时间指值班调度员下达操作命令时间。

③操作开始时间指操作人员开始实施操作的时间。操作结束时间指全部操作完毕并复查无误后的时间。

④操作任务应填写设备双重名称。每份操作票只能填写一个操作任务,若一个操作任务连续使用几页操作票,则在前一页"备注"栏内写"接下页",在后一页的"操作任务"栏内写"接上页",也可以写页的编号。

操作任务可分为运行、热备用、冷备用、检修状态之间的转换,或者通过操作达到某种状态。如:

①××线××断路器由运行转为冷备用。

②××kV Ⅰ母线带全部负荷,××kV Ⅱ母线由运行转为热备用。

③#1 主变压器带全部负荷,#2 主变压器由运行转为检修。

1.操作项目包含内容

①应拉合的断路器、隔离开关、接地刀闸。

②拉合断路器、隔离开关、接地刀闸后应检查设备的实际位置:

a.断路器、隔离开关、接地刀闸操作后,应检查其确在操作后状态。

b.在进行倒负荷或解、并列操作前后,应检查相关电源及负荷分配情况。

c.设备检修完送电前,应检查与该设备有关的断路器和隔离开关确在断开位置。

③装、拆接地线均应标明接地线的确切地点和编号。拆除接地线后,检查接地线(接地刀闸)确已拆除。在合闸送电前,应检查在送电范围内接地线(接地刀闸)是否确已拆除(拉开)。

④合上(安装)或断开(拆除)控制回路或电压互感器二次回路的二次开关、熔断器,装上或取下小车开关二次插头。

a.断路器检修时,拉开隔离开关后切断隔离开关的操作电源;在合上隔离开关前,先合上隔离开关的操作电源。

b.线路断路器及隔离开关拉开后,装设线路侧接地线(接地刀闸)前取下该线路侧电压互感器二次熔断器或拉开二次快分开关(GIS和有闭锁装置不能实现的除外);线路断路器合闸前,装上该线路侧电压互感器二次熔断器或合上二次快分开关。

c.站用变压器、电压互感器一次侧装设接地线前,应取下二次熔断器或拉开二次快分开关。

d.母线停电后,应停用该母线电压互感器(有产生谐振现象及自动切换装置不满足者除外);母线送电前,先投入母线电压互感器。

e.设备停电后,小车开关拉到试验位置,取下小车开关二次插头;设备送电前,将小车开关推至试验位置,装上小车开关二次插头。

f.等电位隔离开关操作前,应取下并环断路器的控制熔断器。

⑤切换保护装置回路和投入或解除自动装置。

a.在断路器合闸前,按照调度指令及运行规程将送电设备的保护装置投入。

b.投入或解除自动装置。

c.切换保护回路端子或投入、停用保护装置。

⑥装设接地线(合上接地刀闸)前,应对停电设备进行验电。

a.验电时,应使用相应电压等级而且合格的接触式验电器。

b.验电前,应先在有电设备上试验,确认验电器良好。

c.不具备在有电设备上试验且无法使用高压发生器试验的应满足下列条件:验电器良好;验电器在优点设备上试验良好不超过两个月。

⑦操作人、监护人在执行操作任务前,应对操作票审核无误,在调度员正式发令后依次分别签名,并对操作票和所要进行操作的任务正确性负全部责任,如审核发现错误应作废并重新填写。

2.填写操作票的注意事项

①填写操作票应使用设备的双重名称,即设备名称和编号。

②用计算机开出的操作票应与手写票面统一,操作票票面应清楚整洁。

③严禁并项,不得添项、倒项、漏项、任意涂改。

④作废的操作票,应在每张操作票的操作任务栏中间位置盖"作废"章;未执行的操作票,应在每张操作票的操作任务栏中间位置盖"未执行"章。

3. 下列各项操作可以不用操作票

①事故应急处理。

②拉合断路器的单一操作。

上述操作在完成后应做好记录,事故应急处理应保存原始记录。

六、倒闸操作的执行程序

倒闸操作七步骤流程:

①受令、核对。

②填票、审票。

③模拟演习。

④操作准备。

⑤执行操作。

⑥复查。

⑦汇报、记录。

倒闸操作流程见表3-1-1。

表 3-1-1　倒闸操作流程

序号	项目名称	质量要求	
1	受令、审令、核对执行情况评价	1.1	受令前应检查录音设备正常,受令时交换调度代号、姓名(运行值班人员受令时还应通报所在位置),使用微机或录音笔的内录功能录音
		1.2	受令全过程应使用普通话
		1.3	受令时边听边记
		1.4	接令后,受令人应按照记录全部内容进行复诵
		1.5	受令后受令人应及时召集操作人员通报受令情况
		1.6	通报后,根据设备实际运行状态(预令根据远动实时画面、到达操作现场后检查现场实际设备位置与预令、监控画面一致,受动令后按监控画面审令)共同审核指令正确性(发现疑问向调度汇报,提出质疑事项)
		1.7	根据省公司现场操作把关规定通知有关人员,根据有关规定发布作业信息(作业信息发布内容应规范)
		1.8	值班负责人指定监护人(如该值为2人,值班负责人任监护人)和操作人,并布置任务
2	填票、审票执行情况评价	2.1	应根据变电站设备实际运行状态(根据远动实时画面)和调度指令开票
		2.2	在 PMS 系统调用典型操作票开票

序号	项目名称		质量要求
2	填票、审票执行情况评价	2.3	应按顺序(先监护人审票,后值班负责人)审票,审票时(可根据试打印的操作票,也可计算机上审票)应对照模拟图(或计算机远动画面)和调度指令。经审核无误后正式打印操作票
		2.4	操作任务栏应填写双重编号,操作任务应正确
		2.5	操作项目内容正确,不准错漏项、顺序不准颠倒;对二次设备操作时,总体顺序符合《继电保护和安全自动装置现场运行导则》保护装置投退原则的要求
		2.6	操作术语应满足省公司双票补充管理规定、调度规程要求
3	模拟演习执行情况评价	3.1	模拟演习前检查电脑钥匙、五防主机正常,操作人正对模拟图板(采用监控系统后台机或微机防误主机进行模拟操作的可坐在计算机台前)核对设备位置,监护人所站位置应能监视模拟的全过程
		3.2	按照操作顺序,监护人唱票,操作人复诵,监护人确认无误发"对"后,操作人方可模拟、操作该项,监护人应确认该项操作无误方可继续模拟;二次部分(如压板和快分开关等在模拟图上未体现的设备)不唱票复诵
		3.3	发现设备位置不对应时,必须停止唱票,重新核实设备实际位置和操作票的正确性,严禁越项和私自改动模拟图设备位置
		3.4	演习完毕,操作人进行电脑传票完毕,检查传票正确后,电脑钥匙交监护人收执
		3.5	演习无误后,操作人、监护人、值班负责人分别在操作票最后一页上签名
		3.6	模拟演习前操作监护人必须穿红马甲
4	操作准备执行情况评价	4.1	站队三交前,按照省公司安全风险辨识及预控措施手册要求,在倒闸操作重点项目前标相应重点符号及制订通用预控措施、重点项目预控措施
		4.2	倒闸操作的站队三交在模拟演习无误,操作准备前进行
		4.3	值班负责人组织开展"站队三交",站队三交内容符合省公司相关要求
		4.4	操作人员着装正确、统一、规范
		4.5	钥匙交监护人掌管
		4.6	检查绝缘手套(绝缘靴)破损、漏气、表面脏污、试验日期等情况
		4.7	按要求检查扳手、摇把、钥匙等,钥匙交监护人掌管
		4.8	操作人应在监护人监督下检查安全工器具
5	执行操作情况评价	5.1	现场操作开始前,汇报监控中心,由监护人填写操作开始时间
		5.2	操作地点需转移前,监护人应提示操作人下一个操作项目(或设备、屏名),转移过程中操作人在前,监护人在后
		5.3	操作人和监护人进入操作位置,应认真执行三核对,监护人核对无误并确认。监护人将钥匙交给操作人,操作人拿到钥匙后,核对钥匙与锁具编号一致,开锁,做好操作准备,监护人开始唱票

续表

序号	项目名称	质量要求	
5	执行操作情况评价	5.4	监护人唱诵操作内容,操作人复诵,操作人复诵时必须用手指向被操作设备
		5.5	监护人确认无误后,再发出"对、执行"动令,操作人立即进行操作。操作人和监护人应注视相应设备的动作过程或表计、信号装置
		5.6	监护人所站位置,能监视操作人在整个操作过程动作及被操作设备操作过程中的变化
		5.7	操作断路器,操作 KK 把手时,预备位置应有停顿,操作后检查到位,监护人应填写操作时间(中置柜断路器操作必须远方操作,远方操作规范)
		5.8	每项操作完毕,操作人将钥匙交给监护人
		5.9	每项操作完毕,监护人应核实操作结果无误后立即在对应的操作项目后打"√"
		5.10	刀闸操作应注意操作技巧、动作规范,操作后,检查刀闸三相是否操作到位
		5.11	操作人手动操作刀闸(接地刀闸)、拆接地线应戴绝缘手套
		5.12	拆接地线先拆导线端,再拆接地端,人体不得碰触接地线
		5.13	在投入保护出口压板后应检查接触是否良好
		5.14	整个操作过程唱票复诵声音洪亮清晰,人员精神状态好,操作中不得进行与操作无关的工作
6	复查执行情况评价	6.1	操作人、监护人对操作票按操作顺序复查,仔细检查所有项目是否全部执行并已打"√"(逐项令逐项复查)
		6.2	复查无误后,监护人将电脑钥匙回传,并检查监控后台与五防画面设备位置是否对应变位
7	汇报、点评、工器具、记录的执行情况评价	7.1	汇报规范,汇报应报单位、姓名,使用调度术语,双重名称
		7.2	在现场执行的纸质操作票第一页右上角盖"已执行"图章
		7.3	向调度汇报操作情况,经调度认可后填写操作终了时间、汇报时间和调度员姓名
		7.4	将调度操作指令、操作及汇报情况录入 PMS,操作票及时回填和归档
		7.5	操作完成后,汇报监控中心
		7.6	操作完毕后将安全工器具、钥匙等放回原处
		7.7	操作的 7 个步骤应全过程录音并保存,文件名为操作任务及编号,文件名可简略,7 个步骤可视情况分段录音,但录音文件名应描述清楚
		7.8	在规定操作时间完成操作,操作过程流畅
		7.9	点评

七、防误闭锁

1. 防误闭锁的概念

防止电气误操作,即所谓的电气"五防":防止误分合断路器、防止带负荷分合隔离开关、防止带电挂接地线或合接地开关、防止带接地线或接地开关合隔离开关以及防止误入间隔。一方面,操作人员必须严格遵守"两票三制",它是防止误操作的组织措施,即从规章制度着手规范人的操作行为;另一方面,要有完善的电气设备防误闭锁装置,即采用一些专门的硬件装置来防止运行人员误操作的发生。

2. 防误闭锁逻辑

所有防误闭锁逻辑必须完全满足"五防"要求:

(1)断路器处于合闸位置,隔离开关不得分、合闸操作(倒母线除外)。

(2)隔离开关处于合闸位置,相关接地开关不能合闸;反之亦然。

(3)线路有电压情况下,线路接地开关不能合闸。

(4)母线侧接地开关处于合闸位置时,母线侧隔离开关不能合闸;反之亦然。

(5)主变压器三侧隔离开关全部分闸位置时,主变压器三侧接地刀闸才允许合闸。

☞ 任务 3.1.1　10 kV 线路停、送电操作

【教学目标】

知识目标:1. 熟悉变电站 10 kV 线路进行停、送电操作前的运行方式。

2. 掌握变电站 10 kV 线路进行停、送电的基本原则及要求;10 kV 线路进行停、送电操作票的填写原则和依据。

3. 掌握 10 kV 高兴线 304 线路停、送电的注意事项。

能力目标:1. 能根据任务和设备实际运行情况正确填写操作票。

2. 能按照操作票在仿真机上进行正确的倒闸操作。

态度目标:1. 能主动学习,在完成任务过程中发现问题,分析问题和解决问题。

2. 在严格遵守安全规范的前提下,能与小组成员协作共同完成本学习任务。

【任务描述】

10 kV 高兴线 304 线路在运行的过程中可能会出现异常,当出现异常时,经运维人员分析,此线路应停电检修,检修完毕后还应投入正常的运行状态,下面介绍 10 kV 高兴线 304 线路停、送电操作。

【任务准备】

课前预习相关知识部分。根据杨高变运行规程,经讨论后制订 10 kV 高兴线 304 线路停、送电操作票,并独立回答下列问题。

1. 10 kV 线路停、送电倒闸操作注意事项。

2. 10 kV 线路停、送电倒闸操作标准化操作流程。

【相关知识】

一、10 kV 一次系统正常运行方式

#1 主变经#1 分裂电抗器分别供 310 断路器送 10 kV Ⅰ段母线,320 断路器送 10 kV Ⅱ段母线;#2 主变经#2 分裂电抗器分别供 330 断路器送 10 kV Ⅲ段母线,340 断路器送 10 kV Ⅳ段母线;324 供#1 接地变在Ⅰ段母线运行,346 供#2 接地变在Ⅱ段母线运行,300 分段断路器分闸。10 kV 并联电容器投入和退出根据调度命令进行。

二、10 kV 线路保护

10 kV 线路保护配置 WXH-821 型馈线保护测控装置,本装置适用于 110 kV 以下电压等级的非直接接地系统或小电阻接地系统中的馈线保护及测控装置,可在断路器柜就地安装。该装置主要保护功能有:

①二段定时限过流保护(二段可设定控制投退)。

②三相一次重合闸。

③过负荷保护。

④过流加速保护(可选前加速或后加速)。

⑤零序过流保护。

⑥低频减载保护。

一般常使用其中的过电流保护、重合闸和后加速功能。

三、小车断路器的3个位置和6种状态

①运行位置:小车断路器的上下触头均插入断路器柜体内的静触头,并保持接触良好。

②试验位置:小车断路器的上下触头离开断路器柜体内的静触头一定距离,并在轨道规定位置进行闭锁。

③检修位置:对于中置柜小车断路器,已经取下二次插头,并将小车移至小车检修平台,单台小车检修时,将小车移至小车检修平台后,还应将断路器柜柜门锁死。

④断路器运行状态:小车断路器在运行位置,断路器在合闸位置。

⑤断路器热备用状态:小车断路器在运行位置,断路器在分闸位置。

⑥断路器冷备用状态:小车断路器在试验位置,断路器在分闸位置。

⑦断路器检修状态:小车断路器在检修位置,断路器在分闸位置。

⑧线路检修状态:小车断路器在试验位置,断路器在分闸位置,线路侧接地开关合入。

⑨断路器及线路检修状态:小车断路器在检修位置,断路器在分闸位置,线路侧接地开关合入。

四、小车断路器操作注意事项

①操作小车断路器前,应检查相应回路断路器是否在分闸位置,应以断路器机械位置为准,不能观察断路器机械位置,按变电运行规程要求执行,确保断路器在分闸位置,以防止带负荷拉合小车断路器。

断路器具有灭弧能力,是开断和闭合电路的主要设备,所以要先拉开断路器。

②插入小车摇把前应按"五防"顺序打开操作闭锁,严禁解除闭锁,小车摇把机械闭锁有两种情况。

a.断路器在合位时,由于其电气闭锁,一般不能打开机械闭锁插入摇把。

b.断路器在合位时,部分(以现场为准)小车断路器具有解除闭锁时断路器跳闸功能,防止了带负荷拉小车的事故,但是在误入间隔强行解锁时,断路器会跳闸,因此在解锁前一定要认真核对设备编号,并按"五防"顺序开锁,严禁强行解锁。

③小车断路器由运行位置拉至试验位置前应将操作方式断路器切至就地方式,防止他

人远方遥控断路器,小车断路器由运行位置拉至试验位置时,一定要在柜门关闭的情况下进行,不得开门操作。小车断路器拉至试验位置后,应及时将小车把手取下并将操作孔加锁。

④小车断路器拉至检修位置前,应先断开断路器控制及合闸电源,再取下小车的二次插头。取下二次插头的原因如下:

a. 插头二次电缆较短。

b. 取下二次插头方能关闭柜门。

⑤小车断路器在拉入平台之前,应将平台放置到断路器柜体前,微量调整平台高度(一般不需调整),使平台轨道与柜体轨道高度相同,并将平台固定(固定销),防止在向外拉出小车时平台滑脱,之后将小车断路器拉至小车检修平台,并锁死定位销,防止小车从平台滑脱。解除平台固定销,将小车断路器移至检修地点,单台小车检修时,将小车断路器移出柜体后,应将断路器柜门锁住,防止误入。

⑥小车断路器检修时,将小车拉出柜体即可,一般无须在小车上装设地线。线路检修时,应合上线路侧接地开关,很多小车只有合上接地开关后才能打开后柜门,因此不能在柜内线路电缆头处验电,验电时只能以变电运行规程规定的间接验电的方法进行验电,但是变电运行规程又规定"330 kV 及以上的电气设备,可采用间接验电的方法进行验电",另外在现场实际中,在 10 kV 线路如果有环路电源,可能反送至线路侧,间接验电只能说明本侧电源未送至线路,而不能确保线路无电,所以验电的方法按当地现场运行规程执行。

⑦断路器、线路检修完毕恢复送电前,应检查送电回路无短路线,包括检修人员布置的短路试验线。

⑧小车断路器在推入试验位置前应检查断路器在断开位置。

⑨小车推入试验位置后,应先插入二次插头,再投入控制及合闸断路器,防止断路器在插入二次插件时储能电机起动烧坏插头,小车在推入运行位置前应确保保护正确投入。

⑩小车断路器在拉出推入过程中出现卡滞,应检查原因,严禁蛮力拉拽以防止损坏小车部件。

⑪小车推入运行位置后,有条件的可通过观察孔观察插头插入位置,确保小车插头插入良好。

⑫电压互感器小车操作前应确认系统无谐振及接地等故障,严禁用隔离开关和小车拉合故障的电压互感器。

⑬具有小车断路器的现场应配备防电弧服,拉合小车断路器时应穿戴整齐。

⑭小车断路器的线路侧接地开关拉合后应检查接地开关的触头位置,防止传动机构故障使触头分合不到位。

⑮断路器传动试验必须在试验位置进行;线路检修时,将小车断路器拉至试验位置即可。

⑯断路器检修应将小车拉至检修位置,断路器柜内轨道及柜内其他检修工作应将母线停电。

五、10 kV 真空断路器操作注意事项

①操作前应检查控制回路是否正常,储能机构应已储能,即具备运行操作条件。

②长期停运的断路器在正式执行操作前,应通过远方控制方式进行试操作 2 ~ 3 次,无异常后,方能按操作票拟定方式操作,此操作应在断路器冷备用状态下进行。

③双电源其中一路断路器分闸前,应考虑另一路电源所带负荷是否过载。

④操作前,应检查断路器有关保护和自动装置在正确投入位置。

⑤操作前后断路器分、合闸位置指示正确。

⑥操作过程中,应同时监视有关电压、电流、功率等指示,以及断路器控制开关指示灯的变化。

⑦10 kV 断路器一般应进行远方操作,在监控机操作时应经过"五防"判断,并核对断路器编号,防止误拉合断路器,当断路器遥控失败、返校不成功时应检查以下几点:

a.断路器的控制回路是否完好。

b.远方就地操作把手是否在"远方"位置。

c.断路器的远动通信系统是否异常。

⑧就地操作,转动控制开关时,不可用力过猛,防止损坏控制开关。

⑨断路器合闸后,应检查与其相关的信号(如电流、给母线充电后的母线电压、监控机断路器位置的变位),到现场检查其内部有无异常和气味,并检查断路器的机械位置以判断断路器分合的正确性,避免由于断路器假分假合造成误操作事故。

⑩断路器操作时,当遥控失灵,现场规定允许进行近控就地操作时,应注意人身防护,站位应避开分合断路器的正面,并选择有利于逃生的地点。

⑪断路器累计分闸或切断故障电流次数(或规定切断故障电流累计值)达到规定时,应停电检修。还要特别注意当断路器跳闸次数只剩有一次时,应停用重合闸,以免故障重合时造成跳闸引起断路器损坏。

⑫断路器的实际短路开断容量低于或接近运行地点的短路容量时,短路故障后禁止强送电,并应停用自动重合闸。

⑬断路器漏气后会有"嘶嘶"的异常(有的会变色),会严重影响断路器灭弧性能,此时严禁拉合断路器,可用上级电源将异常回路停电。

⑭断路器操动机构因储能不足而发生分、合闸闭锁时,不准对其解除闭锁后进行操作。储能不足时,同样影响断路器分、合闸速度,导致灭弧困难。

⑮对于弹簧储能机构的断路器,在合闸后应检查弹簧已压紧储能。

【任务实施】

根据倒闸操作的基本原则及一般程序,正确写出 10 kV 线路停、送电的操作步骤,并结合《电业安全工作规程》以及各级《调度规程》和其他的有关规定进行倒闸操作。

一、需要进行的相关操作

1. 10 kV 高兴线 304 断路器由运行转检修

①停电:在监控机上将对应的 304 断路器拉开。

②检查断路器的运行工况。

③隔离:将待检修的 304 断路器拉至"检修"位置。

④根据工作需要或检修要求设置必要的安全措施(断开控制和信号电源,退出联跳保护及重合闸压板,挂标示牌)。

2. 10 kV 高兴线 304 断路器由检修转运行

①拆除所做的全部安全措施,检查设备具备受电条件。

②根据调度命令投入相关电源及保护。

③送电:将小车断路器由检修位置推至工作位置,小车断路器一般应在远方状态下,在监控机上合上 304 断路器。

④检查设备送电正常。

3. 10 kV 高兴线 304 线路由运行转检修

10 kV 线路由运行转检修只需将小车断路器拉至"试验"位置,其他在 10 kV 断路器转检修的基础上验电并合上线路侧接地刀闸。

4. 10 kV 高兴线 304 线路由检修转运行

10 kV 线路由检修转运行只需在断路器转运行的基础上增加拆除相应的接地刀闸。

5. 10 kV 高兴线 304 断路器及线路由运行转检修

10 kV 高兴线 304 断路器及线路由运行转检修,只需在断路器转检修的基础上增加线路侧的验电并合上其接地刀闸即可。

6. 10 kV 高兴线 304 断路器及线路由检修转运行

10 kV 高兴线 304 断路器及线路由检修转运行,只需在断路器及线路转运行的基础上增加拆除相应的接地刀闸即可。

7. 风险辨识与预控措施

①防止带电拉出断路器小车:拉断路器小车前检查相应的断路器确在断开位置。

②防止带电合接地刀闸及装设接地线:合接地刀闸前验明三相确无电压。

③防止带接地线及接地刀闸送电:送电前检查间隔无任何接地短路点。

④防止带负荷推入断路器小车:推断路器小车前检查相应的断路器在断开位置。

二、任务实施

1. 操作任务1:10 kV高兴线304断路器由运行转检修

①拉开304断路器。

②▲检查304断路器已拉开。

③将304断路器遥控开关切至近控。

④将304断路器小车拉至"试验"位置。

⑤检查304断路器小车已拉至"试验"位置。

⑥汇报调度。

⑦拉开304控制电源。

⑧拉开304储能电源。

⑨拉开304保护电源。

⑩取下304断路器小车二次插把。

⑪将304断路器小车拉至"检修"位置。

⑫检查304断路器柜内隔离挡板已可靠封闭。

⑬汇报调度。

2. 操作任务2:10 kV高兴线304断路器由检修转运行

①将304断路器小车推至"试验"位置。

②检查304断路器小车已推至"试验"位置。

③装上304断路器小车二次插把。

④合上304控制电源。

⑤合上304保护电源。

⑥合上304储能电源。

⑦汇报调度。

⑧▲检查304断路器已拉开。

⑨检查304断路器遥控开关在"近控"位置。

⑩将304断路器小车推至"工作"位置。

⑪检查304断路器小车已推至"工作"位置。

⑫将304断路器遥控开关切至"远控"位置。

⑬合上304断路器。

⑭检查304断路器已合上。

⑮汇报调度。

3. 操作任务 3:10 kV 高兴线 304 线路由运行转检修

①拉开 304 断路器。

②▲检查 304 断路器已拉开。

③将 304 断路器遥控开关切至"近控"位置。

④将 304 断路器小车拉至"试验"位置。

⑤检查 304 断路器小车已拉至"试验"位置。

⑥汇报调度。

⑦拉开 304 控制电源。

⑧拉开 304 储能电源。

⑨拉开 304 保护电源。

⑩取下 304 断路器小车二次插把。

⑪将 304 断路器小车拉至"检修"位置。

⑫检查 304 断路器柜内隔离挡板已可靠封闭。

⑬▲在 304 断路器柜内靠线路侧验明确无电压。

⑭合上 304-1 接地刀闸。

⑮检查 304-1 接地刀闸已合上。

⑯将 304 断路器小车推至"试验"位置。

⑰检查 304 断路器小车已推至"试验"位置。

⑱装上 304 断路器小车二次插把。

⑲在 304 KK 把手上挂"禁止合闸,线路有人工作"标示牌。

⑳汇报调度。

4. 操作任务 4:10 kV 高兴线 304 线路由检修转运行

①取下 304 KK 把手上"禁止合闸,线路有人工作"标示牌。

②拉开 304-1 接地刀闸。

③▲检查 304-1 接地刀闸已拉开。

④▲检查 304 间隔无短路接地点。

⑤合上 304 控制电源。

⑥合上 304 保护电源。

⑦合上 304 储能电源。

⑧汇报调度。

⑨▲检查 304 断路器已拉开。

⑩检查 304 断路器遥控开关在"近控"位置。

⑪将 304 断路器小车推至"工作"位置。

⑫检查 304 断路器小车已推至"工作"位置。

⑬将 304 断路器遥控开关切至"远控"位置。

⑭合上 304 断路器。

⑮检查304断路器已合上。

⑯汇报调度。

5. 操作任务5：10 kV高兴线304断路器及线路由运行转检修

①拉开304断路器。

②▲检查304断路器已拉开。

③将304断路器遥控开关切至近控。

④将304断路器小车拉至"试验"位置。

⑤检查304断路器小车已拉至"试验"位置。

⑥汇报调度。

⑦拉开304控制电源。

⑧拉开304保护电源。

⑨拉开304储能电源。

⑩取下304断路器小车二次插把。

⑪将304断路器小车拉至"检修"位置。

⑫检查304断路器柜内隔离挡板已可靠封闭。

⑬▲在304断路器柜内靠线路侧验明确无电压。

⑭合上304-1接地刀闸。

⑮检查304-1接地刀闸已合上。

⑯在304 KK把手上挂"禁止合闸,线路有人工作"标示牌。

⑰汇报调度。

6. 操作任务6：10 kV高兴线304断路器及线路由检修转运行

①取下304 KK把手上"禁止合闸,线路有人工作"标示牌。

②拉开304-1接地刀闸。

③▲检查304-1接地刀闸已拉开。

④▲检查304间隔无短路接地点。

⑤将304断路器小车推至"试验"位置。

⑥检查304断路器小车已推至"试验"位置。

⑦装上304断路器小车二次插把。

⑧合上304控制电源。

⑨合上304保护电源。

⑩合上304储能电源。

⑪汇报调度。

⑫▲检查304断路器已拉开。

⑬检查304断路器遥控开关在"近控"位置。

⑭将304断路器小车推至"工作"位置。

⑮检查304断路器小车已推至"工作"位置。

⑯将304断路器遥控开关切至"远控"位置。

⑰合上304断路器。

⑱检查304断路器已合上。

⑲汇报调度。

☞ 任务 3.1.2　110 kV 线路停、送电操作

【教学目标】

知识目标:1.熟悉变电站110 kV线路进行停、送电操作前的运行方式。

2.掌握变电站110 kV线路进行停、送电的基本原则及要求;110 kV线路进行停、送停操作票的填写原则和依据。

3.掌握110 kV线路停、送电的注意事项。

能力目标:1.能根据任务和设备实际运行情况正确填写操作票。

2.能按照操作票在仿真机上进行正确倒闸操作。

态度目标:1.能主动学习,在完成任务过程中发现问题,分析问题和解决问题。

2.在严格遵守安全规范的前提下,能与小组成员协作共同完成本学习任务。

【任务描述】

110 kV线路在运行的过程中可能会出现异常,当出现异常时,经运维人员分析,线路应停电检修,检修完毕后还应投入正常的运行状态,下面介绍110 kV线路停、送电操作。

【任务准备】

课前预习相关知识部分。根据杨高变运行规程,经讨论后制订110 kV线路停、送电操作票,并独立回答下列问题。

1.110 kV线路停、送电倒闸操作注意事项。

2.110 kV线路停、送电倒闸操作标准化操作流程。

【相关知识】

一、110 kV 一次系统正常运行方式

#1 主变 510、椰杨Ⅱ线 508、杨松板线 514、杨松Ⅱ线 524 在Ⅰ母;#2 主变 520、杨玻线 512 在Ⅱ母;Ⅰ、Ⅱ母线经母联 500 并列运行。

二、110 kV 线路保护

110 kV 线路保护采用 WXH-811 微机线路保护装置,主要功能包括三段式相间距离及接地距离保护、四段式零序电流保护、三相一次重合闸、相间速动保护(无通道的全线速动保护)功能等。

三、断路器的操作原则

①断路器操作前,断路器本体、操作机构(手车断路器其机械闭锁应灵活可靠)及控制回路应完好,有关继电保护及自动装置已按规定投停。

②断路器停电时如无特殊要求,其继电保护装置应处于投入状态。母联断路器装设的线路保护在运行时除调度下令投入外,均不投入;母联断路器的线路保护只能做一次性有效使用,在带其他断路器时,必须重新调整或核对定值。

③运行中的断路器停电时,应先拉开该断路器,后拉开其负荷侧隔离开关,再拉开其电源侧隔离开关,送电时顺序相反;若为线路断路器停电时,应先拉开该断路器,后拉开其线路侧隔离开关,再拉开其母线侧隔离开关,送电时顺序相反。若断路器检修,应在该断路器两侧验明三相无电后挂接地线(或合上接地刀闸),并断开该断路器的合闸电源和控制电源。

④断路器在某些情况下可进行单独操作,即断路器操作不影响线路和其他设备时,可直接由运行转检或由检修转运行;反之,操作视断路器与保护配合情况分步进行:即运行—热备用—冷备用—检修,恢复送电时顺序相反。对于双母线接线,断路器恢复时应明确运行于那条母线。

四、断路器操作注意事项

①在断路器检修后恢复运行操作前,应检查送电范围内所有安全措施确已拆除,断路器分闸位置指示正确且确在分闸位置,断路器二次回路所有电源开关已合上(或放上熔断器);油断路器油色、油位应正常,SF_6 断路器气体压力应在规定范围之内;断路器为液压、气压操动机构的,贮能装置压力应在允许范围之内。

②断路器合闸前,必须检查有关继电保护已恢复至停电前状态,其母差电流互感器端子已可靠接入差动回路,并投入相应的母差跳闸及断路器失灵启动压板。

③长期停运超过 6 个月的断路器,在正式执行操作前应向调度申请在冷备用(或检修)状态下远方试操作 2~3 次,无异常后,方可按调度操作指令填写操作票进行实际操作。

④用断路器对终端线路送电时,如发现电流表指示到最大刻度(或电流显示过大),说明有故障,继电保护应动作跳闸,如未跳闸应立即手动拉开断路器;对联络线送电时,有一定数值的电流是正常;对主变压器进行充电合闸时,电流表会瞬间指示较大,这是变压器励磁涌流引起的。

⑤断路器遮断容量不够或切断故障电流次数超过规定,同时又未进行解体大修前,不得对新设备、改扩建设备进行冲击送电。

⑥断路器操作时,应同时监视仪表位置、指示灯或显示屏。当断路器合闸时,其电流有功、无功表计指示均有所变化(长、瞬间)。操作人员可根据其变化情况判断其断路器传动机构是否接收到操作指令而动作。

⑦操作断路器应采用远方操作,操作人员应远离断路器,以保证人身安全。

⑧操作后,应检查其电气信号指示、机械位置,确证操作到位。机械位置检查,可检查位置指示器、拐臂,且三相均需检查。电气信号指示包括位置指示灯、仪表或显示屏上位置指示及数据显示。

⑨利用控制开关或按钮进行操作时,用力应适当,且不能返回太快或操作用力太大,可能损坏 KK 或按钮设备,KK 返回太快,可能不会按通断路器操作回路而达不到操作目的。

⑩操作后,如发现断路器位置未发生变化,应立即根据仪表和后台机的数据情况确定是否需要拉开操作电源。分、合闸时,如果在操作中未听到开关动作声音,分、合位置监视灯均不亮。同时仪表或后台机无瞬间数据变化,则应立即拉开断路器操作电源,防止损坏分合闸线圈。

⑪操作全过程应思想集中、仔细听看设备动作情况。

a. 听:设备的跳合闸继电器、接触器、传动机构、操作机构、储能系统。

b. 看:显示器、仪表、灯光、设备机械位置。

五、隔离开关操作注意事项

①操作隔离开关前,应检查相应断路器分、合闸位置是否正确,防止带负荷拉合隔离。

②操作过程中,如果发现隔离开关支持绝缘子严重破损、隔离开关传动杆严重损坏等严重缺陷时,不准对其进行操作。

③拉、合隔离开关后,应到现场检查其实际位置,避免因控制回路或传动机构故障,出现拒分、拒合现象;同时应检查隔离开关触头位置是否符合规定要求,防止出现不到位。

④隔离开关操动机构的定位销操作后一定要销牢,以免滑脱发生事故。

⑤操作中,如果隔离开关有振动现象,应查明原因,不要硬合、硬拉。

⑥隔离开关操作后,检查操作应良好,合闸时三相同期且接触良好;分闸时判断断口张开角度或刀闸拉开距离应符合要求。

⑦电动操作的隔离开关如遇电动失灵,应查明原因和与该隔离开关有闭锁关系的所有断路器、隔离开关、接地隔离开关的实际位置,正确无误才可拉开隔离开关操作电源而进行手动操作,不得随意解除闭锁。

⑧手动合上隔离开关时,必须迅速果断。在隔离开关快合到底时,不能用力过猛,以免损坏支持绝缘子。当合到底时发现有弧光或为误合时,不准再将隔离开关拉开,以免因误操作而发生带负荷拉隔离开关使事故扩大。

⑨手动拉开隔离开关时,应慢而谨慎。如触头刚分离时发生弧光应迅速合上并停止操作,立即检查是否为误操作而引起电弧。值班人员在操作隔离开关前,应先判断拉开该隔离开关是否会产生弧光(切断环流、充电电流时也会产生弧光),在确保不发生差错的前提下,对于会产生弧光的操作则应快而果断,尽快使电弧熄灭,以免烧坏触头。

【任务实施】

根据倒闸操作的基本原则及一般程序,正确写出 110 kV 线路停、送电的操作步骤,并结合《电业安全工作规程》、各级《调度规程》和其他的有关规定进行倒闸操作。

一、需要进行的相关操作

1.110 kV 杨松 I 线 522 断路器由运行转检修

①停电:在监控机上将对应的 522 断路器拉开。

②检查断路器的运行工况:电气指示、机械指示、遥信指示。

③隔离:将522断路器两侧的隔离开关拉开,先拉负荷侧隔离开关,后拉电源侧隔离开关。

④根据工作需要或检修要求设置必要的安全措施(断开控制和信号电源,退出联跳保护及重合闸压板,验电,合522断路器两侧接地刀闸,挂标示牌)。

2.110 kV 杨松Ⅰ线522断路器由检修转运行

①拆除所做全部安全措施,检查设备具备受电条件。

②根据调度命令投入相关电源及保护。

③合上522断路器两侧隔离开关,先合电源侧隔离开关,后合线路侧隔离开关。

④送电:在监控机上远方合上522断路器,并检查断路器的运行工况。

⑤检查设备送电正常。

3.110 kV 杨松Ⅰ线522线路由运行转检修

110 kV 杨松Ⅰ线522线路由运行转检修只需在线路侧验电并合上接地刀闸,其他和110 kV 杨松Ⅰ线522断路器由运行转检修相同。

4.110 kV 杨松Ⅰ线522线路由检修转运行

110 kV 杨松Ⅰ线522线路由检修转运行由于只合了线路侧接地刀闸,所以只需拆除线路侧相应的接地刀闸及对应的标示牌,其他和110 kV 杨松Ⅰ线522断路器由检修转运行相同。

5.110 kV 杨松Ⅰ线522断路器及线路由运行转检修

110 kV 杨松Ⅰ线522断路器及线路由运行转检修在断路器转检修的基础上增加线路侧的验电并合上其接地刀闸,挂上对应的标示牌即可。

6.110 kV 杨松Ⅰ线522断路器及线路由检修转运行

110 kV 杨松Ⅰ线522断路器及线路由检修转运行在断路器转运行的基础上增加拆除线路侧的接地刀闸和相应的标示牌即可。

7.风险辨识与预控措施

①防止带电合接地刀闸:合接地刀闸前应验明三相确无电压。

②防止带接地刀闸送电:合隔离开关前检查接地刀闸已拉开,间隔无短路接地。

③严禁随意使用万能钥匙解锁和越项操作。

二、任务实施

1.操作任务1:110 kV 杨松Ⅰ线522断路器由运行转检修

①拉开522断路器。

②▲检查522断路器三相电流指示正确。

③▲检查522断路器遥信位置指示在分位。

④▲检查522断路器机械位置指示在分位。

⑤将522断路器遥控开关切至"就地"位置。

⑥合上 5223 隔离开关电机电源、控制电源快分开关。

⑦拉开 5223 隔离开关。

⑧检查 5223 隔离开关确已拉开。

⑨拉开 5223 隔离开关电机电源、控制电源快分开关。

⑩合上 5222 隔离开关电机电源、控制电源快分开关。

⑪拉开 5222 隔离开关。

⑫检查 5222 隔离开关确已拉开。

⑬拉开 5222 隔离开关电机电源、控制电源快分开关。

⑭▲检查 522 间隔二次回路切换正常。

⑮检查 5221 隔离开关确已拉开。

⑯退出 110 kV 母差保护屏 522 跳闸出口压板。

⑰退出 522 线路保护屏重合闸出口压板。

⑱汇报调度。

⑲▲在 5223 隔离开关靠断路器侧验明确无电压。

⑳合上 5223-2 接地刀闸。

㉑▲在 5222 隔离开关靠断路器侧验明确无电压。

㉒合上 5222-1 接地刀闸。

㉓拉开 522 断路器控制电源快分开关。

㉔拉开 522 断路器储能电源快分开关。

㉕退出 522 线路保护屏跳闸出口压板。

㉖汇报调度。

2. 操作任务 2：110 kV 杨松 I 线 522 断路器由检修转运行

①检查 522 线路保护屏保护装置无异常。

②投入 522 线路保护屏跳闸出口压板。

③合上 522 断路器控制电源快分开关。

④合上 522 断路器储能电源快分开关。

⑤拉开 5223-2 接地刀闸。

⑥▲检查 5223-2 接地刀闸已拉开。

⑦拉开 5222-1 接地刀闸。

⑧▲检查拉开 5222-1 接地刀闸已拉开。

⑨▲检查 522 间隔无短路接地点。

⑩汇报调度（冷备用）。

⑪检查 110 kV 母差保护屏保护装置无异常。

⑫投入 110 kV 母差保护屏 522 跳闸出口压板。

⑬检查 522 线路保护屏保护装置无异常。

⑭投入 522 线路保护屏重合闸出口压板。

⑮检查 522 断路器遥控开关在"近控"位置。

⑯▲检查 522 断路器三相电流指示正确。

⑰▲检查 522 断路器遥信位置指示在分位。

⑱▲检查 522 断路器机械位置指示在分位。

⑲合上 5222 隔离开关电机电源、控制电源快分开关。

⑳合上 5222 隔离开关。

㉑检查 5222 隔离开关确已合上。

㉒拉开 5222 隔离开关电机电源、控制电源快分开关。

㉓▲检查 522 间隔二次回路切换正常。

㉔合上 5223 隔离开关电机电源、控制电源快分开关。

㉕合上 5223 隔离开关。

㉖检查 5223 隔离开关确已合上。

㉗拉开 5223 隔离开关电机电源、控制电源快分开关。

㉘将 522 断路器遥控开关切至"远方"位置。

㉙合上 522 断路器。

㉚▲检查 522 断路器三相电流指示正确。

㉛▲检查断路器遥信位置指示在合位。

㉜▲检查断路器机械位置指示在合位。

㉝汇报调度。

3. 操作任务 3：110 kV 杨松Ⅰ线 522 线路由运行转检修

①拉开 522 断路器。

②▲检查 522 断路器三相电流指示正确。

③▲检查 522 断路器遥信位置指示在分位。

④▲检查 522 断路器机械位置指示在分位。

⑤将 522 断路器遥控开关切至"就地"位置。

⑥合上 5223 隔离开关电机电源、控制电源快分开关。

⑦拉开 5223 隔离开关。

⑧检查 5223 隔离开关确已拉开。

⑨拉开 5223 隔离开关电机电源、控制电源快分开关。

⑩退出 110 kV 母差保护屏 522 跳闸出口压板。

⑪退出 522 线路保护屏重合闸出口压板。

⑫拉开 522 线路 TV 二次快分开关。

⑬汇报调度。

⑭▲5223 隔离开关靠线路侧验明确无电压。

⑮合上 5223-1 接地刀闸。

⑯在 5223 隔离开关操作把手上挂"禁止合闸，线路有人工作"标示牌。

⑰在522断路器控制开关KK把手上挂"禁止合闸,线路有人工作"标示牌。

⑱拉开522断路器控制电源快分开关。

⑲拉开522断路器储能电源快分开关。

⑳退出522线路保护屏跳闸出口压板。

㉑汇报调度。

4. 操作任务4:110 kV 杨松Ⅰ线 522 线路由检修转运行

①检查522线路保护屏保护装置无异常。

②投入522线路保护屏跳闸出口压板。

③合上522断路器控制电源快分开关。

④合上522断路器储能电源快分开关。

⑤取下5223隔离开关操作把手上"禁止合闸,线路有人工作"标示牌。

⑥取下522断路器控制开关KK把手上"禁止合闸,线路有人工作"标示牌。

⑦拉开5223-1接地刀闸。

⑧▲检查5223-1接地刀闸已拉开。

⑨▲检查522间隔无短路接地点。

⑩汇报调度(冷备用)。

⑪合上522线路TV二次快分开关。

⑫检查110 kV 母差保护屏保护装置无异常。

⑬投入110 kV 母差保护屏522跳闸出口压板。

⑭检查522线路保护屏保护装置无异常。

⑮投入522线路保护屏重合闸出口压板。

⑯投入522线路保护屏跳闸出口压板。

⑰检查522断路器遥控开关在"近控"位置。

⑱▲检查522断路器三相电流指示正确。

⑲▲检查522断路器遥信位置指示在分位。

⑳▲检查522断路器机械位置指示在分位。

㉑合上5223隔离开关电机电源、控制电源快分开关。

㉒合上5223隔离开关。

㉓检查5223隔离开关确已合上。

㉔拉开5223隔离开关电机电源、控制电源快分开关。

㉕将522断路器遥控开关切至"远方"位置。

㉖合上522断路器。

㉗▲检查522断路器三相电流指示正确。

㉘▲检查522断路器遥信位置指示在合位。

㉙▲检查522断路器机械位置指示在合位。

㉚汇报调度。

5.操作任务5:110 kV杨松Ⅰ线522断路器及线路由运行转检修

①拉开522断路器。

②▲检查522断路器三相电流指示正确。

③▲检查522断路器遥信位置指示在分位。

④▲检查522断路器机械位置指示在分位。

⑤将522断路器遥控开关切至"就地"位置。

⑥合上5223隔离开关电机电源、控制电源快分开关。

⑦拉开5223隔离开关。

⑧检查5223隔离开关确已拉开。

⑨拉开5223隔离开关电机电源、控制电源快分开关。

⑩合上5222隔离开关电机电源、控制电源快分开关。

⑪拉开5222隔离开关。

⑫检查5222隔离开关确已拉开。

⑬拉开5222隔离开关电机电源、控制电源快分开关。

⑭▲检查522间隔二次回路切换正常。

⑮检查5221隔离开关已拉开。

⑯退出110 kV母差保护屏522跳闸出口压板。

⑰退出522线路保护屏重合闸出口压板。

⑱拉开522线路TV二次快分开关。

⑲汇报调度。

⑳▲在5223隔离开关靠断路器侧验明确无电压。

㉑合上5223-2接地刀闸。

㉒▲在5223隔离开关靠线路侧验明确无电压。

㉓合上5223-1接地刀闸。

㉔▲在5222隔离开关靠断路器侧验明确无电压。

㉕合上5222-1接地刀闸。

㉖在5223隔离开关操作把手上挂"禁止合闸,线路有人工作"标示牌。

㉗在522断路器控制开关KK把手上挂"禁止合闸,线路有人工作"标示牌。

㉘退出522线路保护屏跳闸出口压板。

㉙拉开522断路器控制电源快分开关。

㉚拉开522断路器储能电源快分开关。

㉛汇报调度。

6.操作任务6:110 kV杨松Ⅰ线522断路器及线路由检修转运行

①合上522断路器控制电源快分开关。

②合上522断路器储能电源快分开关。

③检查522线路保护屏保护装置无异常。

④投入 522 线路保护屏跳闸出口压板。

⑤取下 5223 隔离开关操作把手上挂"禁止合闸,线路有人工作"标示牌。

⑥拉开 5223-2 接地刀闸。

⑦▲检查 5223-2 接地刀闸已拉开。

⑧拉开 5223-1 接地刀闸。

⑨▲检查 5223-1 接地刀闸已拉开。

⑩拉开 5222-1 接地刀闸。

⑪▲检查 5222-1 接地刀闸已拉开。

⑫▲检查 522 间隔无短路接地点。

⑬取下 522 断路器控制开关 KK 把手上挂"禁止合闸,线路有人工作"标示牌。

⑭汇报调度。

⑮合上 522 线路 TV 二次快分开关。

⑯检查 110 kV 母差保护屏保护装置无异常。

⑰投入 110 kV 母差保护屏 522 跳闸出口压板。

⑱检查 522 线路保护屏保护装置无异常。

⑲投入 522 线路保护屏重合闸出口压板。

⑳检查 522 断路器遥控开关在"近控"位置。

㉑▲检查 522 断路器三相电流指示正确。

㉒▲检查 522 断路器遥信位置指示在分位。

㉓▲检查 522 断路器机械位置指示在分位。

㉔合上 5222 隔离开关电机电源、控制电源快分开关。

㉕合上 5222 隔离开关。

㉖检查 5222 隔离开关确已合上。

㉗拉开 5222 隔离开关电机电源、控制电源快分开关。

㉘▲检查 522 间隔二次回路切换正常。

㉙合上 5223 隔离开关电机电源、控制电源快分开关。

㉚合上 5223 隔离开关。

㉛检查 5223 隔离开关确已合上。

㉜拉开 5223 隔离开关电机电源、控制电源快分开关。

㉝将 522 断路器遥控开关切至"远方"位置。

㉞合上 522 断路器。

㉟▲检查 522 断路器三相电流指示正确。

㊱▲检查 522 断路器遥信位置指示在合位。

㊲▲检查 522 断路器机械位置指示在合位。

㊳汇报调度。

【拓展提高】

调度对断路器操作的有关规定：

①断路器允许拉、合额定电流以内的负荷电流及额定遮断容量以内的故障电流。

②断路器合闸前，必须检查继电保护已按规定投入；断路器合闸后，必须检查并确认相均已接通。断路器分闸后，应检查三相电流是否为零，并现场核实。

③断路器操作时，若远方操作失灵，厂站规定允许就地操作时，必须进行三相同时操作，不得进行分相操作。

④母线为3/2接线方式的设备送电时，应先合母线侧断路器，后合中间断路器；停电时应先拉开中间断路器，后拉开母线侧断路器。

☞ 任务3.1.3　220 kV 线路停、送电操作

【教学目标】

知识目标：1. 熟悉变电站220 kV线路进行停、送电操作前的运行方式。

2. 掌握变电站220 kV线路进行停、送电的基本原则及要求。

3. 220 kV线路进行停、送停操作票的填写原则和依据。

4. 掌握220 kV线路停、送电的注意事项。

能力目标：1. 能根据任务和设备实际运行情况正确填写操作票。

2. 能按照操作票在仿真机上进行正确倒闸操作。

态度目标：1. 能主动学习，在完成任务过程中发现问题，分析问题和解决问题。

2. 在严格遵守安全规范的前提下，能与小组成员协作共同完成本学习任务。

【任务描述】

220 kV线路在运行的过程中可能会出现异常，当出现异常时，经运维人员分析，线路应停电检修，检修完毕后还应投入正常的运行状态，下面介绍220 kV线路停、送电操作。

【任务准备】

课前预习相关知识部分。根据杨高变运行规程,经讨论后制订 220 kV 线路停、送电操作票,并独立回答下列问题。

1. 简述 220 kV 线路停、送电倒闸操作注意事项。
2. 简述 220 kV 线路停、送电倒闸操作标准化操作流程。

【相关知识】

一、220 kV 一次系统正常运行方式

#1 主变 610、沙杨Ⅱ线 606、杨黎Ⅰ线 602 在Ⅰ母;#2 主变 620、沙杨Ⅰ线 608、杨黎Ⅱ线 604 在Ⅱ母;Ⅰ、Ⅱ母线经母联 600 并列运行。

二、220 kV 线路保护

220 kV 线路保护一般采用近后备保护方式,即当故障元件的一套继电保护装置拒动时,由相互独立的另一套继电保护装置动作切除故障;而当断路器拒动时,启动断路器失灵保护,断开与故障元件所接入母线相连的所有其他连接电源的断路器。

220 kV 线路保护典型组屏方案:每回线路配置了两套线路保护装置、一套操作箱、两面柜组柜方案。线路保护采用一套 CSL-103B 数字式输电线路纵联电流差动保护装置,一套 CSL-101C(D)数字式线路保护装置。两套保护均配有独立的后备保护,实现了双主、双后备的线路保护。线路保护功能如下所述。

①全线路速动主保护。CSL-103B 采用纵联光纤分相电流差动保护,CSL-101D 采用纵联高频距离、零序方向保护。

②后备保护。三段相间距离和接地距离、四段零序方向过流保护。

③重合闸。4 种重合闸方式,即单重方式、三重方式、综重方式、停用方式。

另外,每条线路屏柜还配有一套 CSI-101C 数字式母联保护装置。220 kV 母联 CSI-101C 数字式母联保护装置主要包括:两段过流保护区、两段零序过流保护、三相不一致保护、失灵保护及同期手合功能单元。

三、一、二次设备停、送电操作原则

电气设备停、送电操作的顺序是：停电操作时，先停一次设备，后停保护、自动装置；送电操作时，先投用保护、自动装置，后投入一次设备。电气设备操作过程是事故发生率比较高的时期，要求事故时能及时断开断路器，使故障设备退出运行。因此，保护及自动装置在一次设备操作过程中要始终投用（操作过程中容易误动的保护及自动装置除外）。

四、线路二次回路操作注意事项

①设备不允许无保护运行。设备送电前，继电保护及自动装置应齐全，整定值应按继电保护定值单整定正确，且传动良好，连接片在规定位置（包括投入及停用）；倒闸操作中涉及其他保护误动的，则应先将会误动的保护停用（如电压互感器停用前，应先停用失压保护、低电压保护及距离保护等）；设备停电后，如无特殊要求，一般不必操作保护或将保护连接片停用，但在进行保护的维护和校验时，其失灵等保护一定要停用。

②继电保护定值调整时，需调整定值的保护应停用，如涉及其他保护误动的，也应相应停用。

③二次回路故障影响保护装置正确动作时，应将继电保护停用。

④凡设备的继电保护或自动装置全投入或停用时，调度只发综合操作命令，而当几套保护装置中只投入或停用一套保护装置时，调度明确发令指出哪一套保护装置投入或停用。

⑤投用继电保护时，先投保护装置电源，调整完毕后，应以高内阻电压表测量连接片两端对地无异极性电压后才准投入保护出口连接片，不得用表计直接测量连接片两端之间的电压，防止造成保护误动跳闸；停用时与此相反。

⑥线路两端的高频保护应同时投入或退出，不能只投一侧高频保护，以免造成保护误动作。高频保护投运前要检测高频通道是否正常。

⑦装有横差保护的平行线路，在下列情况下应停用横差保护：

a. 平行线路之一停电时。

b. 平行线路之一处于充电状态时。

c. 平行线路断路器之一由旁路断路器代用时。

d. 平行线路接两条母线分裂运行时。

⑧220 kV 环网线路旁路操作过程中，为防止本身断路器与旁路断路器并、解列时分相操作断路器的非全相合闸，引起零序保护（如零序Ⅲ段、Ⅳ段）误动跳闸，为此应按现场规定操作。

【任务实施】

根据倒闸操作的基本原则及一般程序,正确写出 110 kV 线路停、送电的操作步骤,并结合《电业安全工作规程》、各级《调度规程》和其他的有关规定进行倒闸操作。

一、需要进行的相关操作

1. 220 kV 沙杨 I 线 608 断路器及线路由运行转检修

①停电:在监控机上将对应的 608 断路器拉开。

②检查断路器的运行工况:电气指示、机械指示、遥信指示。

③将需要停电的线路与变电站 220 kV 母线隔离:将 608 断路器两侧的隔离开关拉开,先拉负荷侧隔离开关,后拉电源侧隔离开关。

④根据工作需要或检修要求设置必要的安全措施(退出二次相关保护及出口压板,验电,合 608 断路器两侧及线路侧接地刀闸,断开控制和信号电源,挂标示牌等)。

2. 220 kV 沙杨 I 线 608 断路器及线路由检修转运行

①拆除所做全部安全措施,检查设备具备受电条件。

②根据调度命令投入相关电源及保护。

③合上 608 断路器两侧隔离开关,先合电源侧隔离开关,后合线路侧隔离开关。

④送电:在监控机上远方合上 608 断路器,并检查断路器的运行工况。

⑤检查设备送电正常。

3. 风险辨识与预控措施

①防止带电合接地刀闸:合接地刀闸前应验明三相确无电压。

②防止带接地刀闸送电:合隔离开关前检查接地刀闸已拉开,间隔无短路接地。

③严禁随意使用万能钥匙解锁和越项操作。

④严格执行三核对,加强监护,防止走错间隔。

⑤防止漏退压板。

二、任务实施

1. 操作任务 1:220 kV 沙杨 I 线 608 断路器及线路由运行转检修

①拉开 608 断路器。

②▲检查 608 断路器三相电流指示为零。

③▲检查608断路器机械指示在分位。

④将608断路器远近控切至近控。

⑤合上6083隔离开关电机电源、控制电源快分开关。

⑥拉开6083隔离开关。

⑦检查6083隔离开关三相已拉开。

⑧拉开6083隔离开关电机电源、控制电源快分开关。

⑨检查6085隔离开关三相已拉开。

⑩合上6082隔离开关电机电源、控制电源快分开关。

⑪拉开6082隔离开关。

⑫检查6082隔离开关三相已拉开。

⑬拉开6082隔离开关电机电源、操作电源快分开关。

⑭检查6081隔离开关三相已拉开。

⑮▲检查608间隔二次回路切换正常(220 kV沙杨Ⅰ线608线路保护Ⅰ屏、220 kV沙杨Ⅰ线608线路保护Ⅱ屏、220 kV沙杨Ⅰ线220 kV母线保护Ⅰ屏、220 kV沙杨Ⅰ线220 kV母线保护Ⅱ屏、220 kV沙杨Ⅰ线220 kV线路电能计量屏)。

⑯退出220 kV母线Ⅰ屏608跳闸出口Ⅰ压板。

⑰退出220 kV母线Ⅱ屏608跳闸出口Ⅱ压板。

⑱退出608保护Ⅰ屏A相启动失灵压板。

⑲退出608保护Ⅰ屏B相启动失灵压板。

⑳退出220 kV沙杨Ⅰ线608保护Ⅰ屏C相启动失灵压板。

㉑检查220 kV沙杨Ⅰ线608保护Ⅰ屏重合闸压板已退出。

㉒检查220 kV沙杨Ⅰ线608保护Ⅰ屏启动联切压板已退出。

㉓退出220 kV沙杨Ⅰ线608保护Ⅱ屏A相启动失灵压板。

㉔退出220 kV沙杨Ⅰ线608保护Ⅱ屏B相启动失灵压板。

㉕退出220 kV沙杨Ⅰ线608保护Ⅱ屏C相启动失灵压板。

㉖退出220 kV沙杨Ⅰ线608保护Ⅱ屏重合闸出口压板。

㉗检查220 kV沙杨Ⅰ线608保护Ⅱ屏启动联切压板已退出。

㉘拉开220 kV沙杨Ⅰ线608线路TV二次电压电源快分开关。

㉙汇报调度。

㉚▲在608断路器与220 kV沙杨Ⅰ线6081、6082隔离开关之间验明三相确无电压。

㉛合上6082-1接地刀闸。

㉜检查6082-1接地刀闸已合上。

㉝▲在6083隔离开关靠220 kV沙杨Ⅰ线608断路器侧验明三相确无电压。

㉞合上6083-2接地刀闸。

㉟检查6083-2接地刀闸已合上。

㊱▲在6083隔离开关靠线路侧验明三相确无电压。

㊲合上6083-1接地刀闸。
㊳检查6083-1接地刀闸已合上。
㊴在6085隔离开关操作把手上挂“禁止合闸，线路有人工作”标示牌。
㊵在6083隔离开关操作把手上挂“禁止合闸，线路有人工作”标示牌。
㊶在608断路器控制开关KK把手上挂“禁止合闸，线路有人工作”标示牌。
㊷退出220 kV沙杨Ⅰ线608线路保护Ⅰ屏A相跳闸出口压板。
㊸退出220 kV沙杨Ⅰ线608线路保护Ⅰ屏B相跳闸出口压板。
㊹退出220 kV沙杨Ⅰ线608线路保护Ⅰ屏C相跳闸出口压板。
㊺退出220 kV沙杨Ⅰ线608线路保护Ⅰ屏三相跳闸出口压板。
㊻退出220 kV沙杨Ⅰ线608线路保护Ⅰ屏永跳出口压板。
㊼退出220 kV沙杨Ⅰ线608线路保护Ⅱ屏A相跳闸出口压板。
㊽退出220 kV沙杨Ⅰ线608线路保护Ⅱ屏B相跳闸出口压板。
㊾退出220 kV沙杨Ⅰ线608线路保护Ⅱ屏C相跳闸出口压板。
㊿退出220 kV沙杨Ⅰ线608线路保护Ⅱ屏三相跳闸出口压板。
(51)退出220 kV沙杨Ⅰ线608线路保护Ⅱ屏永跳出口压板。
(52)退出220 kV沙杨Ⅰ线608线路保护Ⅱ屏三相不一致出口1压板。
(53)退出220 kV沙杨Ⅰ线608线路保护Ⅱ屏三相不一致出口2压板。
(54)拉开220 kV沙杨Ⅰ线608线路保护Ⅱ屏分相操作箱电源快分开关。
(55)拉开608断路器电机电源快分开关。
(56)汇报调度。

2. 操作任务2：220 kV沙杨Ⅰ线608断路器及线路由检修转运行

①合上220 kV沙杨Ⅰ线608保护Ⅱ屏分相操作箱电源快分开关。
②检查220 kV沙杨Ⅰ线608保护Ⅰ屏保护装置无异常。
③投入220 kV沙杨Ⅰ线608保护Ⅰ屏A相跳闸出口压板。
④投入220 kV沙杨Ⅰ线608保护Ⅰ屏B相跳闸出口压板。
⑤投入220 kV沙杨Ⅰ线608保护Ⅰ屏C相跳闸出口压板。
⑥投入220 kV沙杨Ⅰ线608保护Ⅰ屏三相跳闸出口压板。
⑦投入220 kV沙杨Ⅰ线608保护Ⅰ屏永跳出口压板。
⑧检查220 kV沙杨Ⅰ线608保护Ⅱ屏保护装置无异常。
⑨投入220 kV沙杨Ⅰ线608保护Ⅱ屏A相跳闸出口压板。
⑩投入220 kV沙杨Ⅰ线608保护Ⅱ屏B相跳闸出口压板。
⑪投入220 kV沙杨Ⅰ线608保护Ⅱ屏C相跳闸出口压板。
⑫投入220 kV沙杨Ⅰ线608保护Ⅱ屏三相跳闸出口压板。
⑬投入220 kV沙杨Ⅰ线608保护Ⅱ屏永跳出口压板。
⑭投入220 kV沙杨Ⅰ线608保护Ⅱ屏三相不一致出口1压板。
⑮投入220 kV沙杨Ⅰ线608保护Ⅱ屏三相不一致出口2压板。

⑯合上608断路器电机电源快分开关。

⑰取下6083隔离开关操作把手上"禁止合闸,线路有人工作"标示牌。

⑱取下6085隔离开关操作把手上"禁止合闸,线路有人工作"标示牌。

⑲取下608断路器控制开关KK把手上挂"禁止合闸,有人工作"标示牌。

⑳拉开6083-1接地刀闸。

㉑▲检查6083-1接地刀闸三相已拉开。

㉒拉开6083-2接地刀闸。

㉓▲检查6083-2接地刀闸三相已拉开。

㉔拉开6082-1接地刀闸。

㉕▲检查6082-1接地刀闸三相已拉开。

㉖▲检查608间隔无短路接地点。

㉗合上608线路TV二次快分开关。

㉘汇报调度。

㉙检查220 kV沙杨Ⅰ线608保护Ⅰ屏保护装置显示无异常。

㉚投入220 kV沙杨Ⅰ线608保护Ⅰ屏A相启动失灵压板。

㉛投入220 kV沙杨Ⅰ线608保护Ⅰ屏B相启动失灵压板。

㉜投入220 kV沙杨Ⅰ线608保护Ⅰ屏C相启动失灵压板。

㉝检查220 kV沙杨Ⅰ线608保护Ⅱ屏保护装置显示无异常。

㉞投入220 kV沙杨Ⅰ线608保护Ⅱ屏A相启动失灵压板。

㉟投入220 kV沙杨Ⅰ线608保护Ⅱ屏B相启动失灵压板。

㊱投入220 kV沙杨Ⅰ线608保护Ⅱ屏C相启动失灵压板。

㊲投入220 kV沙杨Ⅰ线608保护Ⅱ屏重合闸出口压板。

㊳检查220 kV母线保护Ⅰ屏保护装置显示无异常。

㊴投入220 kV母线保护Ⅰ屏608跳闸出口Ⅰ压板。

㊵检查220 kV母线保护Ⅱ屏保护装置显示无异常。

㊶投入220 kV母线保护Ⅱ屏608跳闸出口Ⅱ压板。

㊷▲检查608断路器三相电流指示为零。

㊸检查608断路器远近控已切至近控。

㊹▲检查608断路器机械指示在分位。

㊺检查6082隔离开关三相已拉开。

㊻检查6085隔离开关三相已拉开。

㊼合上6081隔离开关电机电源、操作电源快分开关。

㊽合上6081隔离开关。

㊾检查6081隔离开关三相已合上。

㊿拉开6081隔离开关电机电源、操作电源快分开关。

51▲检查608间隔二次回路切换正常(220 kV沙杨Ⅰ线608线路保护Ⅰ屏、220 kV沙杨Ⅰ线 608 线路保护Ⅱ屏、220 kV 母线保护Ⅰ屏、220 kV 母线保护Ⅱ屏、220 kV 线路电能表屏)。

㉒合上 6083 隔离开关电机电源、操作电源快分开关。

㉓合上 6083 隔离开关。

㉔检查 6083 隔离开关三相已合上。

㉕拉开 6083 隔离开关电机电源、操作电源快分开关。

㉖将 608 断路器远近控切至远控。

㉗合上 608 断路器。

㉘检查 608 断路器三相电流指示正确。

㉙检查 608 断路器遥信指示在合位。

㉚检查 608 断路器机械位置在合位。

㉛汇报调度。

【拓展提高】

调度对线路及保护操作的有关规定如下所述。

①环网或并列运行线路中的线路停电时,必须注意其他运行线路不过载或对系统的稳定性、继电保护的影响,并正确选择解列点或解环点。

②线路作业结束恢复送电操作时,应考虑线路上可能存在短路点(如漏拆地线等)而引起事故或系统稳定的破坏。

a. 操作前应注意了解继电保护及安全自动装置已按规定投入,充电端变压器中性点已经直接接地。断路器合闸后,必须检查三相电流、有功、无功表的指示,以判断其正确性。

b. 操作前应检查相关线路的送电功率及母线电压。必要时可先调整电源电压,降低与稳定有关线路的有功功率,然后进行线路充电。

c. 如无法降低相关线路送电功率至规定值,有条件时先对线路进行递升加压试验,良好后再充电。

d. 正确选取充电端,一般以对稳定影响较小、离系统中枢点及发电厂母线较远为好。

③220 kV 线路变压器单元结线,一般不允许线路连同变压器一起充电。

④线路停、送电操作规定。

a. 线路停电操作顺序:拉开断路器,拉开线路侧隔离开关,拉开母线侧隔离开关,在线路上可能来电的各端挂接地线(或合接地开关)。线路送电时与此相反。

b. 电源或环网中一回线路停电时,一般先在功率送出端解环,再由受入端停电;送电时由功率受入端充电,对侧合环,以减少断路器两侧电压差。

c. 线路充电应考虑充电约束条件。调度管辖 500 kV 和 220 kV 线路正常方式下充电端和约束条件执行有关规程规定。

任务 3.2   变电站母线停、送电操作

【教学目标】

知识目标：1.掌握 220 kV 及以下电压等级母线的运行方式，母线停、送电原则。

2.掌握母线停、送电的注意事项。

能力目标：1.能根据任务和设备实际运行情况正确填写操作票。

2.能按照操作票在仿真机上进行正确倒闸操作。

态度目标：1.能主动学习，在完成任务过程中发现问题、分析问题和解决问题。

2.在严格遵守安全规范的前提下，能与小组成员协作共同完成本学习任务。

【任务描述】

母线是指在变电所中各级电压配电装置的连接，以及变压器等电气设备和相应配电装置的连接导线。母线又称汇流排，其作用为汇集、分配和传送电能。母线倒闸操作又称倒母线，是指双母线接线方式的变电站(开关站)，将一组母线上的部分或全部开关倒换到另一组母线上运行或热备用的操作。通常在一条母线停电检修或恢复运行时需要进行倒母线的操作。母线倒闸操作较复杂，本任务按电压等级分为 3 个子任务分别实施。

☞ 任务 3.2.1   10 kV 母线停、送电操作

【教学目标】

知识目标：1.掌握 10 kV 母线的运行方式，10 kV 母线停、送电原则。

2.掌握 10 kV 母线停、送电的注意事项。

能力目标：1.能根据任务和设备实际运行情况正确填写 10 kV 母线倒闸操作票。

2.能按照操作票在仿真机上进行正确倒闸操作。

态度目标：1.能主动学习，在完成任务过程中发现问题、分析问题和解决问题。

2.在严格遵守安全规范的前提下，能与小组成员协作共同完成本学习任务。

【任务描述】

10 kV 母线在运行的过程中可能会出现异常,当出现异常时,经运维人员分析,母线应停电检修,检修完毕后还应投入正常的运行状态,下面介绍 10 kV 母线停、送电操作。

【任务准备】

课前预习相关知识部分。根据杨高变运行规程,经讨论后制订 10 kV 母线停、送电操作票,并独立回答下列问题。

1. 简述 10 kV 母线停、送电倒闸操作注意事项。
2. 简述 10 kV 母线停、送电倒闸操作标准化操作流程。

【相关知识】

一、母线连接方式

母线的接线方式种类很多,应根据发电厂或变电站在电力系统中的地位、母线的工作电压、连接元件的数量及其他条件选择最适宜的接线方式。

①单母线接线。

②单母线分段接线。

③双母线接线。

④双母线分段接线。

⑤单母线或双母线带旁路接线。

⑥3/2 接线。

杨高变电站 220 kV 为双母带旁路母线接线方式;110 kV 为双母线接线方式;10 kV 为单母线分段接线方式。

二、母线操作原则

①母线操作时,应根据继电保护的要求正确调整母线差动保护运行方式。

143

②母线停、送电操作时,应作好电压互感器二次切换,防止电压互感器二次侧向母线反充电。

③用母联断路器对母线充电时,应投入母联充电保护(或母线充电保护),充电正常后退出充电保护。

④倒母线应考虑各组母线的负荷与电源分布的合理性。

⑤对于曾经发生谐振过电压的母线,必须采取防范措施才能进行倒闸操作。如果断路器带有断口均压电容器,可能与电磁式母线电压互感器发生谐振,在停母线操作时,应先断开电压互感器二次空气开关或熔断器,再拉开电压互感器一次隔离开关,然后再断开断路器。(送电操作顺序相反)

⑥倒母线操作,应按规定投退和转换有关线路继电保护及母差保护、互联压板,倒母线前应断开母联断路器的控制电源。

⑦仅进行热备用间隔设备的倒母线操作时,应先将该间隔操作到冷备用状态,然后再操作到另一组母线热备用。这样的操作不应断开母联断路器的操作电源。

⑧运行设备倒母线操作时,母线隔离开关必须按"先合后拉"的原则进行。在多个设备倒母线操作的过程中,也可以先合上所有需要转移到运行组母线上的隔离开关,再由现场检查人和现场监护人对电压、电流切换情况进行检查,正确后再依次拉开所有需要停电组母线上运行的隔离开关。

⑨在停母线及电压互感器操作时,应先断开电压互感器二次空气开关或熔断器,再拉开电压互感器一次隔离开关。(送电操作顺序相反)

⑩母联断路器停电,应按照断开母联断路器、先拉开停电母线侧隔离开关、后拉开运行母线侧隔离开关顺序进行操作,送电操作顺序相反。

⑪两组母线的并、解列操作必须用断路器来完成。

三、母线倒闸操作方式

哪些情况需要母线倒闸操作?

①一条母线需要停电检修。

②该母线所连接的断路器及附属设备等需要检修。

母线倒闸操作方式有热倒和冷倒,如下所述。

①热倒母线操作(先合后拉)是指母联断路器在运行状态下,采用等电位操作原则,先合一组母线侧隔离开关,再拉另一组母线侧隔离开关,保证在不停电的情况下实现倒母线。正常倒闸操作一般采用热倒母线方法。

②冷倒母线操作(先拉后合)是指在要操作出线断路器在热备用情况下,先拉一组母线侧隔离开关,再合另一组母线侧隔离开关。当母联开关在分位时,常使用此种方法,一般用于事故处理中。

倒母线操作要考虑使操作人员少跑路,省时省力。具体方法有两种:一种是一个间隔一个间隔地走,合一把,拉一把,这样操作人员的行走路线是"Z"字形的;第二种方式,也就是先将运行母线侧隔离开关全部合上,再拉所有待停母线侧的所有刀闸(当然不包括电压互感器一次刀闸和母联开关两侧刀闸)。

【任务实施】

一、需要进行的相关操作

1. 10 kV 母线停电步骤

①拉开停电母线上所有的线路、电容器、并联电抗器及接地变、站用变断路器。

②拉开停电母线上 TV 二次快分开关。

③拉开停电母线上变压器 10 kV 侧断路器及主变 10 kV 侧出线隔离开关。

④将停电母线上的线路、电容器、并联电抗器、接地变、站用变断路器及 TV 小车拖至"检修"位置。

⑤在线路、电容器、并联电抗器、站用变、接地变断路器柜内进行验电并合上接地刀闸。

⑥在停电母线 TV 柜内对停电母线进行验电,在验明母线确无电压后,将母线接地小车推至"工作"位置。

2. 10 kV 母线由运行转检修注意事项

①站内低压负荷供电。

②在母线完全停电之前,先拉开停电母线上 TV 二次快分开关。

③母线上接有并联电容器,操作时应注意勿使 10 kV 母线电压超过允许值。母线停电时应先停电容器,再停线路;母线送电后先送线路,再送电容器。

④母线停电前,退出 10 kV 备自投。

⑤退出主变保护跳低压侧断路器及分段断路器跳闸出口压板。

⑥如果低压、低周减载装置电压取 10 kV 电压,需要在母线停电前将其退出。

⑦正确掌握主变低压侧复闭过流保护的投退。

3. 10 kV 母线送电步骤

①拆除母线上所做安全措施,检查母线正常,无异物。

②将复电母线上 TV 小车推至"试验"位置,再由"试验"位置推至"工作"位置。

③将主变 10 kV 侧出线隔离开关合上,将隔离开关小车及 10 kV 侧断路器小车推至"试验"位置,再由"试验"位置推至"工作"位置;再合上主变 10 kV 侧断路器向复电母线充电。

④合上送电母线 TV 二次快分开关。

⑤将复电母线上所有的线路、电容器、并联电抗器、接地变、站用变、接地变小车断路器推至"试验"位置,再由"试验"位置推至"工作"位置;合上断路器送电。

4.10 kV 母线由检修转运行注意事项

①母线充电前,确保所有安全措施已经拆除,对母线充电时,充电开关必须投入保护。

②母线送电后,检查三相电压正常,电容器应在母线带入负荷后运行。

③投入主变保护跳低压侧断路器及分段断路器跳闸出口压板。

④母线送电后,投入 10 kV 备自投。

⑤恢复低压、低周减载装置。

二、任务实施

根据倒闸操作的基本原则及一般程序,正确写出 10 kV Ⅰ 段母线停、送电的操作步骤,并结合《电力安全工作规程》以及各级调度规程和其他的有关规定在仿真系统中进行。

1.操作任务 1:10 kV Ⅰ 段母线由运行转检修

①拉开 301 断路器。

②▲检查 301 断路器器已拉开。

③将 301 断路器遥控开关切至"近控"位置。

④将 301 断路器小车拉至"试验"位置。

⑤检查 301 断路器小车已拉至"试验"位置。

⑥拉开 303 断路器。

⑦▲检查 303 断路器器已拉开。

⑧将 303 断路器遥控开关切至"近控"位置。

⑨将 303 断路器小车拉至"试验"位置。

⑩检查 303 断路器小车已拉至"试验"位置。

⑪拉开 302 断路器。

⑫▲检查 302 断路器已拉开。

⑬将 302 断路器遥控开关切至"近控"位置。

⑭将 302 断路器小车拉至"试验"位置。

⑮检查 302 断路器小车已拉至"试验"位置。

⑯拉开 304 断路器。

⑰▲检查 304 断路器已拉开。

⑱将 304 断路器遥控开关切至"近控"位置。

⑲将 304 断路器小车拉至"试验"位置。

⑳检查 304 断路器小车已拉至"试验"位置。

㉑拉开 310 断路器。

㉒▲检查 310 断路器已拉开。

㉓将 310 断路器遥控开关切至"近控"位置。

㉔将 310 断路器小车拉至"试验"位置。

㉕检查 310 断路器小车已拉至"试验"位置。

㉖将 3X14TV 小车拉至"试验"位置。

㉗检查 3X14TV 小车已拉至"试验"位置。

㉘将 3X15PB 小车拉至"试验"位置。

㉙检查 3X15PB 小车已拉至"试验"位置。

㉚汇报调度。

㉛拉开 3X14TV 二次电源快分开关。

㉜取下 3X14TV 小车二次插把。

㉝将 3X14TV 小车拉至"检修"位置。

㉞检查 3X14TV 柜内隔离挡板已可靠封闭。

㉟▲在 10 kV Ⅰ母与 3X14TV 之间验明确无电压。

㊱在 10 kV Ⅰ母与 3X14TV 之间装设接地线。

㊲汇报调度。

2.操作任务 2:10 kV Ⅰ段母线由检修转运行

①拆除 10 kV Ⅰ母与 3X14TV 之间接地线。

②▲检查 10 kV Ⅰ母间隔无短路接地点。

③将 3X14TV 小车推至"试验"位置。

④检查 3X14TV 小车已推至"试验"位置。

⑤装上 3X14TV 小车二次插把。

⑥将 3X14TV 小车推至"工作"位置。

⑦检查 3X14TV 小车已推至"工作"位置。

⑧将 3X15PB 小车推至"工作"位置。

⑨检查 3X15PB 小车已推至"工作"位置。

⑩汇报调度。

⑪检查 310 断路器遥控开关在"近控"位置。

⑫▲检查 310 断路器已拉开。

⑬将 310 断路器小车推至"工作"位置。

⑭检查 310 断路器小车已推至"工作"位置。

⑮将 310 断路器遥控开关切至"远控"位置。

⑯合上 310 断路器计时。

⑰检查 310 断路器已合上。

⑱检查 10 kV Ⅰ母受电正常。

⑲合上 3X14TV 二次电源快分开关。

⑳检查 10 kV Ⅰ母电压指示正常。

㉑检查 302 断路器遥控开关在"近控"位置。

㉒▲检查 302 断路器已拉开。

㉓将 302 断路器小车推至"工作"位置。

㉔检查 302 断路器小车已推至"工作"位置。

㉕将 302 断路器遥控开关切至"远控"位置。

㉖合上 302 断路器。

㉗检查 302 断路器已合上。

㉘检查 304 断路器遥控开关在"近控"位置。

㉙▲检查 304 断路器已拉开。

㉚将 304 断路器小车推至"工作"位置。

㉛检查 304 断路小车已推至"工作"位置。

㉜将 304 断路器遥控开关切至"远控"位置。

㉝合上 304 断路器。

㉞检查 304 断路器已合上。

㉟检查 301 断路器遥控开关在"近控"位置。

㊱▲检查 301 断路器已拉开。

㊲将 301 断路器小车推至"工作"位置。

㊳检查 301 断路器小车已推至"工作"位置。

㊴将 301 断路器遥控开关切至"远控"位置。

㊵合上 301 断路器。

㊶检查 301 断路器已合上。

㊷检查 303 断路器遥控开关在"近控"位置。

㊸▲检查 303 断路器已拉开。

㊹将 303 断路器小车推至"工作"位置。

㊺检查 303 断路器小车已推至"工作"位置。

㊻将 303 断路器遥控开关切至"远控"位置。

㊼合上 303 断路器。

㊽检查 303 断路器已合上。

㊾汇报调度。

【拓展提高】

一、母线检修状态应满足要求

母线检修状态应满足要求如下所述。

①该母线上的所有断路器及隔离开关在分闸位置,电压互感器二次侧快分开关已拉开,

合上母线接地刀闸或装设接地线。

②如两段母线均处于检修状态,应退出全套母线保护;如一段母线检修,另一段母线运行,母线保护的投退按现场运行规程执行。

③若站用电维持供电,则先将站用变从待停母线上切除,然后利用分段断路器实现由另一母线供电,避免出现非同期并列。

二、母线送电状态应满足要求

①在进行母线送电操作中,对母线进行充电前,应投入母线充电保护;母线充电完毕后,应立即退出母线充电保护;在进行母线充电保护投入或退出后,应按下复归按钮进行投入或退出确认。

②带有电容器的母线送电时,电容器组应在母线恢复送电后再投入运行,避免出现过电压,危及设备绝缘。

☞ 任务 3.2.2　110 kV 母线停、送电操作

【教学目标】

知识目标:1.掌握 110 kV 母线的运行方式,110 kV 母线停、送电原则。

2.掌握 110 kV 母线停、送电的注意事项。

能力目标:1.能根据任务和设备实际运行情况正确填写 110 kV 母线操作票。

2.能按照操作票在仿真机上进行正确倒闸操作。

态度目标:1.能主动学习,在完成任务过程中发现问题、分析问题和解决问题。

2.在严格遵守安全规范的前提下,能与小组成员协作共同完成本学习任务。

【任务描述】

110 kV 母线在运行的过程中可能会出现异常。当出现异常时,经运维人员分析,母线应停电检修,检修完毕后还应投入正常的运行状态,下面介绍 110 kV 母线停、送电操作。

【任务准备】

课前预习相关知识部分。根据杨高变运行规程,经讨论后制订 110 kV 母线停、送电的操作票,并独立回答下列问题。

①简述 110 kV 母线停、送电倒闸操作注意事项。

②简述 110 kV 母线停、送电倒闸操作标准化操作流程。

【相关知识】

一、双母线带专用母联断路器接线方式的优点

①轮流检修母线时,不中断装置的工作和对用户的供电。

②检修任一回路母线的隔离开关时,只需断开这条回路。

③某一母线发生故障,装置能迅速地恢复工作。

④如果一条母线上的电源线改变运行方式,可以迅速将负荷倒至另一条母线上,不会造成任何停电。

二、双母线带专用母联断路器接线方式的缺点

①在倒母线的操作中,使用隔离开关切换有负荷电流的电路,如果在操作过程中违反操作顺序,会发生误操作。

②单母线发生故障时,将有一半负荷和电源停止供电。

③如果在操作过程中出现误操作,影响较大,很有可能造成全站停电,甚至发展为电网事故。

三、双母接线方式下不停电倒母线

①投入"互联压板"。

②当两组母线刀闸同时合上时,母差和失灵保护装置自动判别为母线互联,但为了保证

在整个倒母线过程中,母线有故障不经选择元件,直接跳两条母线,确保人身设备安全,采用强制互联。一定要在取母联开关操作保险之前将母差保护改为单母方式。否则如果任一条母线故障都将是母联失灵启动跳开另一条母线,延误了母线故障切除时间,有可能造成系统稳定破坏。

③退出母联操作电源快分开关。为了防止在倒母线过程中,母联断路器偷跳,造成用刀闸解合环的误操作事故。

④电压切换,在母线停电后,将停电母线的电压切换开关切至"停用"。

⑤每操作完一个隔离开关,要检查其辅助接点是否切换正常。

⑥母线完全停电前,检查母联无电流指示,确保所有负荷已经倒至运行母线。

⑦TV 隔离开关和母联开关的操作顺序:防止母联开关断口电容和电磁式电压互感器满足谐振条件而产生谐振,一般情况下先拉母联开关再拉 TV 隔离开关。电容式电压互感器,一般不会产生谐振情况。

四、母线倒闸操作风险辨识与控制措施

母线倒闸操作风险的作用是保护误动或其他易发生事故的风险。

①倒母线前检查母联断路器三相在合位、投入互联压板及拉开母联控制电源作为重点项目。

②操作母线侧隔离开关后检查相应的线路(或主变)保护、母差保护、失灵保护、电度表屏、合并单元二次回路切换正常作为重点项目。

五、母线充电的操作原则

①母线充电应使用具有能反映各种故障而灵敏动作的断路器进行。向母线充电时,必须确认母线无故障。对母线充电,应考虑母线故障跳闸时系统的稳定性,必要时先降低有关线路的潮流。

②用断路器向母线充电前,应将母线电压互感器(充空母线发生谐振的除外)、避雷器、站用变压器等先投入。

③110 kV 空母线的充电和停电操作,应注意母线及其他电源断路器为热备用时,其断口电源与母线上电磁式电压互感器构成串联谐振的可能,必须采用消谐措施。若对母线充电时发生谐振,可迅速将热备用状态的断路器改为冷备用,或重新合上热备用状态的断路器,等谐振消失后,进行母线操作。

④用变压器向 110 kV 母线充电时,该变压器 110 kV 中性点必须接地。

【任务实施】

一、110 kV 母线停、送电操作注意事项

1. 110 kV 母线由运行转检修注意事项

①在双母线接线方式的倒母线操作过程中，在母联开关合闸确认两条母线在并列运行的情况下，必须拉开母联开关的控制电源，防止母联开关误跳闸，造成带负荷拉（合）隔离开关。

②在双母线接线方式的倒母线操作过程前，必须投入母差保护屏互联连接片；在倒母线操作中，每一元件内联后，在拉开另一组母线隔离开关之前，必须检查本间隔二次切换良好（包括电度表屏，根据湘电技监《关于在倒闸检修中加强关口计量故障联合防控的通知》（〔2012〕24 号），母差及失灵保护刀闸辅助接点位置与一次设备状态对应。

③由于设备倒换至另一母线或母线上的电压互感器停电，继电保护及自动装置的电压回路需要转换由另一电压互感器给电时，应注意勿使继电保护及自动装置因失去电压而误动作。避免电压回路接触不良以及通过电压互感器二次向不带电母线反充电，而引起电压回路二次快分开关断开，造成继电保护误动等情况出现。只有在母线电压互感器单独停电时才需将两母线电压互感器二次先并列起来，然后断开停电母线的电压互感器二次开关。

2. 110 kV 母线由检修转运行注意事项

①母线送电时，先拆除母线上的安全措施，应检查送电回路无短路线，包括检修人员布置的短路试验线，需检查母线上无遗留物，检查母线保护投入正确，将母线及母线 TV 恢复备用后使线路逐一送电。给低压空母线充电尽量要用分段或主变压器断路器进行。

② 母线送电操作前应检查母线、母联断路器本体及机构完好，无明显故障、无严重缺陷、压力和储能正常、五防系统齐全，运行正常。

③在合母联断路器对母线送电前，需投入母差保护及主变保护跳母联断路器压板。

④在合母联断路器前需合上失压母线 TV 一次刀闸，但 TV 二次快分开关不合。（母线充电正常后再合 TV 二次全部快分开关，并检查电压显示正常）

⑤合上母联断路器，母线充电正常，需拉开母联断路器控制电源后（母联断路器死联接）防止跳闸，方可开始倒母线操作。

⑥如 110 kV Ⅱ 母线检修转运行，倒母线时先合 110 kV Ⅱ 母线侧隔离开关，后拉 110 kV Ⅰ 母线侧隔离开关。

⑦最后要合上母联断路器控制开关，恢复母联断路器正常运行。

二、任务实施

根据倒闸操作的基本原则及一般程序,正确写出 110 kV 母线停、送电的操作步骤,并结合《电力安全工作规程》、各级调度规程和其他的有关规定在仿真系统中进行。

1. 操作任务 1:110 kV Ⅰ 母由运行转检修

①检查 500 断路器三相电流指示正确。

②检查 500 断路器电气指示在合位。

③检查 500 断路器机械指示在合位。

④投入 110 kV 母差保护屏手动互联压板。

⑤拉开 500 断路器控制电源快分开关。

⑥合上 5082 隔离开关电机电源、控制电源快分开关。

⑦合上 5082 隔离开关。

⑧检查 5082 隔离开关已合上。

⑨拉开 5082 隔离开关电机电源、控制电源快分开关。

⑩合上 5081 隔离开关电机电源、控制电源快分开关。

⑪拉开 5081 隔离开关。

⑫检查 5081 隔离开关已拉开。

⑬拉开 5081 隔离开关电机电源、控制电源快分开关。

⑭▲检查 508 间隔二次回路切换正常。

⑮合上 5102 隔离开关电机电源、控制电源快分开关。

⑯合上 5102 隔离开关。

⑰检查 5102 隔离开关已合上。

⑱拉开 5102 隔离开关电机电源、控制电源快分开关。

⑲合上 5101 隔离开关电机电源、控制电源快分开关。

⑳拉开 5101 隔离开关。

㉑检查 5101 隔离开关已拉开。

㉒拉开 5101 隔离开关电机电源、控制电源快分开关。

㉓▲检查 510 间隔二次回路切换正常。

㉔合上 5142 隔离开关电机电源、控制电源快分开关。

㉕合上 5142 隔离开关。

㉖检查 5142 隔离开关已合上。

㉗拉开 5142 隔离开关电机电源、控制电源快分开关。

㉘合上 5141 隔离开关电机电源、控制电源快分开关。

㉙拉开 5141 隔离开关。

㉚检查 5141 隔离开关已拉开。

㉛拉开 5141 隔离开关电机电源、控制电源快分开关。

㉜▲检查 514 间隔二次回路切换正常。

㉝合上 5242 隔离开关电机电源、控制电源快分开关。

㉞合上 5242 隔离开关。

㉟检查 5242 隔离开关已合上。

㊱拉开 5242 隔离开关电机电源、控制电源快分开关。

㊲合上 5241 隔离开关电机电源、控制电源快分开关。

㊳拉开 5241 隔离开关。

㊴检查 5241 隔离开关已拉开。

㊵拉开 5241 隔离开关电机电源、控制电源快分开关。

㊶▲检查 524 间隔二次回路切换正常。

㊷合上 500 断路器控制电源快分开关。

㊸退出 110 kV 母差保护屏手动互联压板 LP4。

㊹拉开 5X14TV 所有二次快分开关(包括:Ⅰ母 A、B、C 相计量电源快分开关和 A、B、C 相Ⅰ段保护电源快分开关)。

㊺检查 500 断路器三相电流指示为零。

㊻拉开 500 断路器。

㊼▲检查 500 断路器三相电流指示正确。

㊽▲检查 500 断路器电气指示在分位。

㊾▲检查 500 断路器机械指示在分位。

㊿将 500 断路器遥控开关切至“就地”位置。

(51)合上 5001 隔离开关电机电源、控制电源快分开关。

(52)拉开 5001 隔离开关。

(53)检查 5001 隔离开关已拉开。

(54)拉开 5001 隔离开关电机电源、控制电源快分开关。

(55)合上 5002 隔离开关电机电源、控制电源快分开关。

(56)拉开 5002 隔离开关。

(57)检查 5002 隔离开关已拉开。

(58)拉开 5002 隔离开关电机电源、控制电源快分开关。

(59)合上 5X14 隔离开关电机电源、控制电源快分开关。

(60)拉开 5X14 隔离开关。

(61)检查 5X14 隔离开关已拉开。

(62)拉开 5X14 隔离开关电机电源、控制电源快分开关。

(63)退出#1 主变 A 屏跳母联 500 出口压板 LP36。

(64)退出#1 主变 B 屏跳母联 500 出口压板 LP36。

(65)退出#2 主变 A 屏跳母联 500 出口压板 LP36。
(66)退出#2 主变 B 屏跳母联 500 出口压板 LP36。
(67)退出 110 kV 母差出口跳 500 压板 1LP1。
(68)退出 110 kV 母差屏Ⅰ母 TV 断线检测压板 LP8。
(69)检查 110 kVⅠ母可转为检修状态。
(70)▲在 5X10-1 接地刀闸静触头上验明三相确无电压。
(71)合上 5X10-1 接地刀闸。
(72)检查 5X10-1 接地刀闸已合上。
(73)▲在 5X10-2 接地刀闸静触头上验明三相确无电压。
(74)合上 5X10-2 接地刀闸。
(75)检查 5X10-2 接地刀闸已合上。
(76)汇报调度。

2. 操作任务 2:110 kVⅡ母由检修转运行

①拉开 5X20-1 接地刀闸。
②▲检查 5X20-1 接地刀闸已拉开。
③拉开 5X20-2 接地刀闸。
④▲检查 5X20-2 接地刀闸已拉开。
⑤▲检查 110 kVⅡ母间隔无短路接地点。
⑥汇报调度。
⑦检查#1 主变 A 屏保护装置无异常。
⑧投入#1 主变 A 屏跳母联 500 出口压板 LP36。
⑨检查#1 主变 B 屏保护装置无异常。
⑩投入#1 主变 B 屏跳母联 500 出口压板 LP36。
⑪检查#2 主变 A 屏保护装置无异常。
⑫投入#2 主变 A 屏跳母联 500 出口压板 LP36。
⑬检查#2 主变 B 屏保护装置无异常。
⑭投入#2 主变 B 屏跳母联 500 出口压板 LP36。
⑮检查 110 kV 母差保护装置无异常。
⑯投入 110 kV 母差出口跳 500 压板 1LP1。
⑰检查 110 kVⅡ母间隔无短路接地点。
⑱合上 5X24 隔离开关电机电源、控制电源快分开关。
⑲合上 5X24 隔离开关。
⑳检查 5X24 隔离开关已合上。
㉑拉开 5X24TV 隔离开关电机电源、控制电源快分开关。
㉒检查 500 断路器遥控开关切至“就地”位置。
㉓▲检查 500 断路器三相电流指示正确。

㉔▲检查 500 断路器电气指示在分位。

㉕▲检查 500 断路器机械指示在分位。

㉖合上 5001 隔离开关电机电源、控制电源快分开关。

㉗合上 5001 隔离开关。

㉘检查 5001 隔离开关已合上。

㉙拉开 5001 隔离开关电机电源、控制电源快分开关。

㉚合上 5002 隔离开关电机电源、控制电源快分开关。

㉛合上 5002 隔离开关。

㉜检查 5002 隔离开关已合上。

㉝拉开 5002 隔离开关电机电源、控制电源快分开关。

㉞检查 110 kV 母联测控屏保护装置无异常。

㉟投入 110 kV 母联测控屏充电保护出口压板 LP1。

㊱投入 110 kV 母差保护屏充电保护压板 LP2。

㊲投入 110 kV 母差保护屏充电保护速动压板 LP3。

㊳合上 500 断路器。

㊴检查 500 断路器电气指示在合位。

㊵检查 500 断路器机械指示在合位。

㊶检查 110 kV Ⅱ 母受电正常。

㊷退出 110 kV 母联测控屏充电保护出口压板 LP。

㊸退出 110 kV 母差保护屏充电保护压板 LP2。

㊹退出 110 kV 母差保护屏充电保护速动压板 LP3。

㊺合上 5X24TV 所有二次快分开关。

㊻▲检查 110 kV Ⅱ 母电压指示正确。

㊼▲检查 500 断路器三相电流指示正确。

㊽▲检查 500 断路器电气指示在合位。

㊾检查 500 断路器机械指示在合位。

㊿将 500 断路器遥控开关切至"远方"位置。

51投入 110 kV 母差保护屏手动互联压板 LP4。

52拉开 500 断路器控制电源快分开关。

53合上 5282 隔离开关电机电源、控制电源快分开关。

54合上 5282 隔离开关。

55检查 5282 隔离开关已合上。

56拉开 5282 隔离开关电机电源、控制电源快分开关。

57合上 5281 隔离开关电机电源、控制电源快分开关。

58拉开 5281 隔离开关。

59检查 5281 隔离开关已拉开。

(60)拉开 5281 隔离开关电机电源、控制电源快分开关。
(61)▲检查 528 间隔二次回路切换正常。
(62)合上 5202 隔离开关电机电源、控制电源快分开关。
(63)合上 5202 隔离开关。
(64)检查 5202 隔离开关已合上。
(65)拉开 5202 隔离开关电机电源、控制电源快分开关。
(66)合上 5201 隔离开关电机电源、控制电源快分开关。
(67)拉开 5201 隔离开关。
(68)检查 5201 隔离开关已拉开。
(69)拉开 5201 隔离开关电机电源、控制电源快分开关。
(70)▲检查 520 间隔二次回路切换正常。
(71)合上 5122 隔离开关电机电源、控制电源快分开关。
(72)合上 5122 隔离开关。
(73)检查 5122 隔离开关已合上。
(74)拉开 5122 隔离开关电机电源、控制电源快分开关。
(75)合上 5121 隔离开关电机电源、控制电源快分开关。
(76)拉开 5121 隔离开关。
(77)检查 5121 隔离开关已拉开。
(78)拉开 5121 隔离开关电机电源、控制电源快分开关。
(79)▲检查 512 间隔二次回路切换正常。
(80)合上 5222 隔离开关电机电源、控制电源快分开关。
(81)合上 5222 隔离开关。
(82)检查 5222 隔离开关已合上。
(83)拉开 5222 隔离开关电机电源、控制电源快分开关。
(84)合上 5221 隔离开关电机电源、控制电源快分开关。
(85)拉开 5221 隔离开关。
(86)检查 5221 隔离开关已拉开。
(87)拉开 5221 隔离开关电机电源、控制电源快分开关。
(88)▲检查 522 间隔二次回路切换正常。
(89)合上 500 断路器控制电源快分开关。
(90)退出 110 kV 母差保护屏手动互联压板 LP4。
(91)汇报调度。

【拓展提高】

母线停、送电注意事项如下所述。

①母线停、送电时,先将母线所带站用变压器进行倒换,双母线接线方式的倒至另一母线上,再将母线及母线 TV 停电,做好安全措施。在进行母线送电操作中,对母线进行充电前,应投入母线充电保护;母线充电完毕后,应立即退出母线充电保护;在进行母线充电保护投入或退出后,应按下复归按钮进行投入或退出确认。

②双母线接线停用一组母线时,要防止运行母线 TV 向停用母线 TV 反充电,引起运行母线 TV 二次熔断器熔断或二次开关自动断开,使继电保护失压引起误动作。

③倒母线完毕后,在拉开母联断路器控制电源前,需检查母联断路器三相电源指示为零。

④在拉开母联断路器之前需先拉开 TV 二次全部快分开关,方可拉开母联断路器。

⑤倒母线完毕后,合上母联断路器控制电源,退出母差保护手动互联压板。

☞ 任务 3.2.3 220 kV 母线停、送电操作

【教学目标】

知识目标:1.掌握 220 kV 母线的运行方式,220 kV 母线停、送电原则。

2.掌握 220 kV 母线停、送电的注意事项。

能力目标:1.能根据任务和设备实际运行情况正确填写 220 kV 母线操作票。

2.能按照操作票在仿真机上进行正确倒闸操作。

态度目标:1.能主动学习,在完成任务过程中发现问题、分析问题和解决问题。

2.在严格遵守安全规范的前提下,能与小组成员协作共同完成本学习任务。

【任务描述】

220 kV 母线在运行过程中可能会出现异常,当出现异常时,经运维人员分析,母线应停电检修,检修完毕后还应投入正常的运行状态,下面介绍 220 kV 母线停、送电操作。

【任务准备】

课前预习相关知识部分。根据杨高变运行规程,经讨论后制订 220 kV 母线停、送电的操作票,并独立回答下列问题。

1. 简述 220 kV 母线停、送电倒闸操作注意事项。

2. 简述 220 kV 母线停、送电倒闸操作标准化操作流程。

【相关知识】

一、220 kV 系统母线保护配置

①220 kV 母线保护功能一般包括母线差动保护(母差保护)、母联相关的保护(母联失灵保护、母联死区保护、母联过流保护、母联充电保护等)、断路器失灵保护。

②对重要的 220 kV 及以上电压等级的母线都应当实现双重化,配置两套母线保护。

③本站 220 kV 系统为双母线带母联兼旁路断路器的接线,当由双母线接线倒母线改为单母线运行,检查其母差保护自动切换正常。

二、220 kV 母联兼旁路断路器代路运行的操作

①220 kV 母联 600 断路器代其他断路器运行前,必须先将母线运行方式由并列运行改为分段运行或 Ⅱ 母单母线运行方式。

②在进行母联断路器代其他断路器运行操作前,应切换母联断路器所代断路器保护定值区域并打印定值,与调度核对无误;按调度命令投入。

③母联断路器代其他断路器运行操作,母联断路器和被代断路器的启动失灵、母差、失灵跳母联断路器的保护压板及母联断路器和代断路器的线路重合闸按调度命令进行投退;线路光纤差动保护按调度命令进行投退。

④被代断路器的操作电源必须断开;如果因工作需要须合上操作电源,必须经运行人员同意后才能将操作电源合上。

三、220 kV Ⅰ 母线倒负荷运行的操作

①改变主变后备保护跳母联、分段方式。

②检查母联断路器在合位。

③投入 220 kV 母差及失灵保护互联压板。

④拉开母联断路器控制电源。

⑤合上Ⅱ母线侧隔离开关,检查220 kV母差、失灵、线路(或主变)保护、计量二次回路切换正常,按下220 kV母差、失灵保护刀闸位置确认按钮。

⑥拉开Ⅰ母线侧隔离开关,检查220 kV母差、失灵、线路(或主变)保护、计量二次回路切换正常,按下220 kV母差、失灵保护刀闸位置确认按钮。

⑦检查未倒换的出线间隔Ⅰ母线侧隔离开关均已拉开。

⑧合上母联断路器控制电源。

⑨退出220 kV母差及失灵保护互联压板。

四、将220 kV母线恢复正常运行方式的操作

①改变主变后备保护跳母联、分段方式。

②投入220 kV母差及失灵保护互联压板。

③拉开母联断路器控制电源。

④合上Ⅰ母线侧隔离开关,检查220 kV母差、失灵、线路(或主变)保护、计量二次回路切换正常,按下220 kV母差、失灵保护刀闸位置确认按钮。

⑤拉开Ⅱ母线侧隔离开关,检查220 kV母差、失灵、线路(或主变)保护、计量二次回路切换正常,按下220 kV母差、失灵保护刀闸位置确认按钮。

⑥合上母联断路器控制电源。

⑦退出220 kV母差及失灵保护互联压板。

⑧改变主变后备保护跳母联、分段方式。

【任务实施】

一、需要进行的相关操作

1. 220 kVⅠ母线停电操作流程

①拉开分段断路器(若有),检查母联断路器电流为零。

②拉开Ⅰ母线TV二次全部快分开关。

③拉开母联断路器,拉开母联及分段断路器两侧隔离开关。

④拉开Ⅰ母线TV隔离开关[检查母线TV隔离开关二次回路切换正常(TV并列屏)]。

⑤合上Ⅰ母线及TV接地刀闸(或装设接地线)。

⑥退出220 kV母差、失灵保护中Ⅰ母线运行(电压)、启动稳控、跳Ⅰ母线分段及母联

压板。

⑦退出母联、分段断路器全套保护。

⑧退出主变后备保护跳Ⅰ母线分段及母联压板。

⑨拉开Ⅰ母线母联、分段断路器控制电源,拉开Ⅰ母线侧隔离开关电机电源及控制电源。

2. 220 kV Ⅰ母线送电操作流程

①拉开Ⅰ母线及TV接地刀闸(或拆除接地线),检查间隔无短路接地点,检查Ⅰ母线具备受电条件。

②合上Ⅰ母线母联、分段断路器控制电源,合上Ⅰ母线侧隔离开关电机电源及控制电源。

③投入220 kV母差、失灵保护Ⅰ母线运行(电压)、启动稳控、跳Ⅰ母线分段及母联压板。

④投入母联、分段断路器全套保护(除充电保护)。

⑤投入主变后备保护跳Ⅰ母线分段及母联压板。

⑥合上Ⅰ母线TV隔离开关[检查母线TV隔离开关二次回路切换正常(TV并列屏)]。

⑦合上母联、分段断路器两侧隔离开关。

⑧投入Ⅰ母线母联断路器充电保护,按下母联断路器充电合闸按钮,检查Ⅰ母线充电正常,退出Ⅰ母线母联断路器充电保护。

⑨合上Ⅰ母线TV二次全部快分开关。

⑩合上Ⅰ母线分段断路器。

二、220 kV母线停、送电操作注意事项

1. 220 kV母线由运行转检修注意事项

①禁止220 kV系统和110 kV系统同时单母线运行;220 kV或110 kV单母线运行时,应尽量缩短运行时间,及早恢复双母线运行。

②220 kV出线间隔母线侧隔离开关操作后,除检查隔离开关二次回路切换指示灯、继电器外,还应检查保护装置是否有告警、计量表计采样值是否正常等。

③对于220 kV母线TV操作,操作完TV隔离开关后,应检查TV并列屏上该母线TV隔离开关二次位置切换正常。

④220 kV出线间隔母线侧隔离开关操作后,应及时检查220 kV母差、失灵、线路(或主变)保护、计量二次回路切换正常,按下220 kV母差、失灵保护刀闸位置确认按钮,填写项目。

⑤母联断路器两侧的隔离开关二次位置若已接入母差、失灵保护、断路器保护等应进行检查。

⑥220 kV 带专用旁路的,出线、旁路隔离开关均应悬挂"禁止合闸,线路有人工作"标示牌,并填入操作票。

2. 220 kV 母线由检修转运行注意事项

①220 kV 或 110 kV 单母线运行时,应尽量缩短运行时间,及早恢复双母线运行;在恢复送电时,应尽可能首先恢复双母线运行。

②在进行母线复电操作中,对母线进行充电前,应投入母线充电保护;母线充电完毕后,应立即退出母线充电保护;在进行母线充电保护投入或退出后,应按下复归按钮进行投入或退出确认。

其他注意事项和 220 kV 母线由运行转检修一致。

三、任务实施

根据倒闸操作的基本原则及一般程序,正确写出 220 kV 母线停、送电的操作步骤,并结合《电力安全工作规程》、各级调度规程和其他的有关规定在仿真系统中进行。

1. 操作任务 1:220 kV Ⅰ母线由运行转检修

①检查 600 断路器遥信位置指示在合位。

②检查 600 断路器三相电流指示正确。

③检查 600 断路器机械位置指示在合位。

④投入 220 kV 母差保护Ⅰ屏手动互联压板。

⑤检查 220 kV 母差保护Ⅰ屏互联指示灯亮。

⑥将 220 kV 母差保护Ⅱ屏手动互联开关切至"投入"位置。

⑦检查 220 kV 母差保护Ⅱ屏互联指示灯亮。

⑧将 220 kV 失灵保护屏手动互联开关切至"投入"位置。

⑨检查 220 kV 失灵保护屏互联指示灯亮。

⑩拉开 600 断路器控制电源Ⅰ快分开关。

⑪拉开 600 断路器控制电源Ⅱ快分开关。

⑫合上 6022 隔离开关电机电源、控制电源快分开关。

⑬合上 6022 隔离开关。

⑭检查 6022 隔离开关已合上。

⑮▲检查 602 间隔二次回路切换正常(×屏线路、×、×屏母差、×屏计量)。

⑯拉开 6022 隔离开关电机电源、控制电源快分开关。

⑰合上 6021 隔离开关电机电源、控制电源快分开关。

⑱拉开 6021 隔离开关。

⑲检查 6021 隔离开关已拉开。

⑳▲检查 602 间隔二次回路切换正常(×、×屏线路、×、×屏母差、×屏计量)。

㉑拉开 6021 隔离开关电机电源、控制电源快分开关。
㉒检查 6041 隔离开关已拉开。
㉓检查 6061 隔离开关已拉开。
㉔合上 6082 隔离开关电机电源、控制电源快分开关。
㉕合上 6082 隔离开关。
㉖检查 6082 隔离开关已合上。
㉗▲检查 608 间隔二次回路切换正常(×屏线路、×、×屏母差、×屏计量)。
㉘拉开 6082 隔离开关电机电源、控制电源快分开关。
㉙合上 6081 隔离开关电机电源、控制电源快分开关。
㉚拉开 6081 隔离开关。
㉛检查 6081 隔离开关已拉开。
㉜▲检查 608 间隔二次回路切换正常(×、×屏线路、×、×屏母差、×屏计量)。
㉝拉开 6081 隔离开关电机电源、控制电源快分开关。
㉞合上 6102 隔离开关电机电源、控制电源快分开关。
㉟合上 6102 隔离开关。
㊱检查 6102 隔离开关已合上。
㊲▲检查 610 间隔二次回路切换正常(×、×屏主变、×、×屏母差、×屏计量)。
㊳拉开 6102 隔离开关电机电源、控制电源快分开关。
㊴合上 6101 隔离开关电机电源、控制电源快分开关。
㊵拉开 6101 隔离开关。
㊶检查 6101 隔离开关已拉开。
㊷▲检查 610 间隔二次回路切换正常(×、×屏主变、×、×屏母差、×屏计量)。
㊸拉开 6101 隔离开关电机电源、控制电源快分开关。
㊹合上 600 断路器控制电源Ⅰ快分开关。
㊺合上 600 断路器控制电源Ⅱ快分开关。
㊻将 220 kV 母差保护Ⅱ屏手动互联开关切至“停用”位置(有指示灯应检查)。
㊼将 220 kV 母差保护Ⅱ屏Ⅰ母 TV 开关切至“停用”位置。
㊽将 220 kV 母差保护Ⅱ屏Ⅰ母 TV 转换开关切至“退出”位置。
㊾退出 220 kV 母差保护Ⅰ屏手动互联压板(有指示灯应检查)。
㊿将 220 kV 失灵保护屏手动互联开关切至“停用”位置(有指示灯应检查)。
(51)将 220 kV 失灵保护屏Ⅰ母 TV 开关切至“停用”位置。
(52)将 220 kV 失灵保护屏Ⅰ母 TV 转换开关切至“退出”位置。
(53)拉开 6X14TV 所有二次快分开关。
(54)合上 6X14 隔离开关电机电源、控制电源快分开关。
(55)拉开 6X14 隔离开关。
(56)检查 6X14 隔离开关已拉开。

(57)拉开 6X14 隔离开关电机电源、控制电源快分开关。
(58)检查 600 断路器三相电流指示正确。
(59)将 600 断路器遥控开关切至“就地”位置。
(60)拉开 600 断路器。
(61)▲检查 600 断路器三相电流指示正确。
(62)▲检查 600 断路器遥信位置指示在分位。
(63)▲检查 600 断路器机械位置指示在分位。
(64)合上 6001 隔离开关电机电源、控制电源快分开关。
(65)拉开 6001 隔离开关。
(66)检查 6001 隔离开关已拉开。
(67)拉开 6001 隔离开关电机电源、控制电源快分开关。
(68)合上 6002 隔离开关电机电源、控制电源快分开关。
(69)拉开 6002 隔离开关。
(70)检查 6002 隔离开关已拉开。
(71)拉开 6002 隔离开关电机电源、控制电源快分开关。
(72)退出 220 kV 母差Ⅰ屏 600 跳闸出口Ⅰ压板。
(73)退出 220 kV 母差Ⅰ屏Ⅰ母差动启动失灵压板。
(74)退出 220 kV 母差Ⅰ屏Ⅰ母 TV 断线检测压板 9LP。
(75)退出 220 kV 母差Ⅱ屏 600 跳闸出口Ⅱ压板。
(76)退出 220 kV 失灵屏 600 跳闸出口Ⅰ压板。
(77)退出 220 kV 失灵屏 600 跳闸出口Ⅱ压板。
(78)▲在 6X10-1 接地刀闸静触头上验明三相确无电压。
(79)合上 6X10-1 接地刀闸。
(80)检查 6X10-1 接地刀闸已合上。
(81)▲在 6X10-2 接地刀闸静触头上验明三相确无电压。
(82)合上 6X10-2 接地刀闸。
(83)检查 6X10-2 接地刀闸已合上。
(84)汇报调度。

2. 操作任务 2：220 kV Ⅰ母由检修转运行

①拉开 6X10-1 接地刀闸。
②▲检查 6X10-1 接地刀闸已拉开。
③拉开 6X10-2 接地刀闸。
④▲检查 6X10-2 接地刀闸已拉开。
⑤▲检查 220 kV Ⅰ母间隔无短路接地点。
⑥汇报调度。
⑦220 kV Ⅰ母由冷备用转运行。

⑧检查#1 主变 A 屏保护装置无异常。

⑨投入#1 主变 A 屏跳母联 600 Ⅰ 压板 LP30。

⑩检查#1 主变 B 屏保护装置无异常。

⑪投入#1 主变 B 屏跳母联 600 Ⅱ 压板 LP30。

⑫检查#2 主变 A 屏保护装置无异常。

⑬投入#2 主变 A 屏跳母联 600 Ⅰ 压板 LP30。

⑭检查#2 主变 B 屏保护装置无异常。

⑮投入#2 主变 B 屏跳母联 600 Ⅱ 压板 LP30。

⑯检查 220 kV 母差 Ⅰ 屏保护装置无异常。

⑰投入 220 kV 母差 Ⅰ 屏 Ⅰ 母差动启动失灵压板 19LP1。

⑱检查 220 kV 母差 Ⅱ 屏保护装置无异常。

⑲投入 220 kV 母差 Ⅱ 屏 Ⅰ 母差动启动失灵压板 47XB。

⑳投入 220 kV 母差 Ⅱ 屏 Ⅰ 母差动启动录波压板 45XB。

㉑检查 220 kV 失灵屏保护装置无异常。

㉒投入 220 kV 失灵屏 Ⅰ 母差动启动失灵压板 59LP。

㉓合上 6X14 隔离开关操作电源。

㉔合上 6X14 隔离开关。

㉕检查 6X14 隔离开关已合上。

㉖合上 6X14TV 二次电源快分开关。

㉗检查 110 kV Ⅱ 母电压指示正确。

㉘▲检查 600 断路器已拉开。

㉙▲检查 600 远近控已切至"近控"位置。

㉚合上 6002 隔离开关操作电源。

㉛合上 6002 隔离开关。

㉜检查 6002 隔离开关已合上。

㉝拉开 6002 隔离开关操作电源。

㉞合上 6001 隔离开关操作电源。

㉟合上 6001 隔离开关。

㊱检查 6001 隔离开关已合上。

㊲拉开 6001 隔离开关操作电源。

㊳投入 600 测控屏充电保护出口压板 LP1。

㊴按下 600 母线充电合闸按钮。

㊵检查 600 断路器已合上。

㊶检查 220 kV Ⅰ 母充电正常。

㊷退出 600 测控屏充电保护出口压板 LP1。

㊸复归 600 KK 把手至"合后"位置。

㊹将 600 断路器遥控开关切至"远控"位置。

㊺投入 220 kV 母差Ⅰ屏手动互联压板 4LP。

㊻检查 220 kV 母差Ⅰ屏信号指示正常。

㊼将 220 kV 母差Ⅱ屏手动互联投退开关切至"投入"。

㊽检查 220 kV 母差Ⅱ屏"互联状态"灯亮。

㊾将失灵屏手动互联投退开关切至"投入"。

㊿检查失灵屏信号指示正常。

51拉开 600 分相操作箱电源快分开关。

52合上 6101 隔离开关操作电源。

53合上 6101 隔离开关。

54检查 6101 隔离开关已合上。

55拉开 6101 隔离开关操作电源。

56合上 6102 隔离开关操作电源。

57拉开 6102 隔离开关。

58检查 6102 隔离开关已拉开。

59拉开 6102 隔离开关操作电源。

60▲检查 610 间隔二次回路切换正常（×、×屏主变、×、×屏母差、×屏计量）。

61合上 6021 隔离开关操作电源。

62合上 6021 隔离开关。

63检查 6021 隔离开关已合上。

64拉开 6021 隔离开关操作电源。

65合上 6022 隔离开关操作电源。

66拉开 6022 隔离开关。

67检查 6022 隔离开关已拉开。

68拉开 6022 隔离开关操作电源。

69▲检查 602 间隔二次回路切换正常（×、×屏线路、×、×屏母差、×屏计量）。

70合上 6081 隔离开关操作电源。

71合上 6081 隔离开关。

72检查 6081 隔离开关已合上。

73拉开 6081 隔离开关操作电源。

74合上 6082 隔离开关操作电源。

75拉开 6082 隔离开关。

76检查 6082 隔离开关已拉开。

77拉开 6082 隔离开关操作电源。

78▲检查 608 间隔二次回路切换正常（×、×屏线路、×、×屏母差、×屏计量）。

79合上 600 分相操作箱电源快分开关。

⑧退出 220 kV 母差Ⅰ屏手动互联压板 4LP。

⑧检查 220 kV 母差Ⅰ屏信号指示正常。

⑧投入 220 kV 母差Ⅰ屏Ⅰ母 TV 断线检测压板 8LP。

⑧将 220 kV 母差Ⅱ屏手动互联投退开关切至"停用"。

⑧检查 220 kV 母差Ⅱ屏"互联状态"灯灭。

⑧将 220 kV 母差Ⅱ屏Ⅰ母 TV 投退开关切至"投入"。

⑧将失灵屏手动互联投退开关切至"停用"。

⑧检查失灵屏信号指示正常。

⑧将失灵屏Ⅰ母 TV 投退开关切至"投入"。

⑧汇报调度。

【拓展提高】

母线停、送电操作危险点分析及预控措施总结见表 3-2-1。

表 3-2-1　母线停、送电操作危险点源分析及预控措施

序号	危险点	预控措施
1	人员伤害	①操作人员应按电力安全规程规定正确着装 ②操作人员必须采用远方操作断路器 ③使用合格的安全工器具进行操作 ④操作人员应集中精力,不得进行与操作无关的事项 ⑤进入 SF_6 断路器室前,应先通风 15 min
2	误拉合断路器	①认真执行"三核对",确保设备、名称、编号正确 ②严格执行唱票复诵制 ③严格使用防误闭锁装置进行操作
3	断路器分合闸不到位	①检查断路器各相机械位置指示器已拉合到位 ②检查断路器电气位置指示器指示正确 ③检查测控屏仪表指示正常 ④检查后台监控机位置指示和数据正常
4	断路器爆炸	①操作前应检查断路器本体完好,无严重缺陷 ②检查断路器操作机构储能正常无异常信号 ③断路器遮断容量满足要求,断路器切断故障电流次数未超过规定 ④断路器各种实验项目齐全,数据合格 ⑤断路器送电范围内无明显短路接地故障
5	系统稳定破坏	①认真核对运行方式,掌握断路器停、送电对站内设备和系统的影响 ②熟悉继电保护和自动装置的基本原理和运行要求 ③认真核对二次设备元件的名称、编号

续表

序号	危险点	预控措施
6	操作过电压	①投退空载变压器前，变压器中性点应先接地 ②带断口电容的断路器拉合空载母线时，母线上不得有电磁式电压互感器
7	带电装地线、合接地刀闸	在装地线、合接地刀闸前验明确无电压
8	带地线、接地刀闸送电	拆除接地线、拉开接地刀闸后检查送电间隔内无短路接地点
9	线路失压	拉开母联断路器前检查母联断路器三相电源指示为零

任务 3.3　变电站变压器停、送电操作

【教学目标】

知识目标:1.熟悉变电站 #1 主变进行停、送电操作前的运行方式。

2.掌握变电站#1 主变进行停、送电的基本原则及要求;#1 主变进行停、送电操作票的填写原则和依据。

3.熟悉变电仿真系统#1 主变进行停、送电的倒闸操作流程。

能力目标:1.能说出#1 主变进行停、送电操作前的运行方式。

2.能正确填写变电站#1 主变进行停、送电操作的倒闸操作票。

3.能在仿真机上完成#1 主变进行停、送电的倒闸操作。

态度目标:1.能主动学习,在完成任务过程中发现问题、分析问题和解决问题。

2.能严格遵守相关规程标准及规章制度,与小组成员协商、交流配合,按标准化作业流程完成学习任务。

【任务描述】

电力变压器是发电厂和变电站的主要设备之一,其利用电磁感应原理,可以实现不同电压等级之间的变换,根据变比的大小可以分为升压变压器和降压变压器。升压变压器主要是将低电压升高,以便于远距离传输,减少线路的损耗和压降。降压变压器侧将高电压转为低电压,以满足电力用户的需要。下面介绍因设备状态的变化对变压器进行的停、送电操作。

【任务准备】

课前预习相关知识部分。根据接线方式和运行方式,制订变压器停、送电操作票,并独立回答下列问题。

1. 系统的运行方式是什么?　主变中性点接地如何规定?
2. 简述 10 kV 负荷的接线特点和运行方式。
3. 主变冷却装置的投退原则是什么?
4. 主变二次保护压板投退原则是什么?

【相关知识】

1. 变压器操作一般原则

①变压器送电前,应检查送电侧母线电压及变压器分接头位置,保证送电后各侧电压不超过其相应分接头电压的 5%。

②在 110 kV 及以上中性点直接接地系统中,变压器停、送电及经变压器向母线充电时,在操作前,必须将变压器中性点接地开关合上,操作完毕后根据系统方式的要求决定拉开与否。

③变压器投入运行时,应选择继电保护完备、励磁涌流影响较小的一侧送电。变压器送电时,应先从电源侧充电,再送负荷侧,当两侧或三侧均有电源时,应先从高压侧送电,再送低压侧,并按继电保护的要求调整变压器中性点接地方式。在停电操作时,应先停负荷侧,后停电源侧;当两侧或三侧均有电源时,应先停电压侧,后停高压侧。

④对于中低压侧具有电源的发电厂、变电站,至少应有 1 台变压器中性点接地。在双母线运行时,应考虑当母联断路器跳闸后,保证被分开的两个系统至少应有 1 台变压器中性点接地。

⑤带有消弧线圈的变压器停电前,必须先将消弧线圈断开后再停电,不得将两台变压器的中性点同时接到一台消弧线圈上。

⑥在运行中需要拉合变压器中性点接地开关时,由所辖调度发令操作。运行中的 110 kV 或 220 kV 双绕组及三绕组变压器,若需一侧断路器断开,如该侧为中性点直接接地系统,则该侧的中性点接地开关应先合上。

⑦对新投运或大修后的变压器进行核相,确认无误后方可并列运行。新投运的变压器一般冲击合闸 5 次,大修后的冲击合闸 3 次。

2. 变压器操作的注意事项

①变压器由检修转为运行前,应检查其各侧中性点接地开关在合闸位置。

②运行中若需倒换变压器中性点接地方式,应先合上另一台变压器的中性点接地开关后,才能拉开原来的中性点接地开关。

③两台变压器并列运行前,要检查两台变压器有载调压电压分接头指示一致;若是有载调压变压器与无励磁调压变压器并列运行时,其分接电压应尽量靠近无励磁调压变压器的分接位置。并列运行的变压器,其调压操作应轮流逐级或同步进行,不得在单台变压器上连续进行两个及以上分接头变换操作。

④两台变压器并列运行时,如果 1 台变压器需要停电,在未拉开这台变压器断路器之前,应检查总负荷情况,确保 1 台变压器停电后不会导致另一台变压器过负荷。变压器并列、解列运行要保证操作的准确性,操作前应检查负荷分配情况。

⑤投入备用的变压器后,应根据表计指示来证实该变压器已带负荷后,方可停下运行的变压器。

⑥对已停电的变压器,其继电保护若有联跳的,应停用其联跳压板。

⑦三绕组降压变压器停电时,应依次拉开低、中、高压三侧断路器,再拉开三侧隔离开关。

⑧当系统正常运行方式由两台主变改为一台主变运行时,应尽可能保证不停电。如果电源容量不足或负荷过大时,希望低压侧能够自动甩掉一部分负荷。故#1 主变由检修转运行时,虽然将 10 kV 侧的分段断路器合上了,但考虑到过负荷的情况,需要投入复合电压闭锁过电流保护跳开分段断路器连接片。

3. 系统正常运行方式

220 kV、110 kV 侧采用双母线接线,正常运行方式为并列运行;10 kV 侧采用单母线分段接线,10 kV Ⅰ、Ⅱ段由#1 主变供电,10 kV Ⅲ、Ⅳ段由#2 主变供电。

【任务实施】

一、操作依据

根据倒闸操作的基本原则及一般程序,通过对任务分析,正确写出#1 主变由运行转检修的倒闸操作步骤;并结合《电业安全工作规程》、各级《调度规程》和其他的有关规定进行倒闸操作。

二、需要进行的相关操作

1. #1 主变由运行转检修

①#1 主变所带的负荷将由#2 主变来供电。需操作 610、510、310、320 断路器,由于 220 kV、110 kV 系统为双母线并列运行,#1 主变由运行转检修不会造成其供电负荷停电。

②10 kV 侧为单母线分段运行,先将停电变压器 10 kV 负荷转由不停电变压器供电,必须先合 10 kV Ⅱ、Ⅲ 段分段断路器 300,并检查 10 kV Ⅱ、Ⅲ 段分段断路器 300 断路器有电流指示及 10 kV 母线各段电压指示正常。才能将停电变压器 10 kV 侧的总断路器 10 kV Ⅰ 段断路器 310、10 kV Ⅱ 段断路器 320 断路器拉开。

③退出停电主变联跳运行设备的保护压板及公用保护跳停电主变断路器保护压板;根据工作要求和安全需要设置安全措施。

④主变压器停电操作完毕后,不得立即停止冷却装置运行,应在变压器停电后继续运行 30 min。

2. #1 主变由检修转运行

①拆除安全措施。

②投入二次相关保护压板。

③检查送电主变的分接头位置与另一台运行主变分接头位置一致。

④依次合上主变母线侧隔离开关、变压器侧隔离开关,10 kV 变压器侧隔离开关,合上主变断路器,检查主变受电正常。

⑤主变中性点接地刀闸必须根据调度命令进行倒换。

⑥主变压器送电操作前,必须检查设备具备送电条件,冷却装置启动运行正常。

⑦拉、合主变高压或中压侧断路器前,主变高、中压侧的中性点接地刀闸必须在合闸位置。

3. 风险辨识与预控措施

①严格执行三核对,加强监护,防止走错间隔。

②防止带负荷拉隔离开关:操作隔离开关之前检查确认相关断路器确已断开。

③防止漏退压板。

④防止带电装设接地线:装设接地线应在装设点验电确无电压。

⑤防止带接地线送电:送电前检查安全措施已拆除。

三、任务实施

1. 操作任务 1:#1 主变 610、510、310、320 断路器由运行转检修,10 kV 母联 300 由热备用转运行,#1 主变由运行转检修。

①将#2 主变 6X26 中性点隔离开关遥控开关切至"就地"位置。

②合上#2 主变 6X26 中性点隔离开关。

③检查#2 主变 6X26 中性点隔离开关已合上。

④将#2 主变 6X26 中性点隔离开关遥控开关切至"远方"位置。

⑤将#2 主变 5X26 中性点隔离开关遥控开关切至"就地"位置。

⑥合上#2 主变 5X26 中性点隔离开关。

⑦检查#2 主变 5X26 中性点隔离开关已合上。

⑧将#2 主变 5X26 中性点隔离开关遥控开关切至"远方"位置。

⑨检查 10 kV Ⅱ、Ⅲ段母线电压一致。

⑩合上 300 断路器。

⑪检查 300 断路器三相电流、遥信指示指示正确。

⑫检查 300 断路器机械位置指示在合位。

⑬检查 320 负荷分配指示正确。

⑭检查 330 负荷分配指示正确。

⑮拉开 310 断路器。

⑯▲检查 310 断路器三相电流、遥信指示正确。

⑰▲检查 310 断路器机械指示在分位。

⑱将 310 断路器遥控开关切至"近控"位置。

⑲将 310 断路器小车拉至"试验"位置。

⑳检查 310 断路器小车已拉至"试验"位置。

㉑拉开 310 控制电源快分开关。

㉒拉开 310 储能电源快分开关。

㉓取下 310 断路器小车二次插把。

㉔将 310 断路器小车拉至检修位置。

㉕检查 310 断路器柜内隔离挡板已可靠封闭。

㉖拉开 320 断路器。

㉗▲检查 320 断路器三相电流、遥信位置指示在分位。

㉘▲检查 320 断路器机械指示在分位。

㉙检查 330 负荷分配指示正确。

㉚将 320 断路器遥控开关切至"近控"位置。

㉛将 320 断路器小车拉至"试验"位置。

㉜检查 320 断路器小车已拉至"试验"位置。

㉝拉开 320 控制电源快分开关。

㉞拉开 320 储能电源快分开关。

㉟取下 320 断路器小车二次插把。

㊱将 320 断路器小车拉至检修位置。

㊲检查 320 断路器柜内隔离挡板已可靠封闭。

㊳合上 3103 隔离开关控制电源快分开关。

㊴拉开 3103 隔离开关。

㊵检查 3103 隔离开关已拉开。

㊶拉开 3103 隔离开关控制电源快分开关。

㊷将#1 主变冷却器电源由"工作"切至"试验"位置。

㊸拉开 510 断路器。

㊹▲检查 510 断路器三相电流、遥信位置指示在分位。

㊺▲检查 510 断路器机械指示在分位。

㊻检查 520 断路器负荷分配正确。

㊼将 510 断路器遥控开关切至"就地"位置。

㊽合上 5103 隔离开关控制电源快分开关。

㊾拉开 5103 隔离开关。

㊿检查 5103 隔离开关已拉开。

51拉开 5103 隔离开关控制电源快分开关。

52合上 5101 隔离开关控制电源快分开关。

53拉开 5101 隔离开关。

54检查 5101 隔离开关已拉开。

55拉开 5101 隔离开关控制电源快分开关。

56检查 5102 隔离开关已拉开。

57检查 510 间隔二次回路切换正常。

58拉开 610 断路器。

59▲检查 610 断路器三相电流、遥信位置指示在分位。

60▲检查 610 断路器机械指示在分位。

61610 断路器遥控开关切至"就地"位置。

62合上 6103 隔离开关控制电源快分开关。

63拉开 6103 隔离开关。

64检查 6103 隔离开关已拉开。

65拉开 6103 隔离开关控制电源快分开关。

66合上 6101 隔离开关控制电源快分开关。

67拉开 6101 隔离开关。

68检查 6101 隔离开关已拉开。

69拉开 6101 隔离开关控制电源快分开关。

70检查 6102 隔离开关已拉开。

71检查 6105 隔离开关已拉开。

72检查 610 间隔二次回路切换正常。

⑦退出 110 kV 母差屏 510 跳闸出口压板。

⑦退出 220 kV 母差Ⅰ屏跳 610 Ⅰ压板。

⑦退出 220 kV 母差Ⅱ屏跳 610 Ⅱ压板。

⑦退出 220 kV 失灵保护屏#1 主变 610 跳闸Ⅰ出口压板。

⑦退出 220 kV 失灵保护屏#1 主变 610 跳闸Ⅱ出口压板。

⑦退出 220 kV 失灵保护屏#1 主变 610 失灵启动压板。

⑦退出#1 主变Ⅰ屏跳 500 压板。

⑧退出#1 主变Ⅰ屏跳 300 压板。

⑧退出#1 主变Ⅰ屏启动失灵出口压板。

⑧退出#1 主变Ⅰ屏启动失灵投入压板。

⑧退出#1 主变Ⅰ屏"解除复压闭锁"启动失灵压板。

⑧退出#1 主变Ⅱ屏跳 500 压板。

⑧退出#1 主变Ⅱ屏跳 300 压板。

⑧退出#1 主变Ⅱ屏启动失灵出口压板。

⑧退出#1 主变Ⅱ屏启动失灵投入压板。

⑧退出#1 主变Ⅱ屏"解除复压闭锁"启动失灵压板。

⑧将#1 主变冷却器电源由"试验"切至"停用"位置。

⑨将#1 主变冷却器全停跳闸转换开关切至"退出"位置。

⑨汇报调度。

⑨将#1 主变 5X16 中性点隔离开关遥控开关切至"就地"位置。

⑨拉开#1 主变 5X16 中性点隔离开关。

⑨检查#1 主变 5X16 中性点隔离开关已拉开。

⑨拉开 5X16 中性点隔离开关电机、控制电源快分开关。

⑨将#1 主变 6X16 中性点隔离开关遥控开关切至"就地"位置。

⑨拉开#1 主变 6X16 中性点隔离开关。

⑨检查#1 主变 6X16 中性点隔离开关已拉开。

⑨拉开 6X16 中性点隔离开关电机控制电源快分开关。

⑩▲在#1 主变 10 kV 侧避雷器引线上验明确无电压。

⑩在#1 主变 10 kV 侧避雷器引线上装设接地线。

⑩▲在#1 主变 110 kV 侧套管引线上验明确无电压。

⑩在#1 主变 110 kV 侧套管引线上装设接地线。

⑩▲在#1 主变 220 kV 侧套管引线上验明确无电压。

⑩在#1 主变 220 kV 侧套管引线上装设接地线。

⑩▲在 510 断路器与 5103 隔离开关之间验明确无电压。

⑩合上 5103-2 接地刀闸。

⑩检查 5103-2 接地刀闸已合上。

⑩▲在 510 断路器与 5102 隔离开关之间验明确无电压。

⑩合上 5102-1 接地刀闸。

⑪检查 5102-1 接地刀闸已合上。

⑫▲在 610 断路器与 6103 隔离开关之间验明确无电压。

⑬合上 6103-2 接地刀闸。

⑭检查 6103-2 接地刀闸已合上。

⑮▲在 610 断路器与 6102 隔离开关之间验明确无电压。

⑯合上 6102-1 接地刀闸。

⑰检查 6102-1 接地刀闸已合上。

⑱退出#1 主变Ⅰ屏非电量跳 610Ⅰ出口压板。

⑲退出#1 主变Ⅰ屏非电量跳 610Ⅱ出口压板。

⑳退出#1 主变Ⅰ屏非电量跳 510。

㉑退出#1 主变Ⅰ屏非电量跳 310。

㉒退出#1 主变Ⅰ屏非电量跳 320 出口压板。

㉓退出#1 主变Ⅰ屏跳 610Ⅰ出口压板。

㉔退出#1 主变Ⅰ屏跳 510 出口压板。

㉕退出#1 主变Ⅰ屏跳 310 出口压板。

㉖退出#1 主变Ⅰ屏跳 320 出口压板。

㉗退出#1 主变Ⅱ屏跳 610Ⅱ出口压板。

㉘退出#1 主变Ⅱ屏跳 510 出口压板。

㉙退出#1 主变Ⅱ屏跳 310 出口压板。

㉚退出#1 主变Ⅱ屏跳 320 出口压板。

㉛拉开 610 操作电源Ⅰ快分开关。

㉜拉开 610 操作电源Ⅱ快分开关。

㉝拉开 510 操作电源快分开关。

㉞汇报调度。

2. 操作任务 2:#1 主变 610、510、310、320 断路器由检修转运行,10 kV 母联 300 断路器由运行转热备用,#1 主变由检修转运行

①合上 610 操作电源Ⅰ快分开关。

②合上 610 操作电源Ⅱ快分开关。

③合上 510 操作电源快分开关。

④拆除#1 主变 10 kV 侧避雷器引线上接地线。

⑤拆除#1 主变 110 kV 侧套管引线上接地线。

⑥拆除#1 主变 220 kV 侧套管引线上接地线。

⑦拉开#1 主变 5103-2 接地刀闸。

⑧▲检查#1 主变 5103-2 接地刀闸已拉开。

⑨拉开#1 主变 5102-1 接地刀闸。

⑩▲检查#1 主变 5102-1 接地刀闸已拉开。

⑪拉开#1 主变 6103-2 接地刀闸。

⑫▲检查#1 主变 6103-2 接地刀闸已拉开。

⑬拉开#1 主变 6102-1 接地刀闸。

⑭▲检查#1 主变 6102-1 接地刀闸已拉开。

⑮▲检查#1 主变间隔无短路接地点。

⑯▲检查 310、320、610、510 间隔无短路接地点。

⑰合上 16X16 中性点接地刀闸控制、电机电源快分开关。

⑱将 6X16 中性点接地刀闸远近控切至"远控"位置。

⑲合上#1 主变 6X16 中性点接地刀闸。

⑳检查#1 主变 6X16 中性点接地刀闸已合上。

㉑合上 5X16 中性点接地刀闸控制、电机电源快分开关。

㉒将 5X16 中性点接地刀闸远近控切至"远控"位置。

㉓合上#1 主变 5X16 中性点接地刀闸。

㉔检查#1 主变 5X16 中性点接地刀闸已合上。

㉕检查#1 主变Ⅰ屏保护装置无异常。

㉖投入#1 主变Ⅰ屏非电量跳 610Ⅰ出口压板。

㉗投入#1 主变Ⅰ屏非电量跳 610Ⅱ出口压板。

㉘投入#1 主变Ⅰ屏非电量跳 510 出口压板。

㉙投入#1 主变Ⅰ屏非电量跳 310 出口压板。

㉚投入#1 主变Ⅰ屏非电量跳 320 出口压板。

㉛投入#1 主变Ⅰ屏跳 610 出口压板。

㉜投入#1 主变Ⅰ屏跳 510 出口压板。

㉝投入#1 主变Ⅰ屏跳 310 出口压板。

㉞投入#1 主变Ⅰ屏跳 320 出口压板。

㉟检查#1 主变Ⅱ屏保护装置无异常。

㊱投入#1 主变Ⅱ屏跳 610Ⅱ出口压板。

㊲投入#1 主变Ⅱ屏跳 510 出口压板。

㊳投入#1 主变Ⅱ屏跳 310 出口压板。

㊴投入#1 主变Ⅱ屏跳 320 出口压板。

㊵检查 110 kV 母差保护装置无异常。

㊶投入 110 kV 母差屏跳 510 压板。

㊷检查 220 kV 母差Ⅰ屏保护装置无异常。

㊸投入 220 kV 母差Ⅰ屏跳 610Ⅰ压板。

㊹检查 220 kV 母差Ⅱ屏保护装置无异常。

㊺投入220 kV母差Ⅱ屏跳610Ⅱ压板。
㊻检查220 kV失灵保护保护装置无异常。
㊼投入220 kV失灵保护610跳闸出口Ⅰ压板。
㊽投入220 kV失灵保护610跳闸出口Ⅱ压板。
㊾检查#1主变Ⅰ屏保护装置无异常。
㊿投入#1主变Ⅰ屏跳500压板。
(51)投入#1主变Ⅰ屏启动失灵出口压板。
(52)投入#1主变Ⅰ屏启动失灵投入压板。
(53)投入#1主变Ⅰ屏“解除复压闭锁”启动失灵压板。
(54)检查#1主变Ⅱ屏保护装置无异常。
(55)投入#1主变Ⅱ屏跳500压板。
(56)投入#1主变Ⅱ屏启动失灵出口压板。
(57)投入#1主变Ⅱ屏启动失灵投入压板。
(58)投入#1主变Ⅱ屏“解除复压闭锁”启动失灵压板。
(59)将#1主变冷却器电源由“停用”切至“试验”位置。
(60)检查610断路器遥控开关在近控。
(61)检查510断路器遥控开关在近控。
(62)▲检查610断路器三相电流、遥信位置指示在分位。
(63)▲检查610断路器机械指示在分位。
(64)合上6101隔离开关控制电源。
(65)合上6101隔离开关。
(66)检查6101隔离开关已合上。
(67)拉开6101隔离开关控制电源。
(68)合上6103隔离开关控制电源。
(69)合上6103隔离开关。
(70)检查6103隔离开关已合上。
(71)拉开6103隔离开关操作电源。
(72)检查610间隔二次回路切换正常。
(73)▲检查510断路器三相电流、遥信位置指示在分位。
(74)▲检查510断路器机械指示在分位。
(75)合上5101隔离开关控制电源。
(76)合上5101隔离开关。
(77)检查5101隔离开关已合上。
(78)拉开5101隔离开关控制电源。
(79)合上5103隔离开关控制电源。
(80)合上5103隔离开关。

㉛检查 5103 隔离开关已合上。

㉒拉开 5103 隔离开关控制电源。

㉓检查 510 间隔二次回路切换正常。

㉔将 610 断路器遥控开关切至远控。

㉕合上 610 断路器。

㉖检查 610 断路器三相电流、遥信位置指示在合位。

㉗检查 610 断路器机械指示在合位。

㉘检查#1 主变受电正常。

㉙将 510 断路器遥控开关切至远控。

⑨合上 510 断路器。

⑨检查 510 断路器三相电流、遥信位置指示在合位。

⑨检查 510 断路器机械指示在合位。

⑨检查 520 断路器负荷分配指示正确。

⑨检查#1 主变Ⅰ屏保护装置无异常。

⑨投入#1 主变Ⅰ屏跳 300 压板。

⑨检查#1 主变Ⅱ屏保护装置无异常。

⑨投入#1 主变Ⅱ屏跳 300 压板。

⑨拉开#2 主变中性点刀闸 5X26。

⑨检查#2 主变中性点刀闸 5X26 中性点接地刀闸已拉开。

⑩拉开#2 主变中性点刀闸 6X26 中性点接地刀闸。

⑩检查#2 主变中性点刀闸 6X26 中性点接地刀闸已拉开。

⑩将#1 主变冷却器切至自动位置。

⑩检查断路器 310 遥控开关已切至近控。

⑩检查断路器 320 遥控开关已切至近控。

⑩▲检查断路器 310 三相电流、遥信位置指示在分位。

⑩▲检查断路器 310 机械指示在分位。

⑩▲检查断路器 320 三相电流、遥信位置指示在分位。

⑩▲检查断路器 320 机械指示在分位。

⑩合上 3103 隔离开关控制电源。

⑩合上 3103 隔离开关。

⑪检查 3103 隔离开关已合上。

⑫拉开 3103 隔离开关控制电源。

⑬将 310 断路器小车推至试验位置。

⑭检查 310 断路器小车已推至试验位置。

⑮装上 310 断路器二次插把。

⑯合上 310 断路器控制电源快分开关。

⑪⑦合上 310 断路器储能电源快分开关。

⑪⑧将 310 断路器小车推至工作位置。

⑪⑨检查 310 断路器小车已推至工作位置。

⑫⓪将 320 断路器小车推至试验位置。

⑫①检查 320 断路器小车已推至试验位置。

⑫②装上 320 断路器二次插把。

⑫③合上 320 断路器控制电源快分开关。

⑫④合上 320 断路器储能电源快分开关。

⑫⑤将 320 断路器小车推至工作位置。

⑫⑥检查 320 断路器小车已推至工作位置。

⑫⑦将断路器 310 遥控开关切至远控。

⑫⑧合上 310 断路器。

⑫⑨检查 310 断路器三相电流、遥信位置指示在合位。

⑬⓪检查 310 断路器机械指示在合位。

⑬①检查 10 kV I 母电压指示正常。

⑬②将断路器 320 遥控开关切至远控。

⑬③合上 320 断路器。

⑬④检查 320 断路器三相电流、遥信位置指示在合位。

⑬⑤检查 320 断路器机械位置指示在合位。

⑬⑥检查 320、330 断路器负荷分配指示正确。

⑬⑦拉开 300 断路器。

⑬⑧检查 300 断路器三相电流、遥信位置指示在分位。

⑬⑨检查 300 断路器机械指示在分位。

⑭⓪检查 320、330 断路器负荷分配指示正确。

⑭①汇报调度。

【拓展提高】

①变压器停电时,应先停负荷侧,再停电源侧。当两侧或三侧均有电源时,应先停低压侧,后停高压侧。

②在变压器解列操作中,应将变压器中性点接地之后方能将变压器从系统中退出运行。其目的是避免在解列操作中出现断路器非同期动作或不对称开断,出现电容传递过电压或者失步工频过电压所造成的事故。

③变压器投入运行时,应选择继电保护完备、励磁涌流影响较小的一侧先送电。变压器送电时,应先从电源侧充电,再送至负荷侧。当两侧或三侧均有电源时,应先从高压侧充电,再送至低压侧,并按照继电保护的要求调整变压器的中性点接地方式。

任务 3.4 变电站互感器停、送电操作

【教学目标】

知识目标:1.熟悉变电站 220 kV、110 kV、10 kV I 母电压互感器停、送电操作前的运行方式。

2.掌握 220 kV、110 kV、10 kV I 母电压互感器停、送电操作的基本原则及要求;220 kV、110 kV、10 kV I 母电压互感器停、送电操作票的正确填写。

3.掌握变电仿真系统 220 kV、110 kV、10 kV I 母电压互感器的倒闸操作流程。

能力目标:1.能说出变电站 220 kV、110 kV、10 kV I 母电压互感器停、送电操作前的运行方式。

2.能正确填写变电站 220 kV、110 kV、10 kV I 母电压互感器停、送电操作的倒闸操作票。

3.能在仿真机上熟练进行 220 kV、110 kV、10 kV I 母电压互感器的倒闸操作。

态度目标:1.能主动学习,在完成任务过程中发现问题、分析问题和解决问题。

2.能严格遵守相关规程及规章制度,与小组成员协商、交流配合,按标准化作业流程完成学习任务。

【任务描述】

互感器包括电流互感器和电压互感器,是一次系统和二次系统之间的联络元件,将一次侧的高压、大电流变成二次侧标准的低电压($100\ V$ 或 $100/\sqrt{3}\ V$)和小电流($5\ A$ 或 $1\ A$),向二次电路提供交流电源,以正确反映一次系统的正常运行和故障情况。

220 kV 系统双母线运行,#1 主变 610 断路器上 220 kV I 母;#2 主变 620 断路器上 220 kV II 母;I、II 母线经母联 600 并列运行。

110 kV 系统双母线运行,#1 主变 510 断路器上 110 kV I 母;#2 主变 520 断路器上 110 kV II 母;I、II 母线经母联 500 并列运行。

10 kV 系统,#1 主变经#1 分裂电抗器分别由 310 断路器送 10 kV I 段母线;由 320 断路

器送 10 kV Ⅱ 段母线;#2 主变经#2 分裂电抗器分别由 330 断路器供 10 kV Ⅲ 段母线,由 340 断路器供 10 kV Ⅳ 段母线;10 kV Ⅱ 段与 10 kV Ⅲ 段之间的 300 分段断路器分闸。10 kV 并联电容器投入和退出根据调度命令进行。

下面介绍互感器由运行转检修及由检修转运行的停、送电操作。

【任务准备】

课前预习相关知识部分。根据系统运行方式,制订电压互感器停、送电操作票,并回答下列问题。

1.电压互感器停、送电操作的原则是什么?

2.220 kV、110 kV 电压互感器操作时的注意事项?

3.10 kV 电压互感器操作时的注意事项有哪些?

【相关知识】

1.电压互感器操作原则

①对于双母线或单母线分段接线,两组电压互感器各接在相应的母线上运行,在正常情况下二次不并列。任一组母线电压互感器停电,因其线路保护的交流电压取自线路所接的母线电压互感器,在二次切换后,应将双母线改为简易单母线(即母联或分段断路器改非自动);二次不能切换的,母线电压互感器停用时,其所在母线要陪停。

②两组电压互感器二次并列时,必须先并 1 次,后并 2 次,以防止电压互感器二次对一次进行反充电,造成二次熔丝熔断或空气开关跳闸。

③只有一组电压互感器的母线,一般情况下电压互感器和母线同时进行停、送电;若单独停用电压互感器时,应考虑继电保护及自动装置的变动。

④在 10 kV 系统中,用隔离开关小车投、退电压互感器的操作,应在本侧电压系统无接地故障及电压互感器无异常情况下进行,同时应考虑 10 kV 备自投装置、10 kV 低周低压减载装置及低电压保护的退投。

⑤当 10 kV 系统电压互感器二次电压不对称时,在未判明确系电压互感器的高压保险熔断前,不得进行电压互感器小车的带电操作。

2.电压互感器操作注意事项

①两组电压互感器二次电压回路并列时,对电压并列回路是经母联或分段断路器回路运行启动的,母联或分段断路器应改为非自动,且微机型母线差动保护应改为互联或单母线运行方式。

②若两组电压互感器二次电压回路不能并列时,对于将失去电压闭锁的微机型母线差

动保护,仍可继续运行,但此时不得在母线差动保护二次回路上工作。

③为防止反充电,母线电压互感器由运行转冷备用时,必须先断开该电压互感器的所有二次电压空气开关;电压互感由冷备用转运行时,必须先合上高压隔离开关,再合上该电压互感器的所有二次电压空气开关。

【任务实施】

一、实施依据

①正确填写电压互感器由运行转检修的倒闸操作步骤;并结合《电业安全工作规程》、各级《调度规程》和其他的有关规定进行倒闸操作。

②操作将电压互感器退出时,应先拉开二次快分开关,再拉一次隔离开关。投入时顺序相反。

③电压互感器操作应在良好状态下进行。母线停、送电时的电压互感器投、退应在有电压的情况下操作。

二、需要进行的相关操作

①一组母线上的电压互感器转检修,二次负荷由另一组母线的电压互感器供电的操作。

a. 切换前,应退出可能因二次交流失压而误动的保护和自动装置,切换正常后,方可投入。

b. 由"BK"切换二次回路,应先将电压互感器一次并列(该电压等级的母联断路器在合上位置),再投入切换开关"BK",检查电压切换指示灯亮,两组母线的三相电压表一致,然后,再按停用电压互感器的要求,退出待停的电压互感器,恢复时应按顺序投入电压互感器,检查电压正常后,方可断开"BK"电压切换开关。

c. 正常运行方式下,二次交流电压切换开关"BK"必须在断开位置。

②如果 10 kV I 段母线电压互感器检修,但 10 kV I 段母线并不检修,为了避免保护误动作,需要将#1 主变 10 kV 侧复合电压启动连接片解除,投入#1 主变 10 kV 侧复合电压短接连接片,解除电容器低电压保护跳闸连接片。

③10 kV I 母线电压互感器由运行转检修,为了避免保护误动作,将#1 主变 10 kV 侧复合电压启动连接片解除,投入#1 主变 10 kV 侧复合电压短接连接片,同时将电容#1 低电压保护跳闸连接片解除,挂接地线做安全措施,10 kV I 母线电压互感器由检修转运行时,必须

拆除接地线,将保护压板恢复正常运行状态。

④正常运行时,10 kV Ⅰ母线和Ⅱ母线各自所带的电压互感器二次侧未并列。

⑤风险辨识与预控措施。

a.防止带电合接地刀闸:合接地刀闸前应验明三相确无电压。

b.防止带接地刀闸送电:合隔离开关前检查接地刀闸已拉开,间隔无短路接地。

c.严禁随意使用万能钥匙解锁和越项操作。

三、任务实施

1.操作任务 1 :220 kV Ⅰ 母 6×14TV 由运行转检修

①将 220 kV Ⅰ 母电压互感器与 220 kV Ⅱ 母电压互感器二次电压联络开关切至"并列"位置。

②检查 220 kV Ⅰ 、Ⅱ 母电压指示正确。

③拉开 220 kV Ⅰ 母电压互感器二次侧全部快分开关。

④合上 6X14 电机电源、控制电源快分开关。

⑤拉开 6X14 隔离开关。

⑥检查 6X14 隔离开关已拉开。

⑦拉开 6X14 电机电源、控制电源快分开关。

⑧▲6X14 隔离开关与 220 kV Ⅰ 母电压互感器间验明三相确无电压。

⑨合上 6X14-1 接地刀闸。

⑩检查 6X14-1 接地刀闸已合上。

⑪汇报调度。

2.操作任务 2 :220 kV Ⅰ 母 6X14TV 由检修转运行

①拉开 6X14-1 接地刀闸。

②▲检查 6X14-1 接地刀闸已拉开。

③▲检查 6X14TV 间隔无短路接地点。

④合上 6X14 电机电源、控制电源快分开关。

⑤合上 6X14 隔离开关。

⑥检查 6X14 隔离开关已合上。

⑦拉开 6X14 电机电源、控制电源快分开关。

⑧合上 6X14TV 二次侧全部快分开关。

⑨将 220 kV Ⅰ 母电压互感器与 220 kV Ⅱ 母电压互感器二次电压联络开关切至"解列"位置。

⑩检查 220 kV Ⅰ 、Ⅱ 母电压指示正确。

⑪汇报调度。

3.操作任务3:110 kVⅠ母5×14TV 由运行转检修

①将110 kVⅠ母电压互感器与110 kVⅡ母电压互感器二次电压联络开关切至"并列"位置。

②检查110 kVⅠ、Ⅱ母电压指示正确。

③拉开5X14TV 二次侧全部快分开关。

④合上5X14 电机电源、控制电源快分开关。

⑤拉开5X14 隔离开关。

⑥检查5X14 隔离开关已拉开。

⑦拉开5X14 电机电源、控制电源快分开关。

⑧▲在5X14 隔离开关与110 kVⅠ母电压互感器间验明三相确无电压。

⑨合上5X14-1 接地刀闸。

⑩检查5X14-1 接地刀闸已合上。

⑪汇报调度

4.操作任务4:110 kVⅠ母5X14TV 由检修转运行

①拉开5X14-1 接地刀闸。

②▲检查5X14-1 接地刀闸已拉开。

③▲检查110 kVⅠ母电压互感器间隔无短路接地点。

④合上5X14 电机电源、控制电源快分开关。

⑤合上5X14 隔离开关。

⑥检查5X14 隔离开关已合上。

⑦拉开5X14 电机电源、控制电源快分开关。

⑧合上5X14TV 二次侧全部快分开关。

⑨将110 kVⅠ母电压互感器与110 kVⅡ母电压互感器二次电压联络开关切至"解列"位置。

⑩检查110 kVⅠ、Ⅱ母电压指示正确。

⑪汇报调度。

5.操作任务5:10 kVⅠ段3X14TV 由运行转检修

①将10 kVⅠ段母线电压互感器与10 kVⅡ段母线电压互感器二次电压联络开关切至"并列"位置。

②检查10 kVⅠ、Ⅱ母电压指示正确。

③拉开3X14TV 二次侧全部快分开关。

④将3X14 隔离开关小车拉至"试验"位置。

⑤检查3X14 隔离开关小车已拉至"试验"位置。

⑥取下3X14 隔离开关小车二次插把。

⑦将3X14 隔离开关小车拉至"检修"位置。

⑧检查3X14 隔离开关小车柜内隔离挡板已可靠封闭。

⑨汇报调度。

6. 操作任务 6：10 kV Ⅰ 段 3X14TV 由检修转运行

①将 3X14 隔离开关小车推至"试验"位置。

②检查 3X14 隔离开关小车已推至"试验"位置。

③装上 3X14 隔离开关小车二次插把。

④将 3X14 隔离开关小车推至"工作"位置。

⑤检查 3X14 隔离开关小车已推至"工作"位置。

⑥合上 3X14TV 二次侧全部快分开关。

⑦将 10 kV Ⅰ 段母线电压互感器与 10 kV Ⅱ 段母线电压互感器二次电压联络开关切至"解列"位置。

⑧检查 10 kV Ⅰ、Ⅱ 母电压指示正确。

⑨汇报调度。

【拓展提高】

电压互感器操作要求如下：允许利用隔离开关拉、合无接地指示的电压互感器。大修或新更换的电压互感器（含二次回路变动）在投入运行前应核相。

对于双母线接线或单母线分段接线，如一台电压互感器停用，其操作顺序如下：

①二次能并列时。

a. 先并列两组电压互感器一次侧或确认一次侧已并列。

b. 将母线差动保护改为"单母方式"或"互联方式"。

c. 将母联或分段断路器改为非自动。

d. 检查电压并列装置正常后，将其切换至"TV 并列"位置，此时相应的指示灯和光子信号发出。

e. 断开需停用电压互感器的所有二次电压空气开关（或取下熔断器）。

f. 拉开高压隔离开关（或取下熔断器）。

②二次不能并列时。

a. 先停用电压互感器所带的保护及自动装置。

b. 断开该电压互感器的所有二次电压空气开关（或取下熔断器）。

c. 拉开高压隔离开关（或取下熔断器）。

电压互感器恢复送电操作顺序反之。

③为防止反充电，母线电压互感器由检修转运行时，需先合上高压侧隔离开关，再合上该电压互感器所有二次侧自动空气开关。

任务 3.5　变电站补偿装置停、送电操作

【教学目标】

知识目标:1.熟悉变电站 10 kV #1 电容器组停、送电操作前的运行方式。

2.掌握 10 kV #1 电容器组停、送电操作的基本原则及要求;10 kV #1 电容器组停、送电操作票的正确填写。

3.掌握变电仿真系统 10 kV #1 电容器组的倒闸操作流程。

能力目标:1.能说出变电站 10 kV #1 电容器组停、送电操作前的运行方式。

2.能正确填写变电站 10 kV #1 电容器组停、送电操作的倒闸操作票。

3.能在仿真机上熟练进行 10 kV #1 电容器组的停、送电倒闸操作。

态度目标:1.能主动学习,在完成任务过程中发现问题,分析问题和解决问题。

2.能严格遵守相关规程及规章制度,与小组成员协商、交流配合,按标准化作业流程完成学习任务。

【任务描述】

变电站无功补偿装置主要是电容器。电网通过无功补偿装置的投、退可以实现无功功率的动态平衡和电压的调整与控制。下面介绍电容器由运行转检修、由检修转运行时的停、送电操作。

【任务准备】

课前预习相关知识部分。根据系统运行方式,制订无功补偿装置的停、送电操作票,并回答下列问题。

1.无功补偿装置停、送电操作的原则是什么?

2.无功补偿装置操作时的注意事项是什么?

【相关知识】

1. 低压电容器、电抗器的操作原则

①停电时,先断开断路器,后拉开元件侧隔离开关,再拉开母线侧隔离开关。

②送电时,先合上母线侧隔离开关,后合上元件侧隔离开关,最后合上断路器。

③严禁空母线带电容器运行。

2. 电网调度对低压电容、电抗器操作的规定

①各变电站内的低压电容器、电抗器的操作由其调管的电网调度进行下令或许可进行操作。

②电网调度利用投切电容器、电抗器来进行系统电压调整时,由电网调度下达综合指令进行操作。变电站现场运行值班人员可根据本站电压曲线向网调提出电容器、电抗器的操作申请,经许可后进行操作,操作结束后应向电网调度汇报。

③投切低压电容器、电抗器必须用断路器进行操作。

④低压电容器、电抗器的操作只涉及本变电站,所以,调度对低压补偿装置的操作指令以综合命令下达。

3. 系统正常运行方式

10 kV I 母线、II 母线上均有并联补偿装置。补偿装置为电容器组与电抗器的串联,其中电容器组为星形接线。

【任务实施】

一、实施依据

根据倒闸操作的基本原则及一般程序,填写 10 kV #1 电容器由运行转检修的倒闸操作步骤;结合《电业安全工作规程》、各级《调度规程》和其他的有关规定进行倒闸操作。

二、相关操作

1. 无功补偿装置停电操作

①将并联电容器或并联电抗器断路器的远、近控遥控开关切至"近控"位置。

②拉开并联电容器或并联电抗器断路器。

③将断路器小车拉出至"试验"位置。或根据工作需要或检修要求将断路器小车拉出至"检修"位置。

④根据工作需要或检修要求设置安全措施(断开控制和信号电源,退出联跳保护)。

⑤电容器组检修时,由于电容器组采用的是星形接线,故接地点可选在中性点,挂一个地线即可。

2. 无功补偿装置送电操作

①拆除所做全部安全措施,检查设备具备受电条件。

②检查并联电容器或并联电抗器断路器的远、近控开关切至"近控"位置。

③检查小车断路器在"试验"位置,插上小车断路器二次电源插把,合上控制电源和储能电源。

④根据调度命令投入保护。

⑤将小车断路器推入至"运行"位置,合上小车断路器送电(根据调度命令要求)。

⑥检查设备送电正常。

⑦将并联电容器或并联电抗器断路器的远、近控开关切至"远控"位置。

3. 风险辨识与预控措施

①防止带电拉出断路器小车:拉断路器小车前检查相应的断路器确在断开位置。

②防止带电合接地刀闸及装设接地线:合接地刀闸前验明三相确无电压。

③防止带接地线及接地刀闸送电:送电前检查间隔无任何接地短路点。

④防止带负荷推入断路器小车:推断路器小车前检查相应的断路器在断开位置。

三、任务实施

#1 电容器组经 301 断路器接到 10 kV I 段母线上运行,在检修 10 kV #1 电容器组时,需操作 301 断路器。

1. 操作任务 1:10 kV I 段#1 电容器 301 断路器由运行转冷备用,#1 电容器由运行转检修

①拉开 301 断路器。

②▲检查 301 断路器电气指示在分位。

③▲检查 301 断路器机械指示在分位。

④将 301 断路器遥控开关切至"就地"位置。

⑤将 301 断路器小车拉至试验位置。

⑥检查 301 断路器小车已拉至试验位置。

⑦拉开 3013 隔离开关。

⑧检查 3013 隔离开关已拉开。

⑨▲在301电缆头靠#1电容器侧验明三相确无电压。

⑩合上301-1接地刀闸。

⑪检查301-1接地刀闸已合上。

⑫拉开301断路器储能电源快分开关。

⑬拉开301断路器控制电源快分开关。

⑭汇报调度。

2.操作任务2:10 kV Ⅰ段#1电容组301断路器由冷备用转运行,#1电容器由检修转运行

①合上301断路器储能电源快分开关。

②合上301断路器控制电源快分开关。

③拉开301-1接地刀闸。

④▲检查301-1接地刀闸已拉开。

⑤▲检查#1电容器间隔无短路接地点。

⑥▲检查301断路器电气指示在分位。

⑦▲检查301断路器机械指示在分位。

⑧检查301断路器遥控开关在"就地"。

⑨将301断路器小车推至工作位置。

⑩检查301断路器小车已推至工作位置。

⑪将301断路器遥控开关切至"远方"。

⑫合上301断路器。

⑬检查301断路器电气指示在合位。

⑭检查301断路器机械指示在合位。

⑮检查#1电容器受电正常。

⑯汇报调度。

【拓展提高】

①电容器的投退操作必须根据调度指令,并结合电网的电压及无功功率情况进行操作。

②有电容器组运行的母线停电操作时,应先停运电容器组,再停运母线上的其他元件。有电容器组运行的母线投运时,先投运母线上的其他原件,最后投运电容器组。

③无失压保护的电容器组,母线失压后应立即断开电容器组的断路器。

④电容器停用时应经放电线圈充分放电后才可合接地开关,其放电时间不得少于5 min。

⑤电容器送电操作过程中,如果断路器没合好,应立即断开断路器,间隔3 min后,再将电容器投入运行,以防止出现操作过电压。

项目 3 习题

任务 3.1　变电站线路停、送电操作

一、判断题

3.1.1　隔离开关不仅用来倒闸操作,还可以切断负荷电流。　　　　　　　　(　　)

3.1.2　在操作中经调度及值长同意,方可穿插口头命令的操作项目。　　　　(　　)

3.1.3　接到工作票后,值班长指定工作许可人审核工作票并填写工作许可人栏内的内容。　　　　　　　　　　　　　　　　　　　　　　　　　　　　　(　　)

3.1.4　操作小车断路器前,应检查相应回路断路器是否在分闸位置。　　　　(　　)

3.1.5　断路器合闸前,必须检查有关继电保护已恢复至停电前状态。　　　　(　　)

3.1.6　停电操作时,先停一次设备,后停保护、自动装置;送电操作时,先投用保护、自动装置,后投入一次设备。　　　　　　　　　　　　　　　　　　　(　　)

二、选择题

3.1.7　操作人、监护人必须明确操作目的、任务、作业性质、停电范围和(　　),做好倒闸操作准备。

A. 操作顺序　　　　　　　B. 操作项目　　　　　　　C. 时间　　　　　　　D. 带电部位

3.1.8　隔离开关可拉开(　　)的空载线路。

A. 5.5 A　　　　　　　B. 电容电流不超过 5 A　　C. 5.4 A　　　　　　　D. 2 A

3.1.9　线路停电时,必须按照(　　)的顺序操作,送电时相反。

A. 断路器、负荷侧隔离开关;母线侧隔离开关

B. 断路器、母线侧隔离开关;负荷侧隔离开关

C. 负荷侧隔离开关、母线侧隔离开关、断路器

D. 母线侧隔离开关;负荷侧隔离开关、断路器

三、问答题

3.1.10　线路停电的操作顺序是怎样规定的? 为什么?

3.1.11　隔离开关允许进行哪些操作?

四、操作题

3.1.12　请在仿真机上完成 10 kV 电校Ⅰ回 316 断路器及线路由运行转检修操作。

3.1.13　请在仿真机上完成 10 kV 电校Ⅰ回 316 断路器及线路由检修转运行操作。

3.1.14　请在仿真机上完成 110 kV 杨玻线 512 断路器及线路由运行转检修操作。

3.1.15　请在仿真机上完成 110 kV 杨玻线 512 断路器及线路由检修转运行操作。

任务 3.2　变电站母线停、送电操作

一、判断题

3.2.1　母线又称汇流排,其作用为汇集、分配和传送电能。　　　　　（　　）

3.2.2　母线倒闸操作又称倒母线:是指双母线接线方式的变电站(开关站),将一组母线上的部分或全部开关倒换到另一组母线上运行或冷备用的操作。　　　（　　）

3.2.3　通常在一条母线停电检修或恢复运行时需要进行倒母线的操作。　（　　）

3.2.4　在双母线接线方式的倒母线操作过程中,在母联开关合闸确认两条母线在并列运行的情况下,必须拉开母联开关的控制电源,防止母联开关误跳闸,造成带负荷拉(合)隔离开关。　　　　　　　　　　　　　　　　　　　　　　　（　　）

3.2.5　用变压器向 110 kV 母线充电时,该变压器 110 kV 中性点不需接地。　（　　）

3.2.6　用断路器向母线充电前,应将母线电压互感器(充空母线发生谐振的除外)、避雷器、站用变压器等先投入。　　　　　　　　　　　　　　　　　（　　）

3.2.7　对重要的 220 kV 及以上电压等级的母线都应当实现双重化,配置两套母线保护。　　　　　　　　　　　　　　　　　　　　　　　　　　　　（　　）

3.2.8　拉开母联断路器前无须检查母联断路器三相电源指示为零。　　（　　）

3.2.9　在进行母线复电操作中,对母线进行充电前,应投入母线充电保护;母线充电完毕后,应立即退出母线充电保护。　　　　　　　　　　　　　　　　（　　）

二、选择题

3.2.10　母线的接线方式种类很多,(　　)不属于母线接线方式。

A.单母线接线　　　　　B.双母线接线　　　　　C.3/2 接线　　　　　D.桥型接线

3.2.11　倒母线操作,应按规定投退和转换有关线路继电保护及母差保护、互联压板,倒母线前应断开(　　)的控制电源。

A.母联断路器　　　　　B.母差保护　　　　　C.隔离开关　　　　　D.继电保护

3.2.12　双母接线方式下不停电倒母线,(　　)投入"互联压板"。

A.需要　　　　　　　　B.不需要

3.2.13　如(　　)母线检修转运行,倒母线时先合 110 kV Ⅱ 母线侧隔离开关,后拉 110 kV Ⅰ 母线侧隔离开关。

A.110 kV Ⅰ　　　　　　B.110 kV Ⅱ

3.2.14　220 kV 带专用旁路的,出线、(　　)均应悬挂"禁止合闸,线路有人工作"标示牌,并填入操作票。

A.进线　　　　　　　　B.电源　　　　　　　　C.旁路隔离开关　　D.互感器

3.2.15　220 kV 母线送电,不需投入(　　)。

A.母联断路器全套保护　B.分段断路器全套保护　C.母联压板　　　　D.充电保护

3.2.16 220 kV 母线倒负荷时,母联断路器在( )。

A. 合位   B. 分位

三、问答题

3.2.17 哪些情况需要母线倒闸操作?

3.2.18 母线倒闸操作的一般原则是什么?

3.2.19 用母联断路器并列应如何操作?

3.2.20 220 kV 母线由检修转运行应注意什么?

3.2.21 TV 隔离开关和母联开关的操作顺序是什么?

3.2.22 母线充电的操作原则是什么?

3.2.23 单母线接线的 10 kV 系统发生单相接地后,经逐条线路试停电查找,接地现象仍不消失是什么原因?

3.2.24 倒停母线时拉母联断路器应注意什么?

四、操作题

3.2.25 请在仿真机上完成 10 kV Ⅱ 段母线由运行转检修的操作。

3.2.26 请在仿真机上完成 10 kV Ⅱ 段母线由检修转运行的操作。

3.2.27 请在仿真机上完成 110 kV Ⅱ 段母线由运行转检修的操作。

3.2.28 请在仿真机上完成 110 kV Ⅱ 段母线由检修转运行的操作。

3.2.29 请在仿真机上完成 220 kV Ⅱ 段母线由运行转检修的操作。

3.2.30 请在仿真机上完成 220 kV Ⅱ 段母线由检修转运行的操作。

任务 3.3   变电站变压器停、送电操作

一、判断题

3.3.1 隔离开关可以拉合主变压器中性点。   ( )

3.3.2 变压器在空载时,一次绕组中没有电流流过。   ( )

3.3.3 变压器铁芯可以多点接地。   ( )

3.3.4 变压器中性点接地属于工作接地。   ( )

3.3.5 给运行中变压器补油时,应先申请调度将重瓦斯保护改投信号后再许可工作。

                                ( )

3.3.6 变压器过负荷时应该投入全部冷却器。   ( )

3.3.7 新投运的变压器作冲击合闸实验,是为了检查变压器各侧主断路器能否承受操作过电压。   ( )

3.3.8 新投运的变压器作冲击试验为二次,其他情况为一次。   ( )

二、选择题

3.3.9 变压器新投运行前,应做( )次冲击合闸试验。

A5 B. 4 C. 3 D. 2

3.3.10 变压器的温升是指( )。

A. 一、二次绕组的温度之差

B. 绕组与上层油面温度之差

C. 变压器上层油温与变压器周围环境的温度之差

D. 绕组与变压器周围环境的温度之差

三、问答题

3.3.11 切换变压器中性点接地开关如何操作?

3.3.12 为什么变压器投运前必须进行冲击试验?冲击几次?

四、操作题

3.3.13 请在仿真机上完成#1 主变由运行转检修操作。

3.3.14 请在仿真机上完成#1 主变由检修转运行操作。

任务 3.4 变电站互感器停、送电操作

一、判断题

3.4.1 电压互感器的二次绕组匝数少,正常工作相当于空载的工作状态下。 ( )

3.4.2 电压互感器可以隔离高压,保证了测量人员和仪表及保护装置的安全。 ( )

3.4.3 电流互感器是用小电流反映大电流值,直接供给仪表和继电装置。 ( )

3.4.4 电流互感器可以把高电压与仪表和保护装置等二次设备隔开,保证了测量人员与仪表的安全。 ( )

3.4.5 电流互感器二次应接地。 ( )

3.4.6 电流互感器的二次开路不会对设备产生不良影响。 ( )

3.4.7 电流互感器和电压互感器的二次可以互相连接。 ( )

3.4.8 运行中的电流互感器一次最大负荷不得超过 1.2 倍额定电流。 ( )

3.4.9 电流互感器二次开路会引起铁芯发热。 ( )

3.4.10 电流互感器二次作业时,工作中必须有专人监护。 ( )

3.4.11 电压互感器隔离开关检修时,应取下二次侧熔断器,防止反充电造成高压触电。 ( )

二、选择题

3.4.12 倒闸操作中不得使停电的( )由二次侧反充电。

A 电流互感器 B. 阻波器 C. 电压互感器 D. 电抗器

3.4.13 电压互感器与电力变压器的区别是( )。

A. 电压互感器有铁芯、变压器无铁芯

B. 电压互感器无铁芯、变压器有铁芯

C. 电压互感器主要用于测量和保护、变压器用于连接两电压等级的电网

D. 变压器的额定电压比电压互感器高

3.4.14 运行中电压互感器高压侧熔断器熔断应立即( )。

A. 更换新的熔断器   B. 停止运行

C. 继续运行   D. 取下二次熔断器

三、问答题

3.4.15 停用电压互感器时应注意哪些问题?

四、操作题

3.4.16 在仿真机上完成 10 kV Ⅰ母线电压互感器由运行转检修的操作。

3.4.17 在仿真机上完成 10 kV Ⅰ母线电压互感器由检修转运行的操作。

任务 3.5 变电站补偿装置停、送电操作

一、判断题

3.5.1 串联电容器和并联电容器一样,可以提高功率因数。 ( )

3.5.2 电容器允许在 1.1 倍额定电压、1.3 倍额定电流下运行。 ( )

3.5.3 串联在线路上的补偿电容器是为了补偿无功。 ( )

3.5.4 在变压器中性点装设消弧线圈目的是补偿电网接地时电容电流。 ( )

二、选择题

3.5.5 有电容器组运行的母线停电操作时,应先停运( ),再停运母线上的其他元件。

A. 负载   B. 电源   C. 电容器组   D. 电感线圈

3.5.6 电容器停用时应经放电线圈充分放电后才可合接地开关,其放电时间不得少于( )min。

A. 3   B. 5   C. 10   D. 15

三、问答题

3.5.7 电力系统中的无功电源有几种?

3.5.8 新安装的电容器在投入运行前应检查哪些项目?

3.5.9 并联电抗器和串联电抗器各有什么作用?

3.5.10 电容器发生哪些情况时应立即退出运行?

四、操作题

3.5.11 在仿真机上完成#1 电容器组由运行转检修的操作。

3.5.12 在仿真机上完成#1 电容器组由检修转运行的操作。

项目 4 变电站电气设备异常处理

【项目描述】

变电站电气设备在运行中常常会发生各种类型的异常现象,应及时正确地加以处理,能够杜绝事故的发生,将事故造成的损失降到最低程度。变电站电气设备异常处理是变电站运行值班人员的一项重要的职责和技能,要求变电值班员具有良好的技术素质,熟悉变电站运行方式和各设备的结构、性能和工作原理、运行参数以及电气设备异常处理规程等专业知识和技术法规。本项目主要培养学生具备简单电气设备异常处理的能力,能针对变压器、断路器、隔离开关、二次回路等设备的某一异常进行正确处理。在项目任务的实施过程中,学生熟悉电气设备异常处理规程,熟悉电气设备异常处理的原则和流程,并掌握处理电气设备异常的一些方法和技巧。

【教学目标】

1. 能进行变压器异常处理。
2. 能进行高压断路器异常处理。
3. 能进行高压隔离开关异常处理。
4. 能进行电压、电流互感器异常处理。
5. 能进行电力电容器异常处理。
6. 能进行避雷器异常处理。
7. 能进行二次交流电压、电流回路异常处理。
8. 能进行直流回路异常处理。
9. 能进行中央信号回路异常处理。

【教学环境】

变电仿真实训室、变电设备模型室、多媒体课件、电气设备异常处理教学视频、变电站一次、二次接线图纸。

任务 4.1   变电站一次设备异常处理

【教学目标】

知识目标：1. 了解变电站一次设备正常运行时的运行情况。

2. 掌握变电站一次设备出现异常时的异常状态。

3. 掌握变电站一次设备异常处理的方法。

能力目标：1. 能收集变电站一次设备异常信息，并对信息进行处理。

2. 能正确分析变电站一次设备出现异常的原因，且找出异常点。

3. 能及时准确地处理好一次设备的异常，尽快恢复一次设备的正常运行。

态度目标：1. 具有爱岗敬业、勤奋工作、团结协作的职业道德风尚。

2. 能主动学习，在完成任务过程中发现问题、分析问题和解决问题。

3. 在严格遵守安全规范的前提下，能与小组成员协作共同完成本学习任务。

【任务描述】

变电站一次设备异常处理主要进行变压器、断路器、隔离开关、互感器、电容器、防雷设备等主要一次设备的异常处理，分 6 个子任务实施。

☞ 任务 4.1.1   变压器异常处理

【任务描述】

在已学习掌握了变压器的基本结构、工作原理、运行要求和工作特点的基础上，能够正确分析变压器出现各种异常的原因，且找出异常点，并按照规定的处理步骤及时正确地对变压器各种类型异常进行处理，尽快恢复变压器的正常运行。

【任务准备】

课前预习相关知识部分。根据杨高变电站#1、#2 主变的运行方式和运行状况,经讨论制订变压器出现异常后的处理步骤,并独立回答下列问题。

①#1、#2 主变并列运行的条件是什么?

②两台主变 220 kV 中性点接地如何规定? 为什么?

③变压器在全部冷却装置正常投入时,可以在什么情况下长期运行?

④变压器的瓦斯保护是做什么用的? 有哪两种?

【相关知识】

1. 变压器的正常运行规定

①在正常情况下,变压器不允许超过铭牌的额定值运行。

②变压器在全部冷却设备正常投入时,可以在额定负荷下长期运行。

2. 变压器的冷却装置

①变压器采用强油导向风冷式冷却系统,其冷却装置由冷却器本体、变压器油泵、变压器风扇、油流继电器、蝶阀、分控制箱组成,冷却控制系统包括冷却器控制系统和动力电源控制系统两部分。

②每台冷却器的运行状态有工作、辅助、备用、停止 4 种,在运行前应根据具体情况确定每台冷却器的运行状态,确定后,应将每台冷却器在总控制箱中用转换手柄转到所标志的位置。

【任务实施】

①变压器发生异常运行和事故时,值班员应按下列步骤进行处理。

a. 立即向当值调度汇报。

b. 详细记录异常或事故发生的时间、光字牌显示的信号、继电器动作情况和电流、电压及运行温度数据。在作好详细记录并得到值班长许可之前,暂不复归各种信号。

c. 根据信号和初步判断结果,立即到现场对设备进行检查,记录当时的温度和油位指示,根据现场检查结果进一步分析判断事故的性质。

d. 将检查结果向当值调度员详细汇报并向有关领导作汇报。

e. 在值班长的指挥下,按调度员的命令进行处理。

②当变压器着火时,运行人员应立即跳开主变三侧断路器及切断辅助设备电源,将着火

设备退出运行,并组织进行灭火。

③当变压器继电保护动作跳闸时,应迅速对设备进行认真巡视检查,及时汇报。在未查明原因前,不得将其投入运行。

④若变压器冷却器发生故障退出运行时,运行人员应立即汇报调度并查明原因,尽快恢复冷却器运行。若暂时不能恢复时,应立即向调度汇报,并加强对变压器的监视,特别是油温和负荷参数,当超过运行规定的要求时,运行人员应向调度报告,按调度命令将变压器退出运行。

⑤变压器出现异常时,运行人员应加强对设备的巡视和监视,同时向调度汇报。若变压器异常跳闸或告警时,运行人员除了从告警信号掌握情况外,还应从变压器相应的保护柜内根据信号继电器上掉牌情况了解具体是哪相设备故障。

【拓展提高】

变压器发生下列情况之一,应立即汇报调度,并按调度命令将设备退出运行。
①变压器内部有严重的异常声响。
②压力释放装置动作或向外喷油。
③变压器本体严重漏油且油位下降并低于油位指示器的最低指示限度(无法判断油位)。
④在正常情况下,油温异常升高。
⑤变压器过负荷运行超过 1.6 倍,而保护未动作。
⑥套管严重破损而不能继续运行。

☞ 任务 4.1.2 断路器异常处理

【任务描述】

在已学习掌握了断路器的基本结构、工作原理、运行要求和工作特点的基础上,能够正确分析各种 220、110、10 kV 断路器出现异常的原因,且找出异常点,并按照规定的处理步骤及时正确地对断路器各种类型异常进行处理,尽快恢复断路器的正常运行。

【任务准备】

课前预习相关知识部分。根据杨高变电站各种 220、110、10 kV 断路器的运行状况,经讨论制订断路器出现异常后的处理步骤,并独立回答下列问题。

　　1.断路器的作用是什么?其中 SF$_6$ 断路器的优缺点是什么?

　　2.高压断路器有什么基本要求?断路器的基本结构可分为哪几个部分?

　　3.简述真空断路器的灭弧原理。

　　4.断路器的操动机构有哪几种类型?常用的是什么类型?

【相关知识】

　　断路器正常运行的条件如下所述。

　　在电网运行中,高压断路器操作和动作较为频繁,为使断路器能安全可靠运行,保证其性能,必须做到以下几点。

　　①断路器工作条件必须符合制造厂规定的使用条件,如户内或户外、海拔高度、环境温度、相对湿度等。

　　②本体及基础架构固定牢靠,外表清洁完整,无锈蚀现象,铭牌、编号齐全、完好。

　　③三相瓷套完好无断裂、裂纹、损伤,瓷瓶表面清洁。

　　④在正常运行时,断路器的工作电流、最大工作电压和断流容量不得超过额定值。

　　⑤运行中的断路器及机构的接地应可靠,接触必须良好可靠,防止因接触部位过热而引起断路器事故。

　　⑥运行中与断路器相连接的汇流排,接触必须良好可靠,防止因接触部位过热而引起断路器事故。

　　⑦液压机构、气动机构无渗油、漏气现象,油箱油位、压力指示正确;弹簧机构储能正常且指示正确;机构箱内各种试验信号正确。

　　⑧真空灭弧室的真空度应符合产品的技术规定;SF$_6$ 气体压力表或密度表压力符合要求,密度继电器气体压力符合铭牌值;并联电阻、电容值应符合产品的技术规定。

　　⑨运行中断路器本体、相位油漆及分合闸机械指示等应完好无缺,机构箱及电缆孔洞使用耐火材料封堵,场地周围应清洁。

　　⑩断路器绝对不允许在带有工作电压时使用手动合闸,或手动就地操作按钮合闸,以避免合于故障时引起断路器爆炸和危及人身安全。

　　⑪为使断路器运行正常,在下述情况下,断路器严禁投入运行。

　　a.严禁将有拒跳或合闸不可靠的断路器投入运行。

　　b.严禁将严重缺油、漏气、漏油及绝缘介质不合格的断路器投入运行。

　　c.严禁将动作速度、同期、跳合闸时间不合格的断路器投入运行。

　　d.断路器合闸后,如果一相未合闸,应立即拉开断路器,查明原因,缺陷消除前,一般不可进行第二次合闸操作。

【任务实施】

1. SF$_6$断路器的常见故障及其处理

(1)SF$_6$断路器气体压力异常或本体严重漏气故障

可能的原因有密封面紧固螺栓松动;焊缝渗漏;压力表渗漏;瓷套管破损。相应处理方法是:紧固螺栓或更换密封件;补焊、刷漆;更换压力表;更换新瓷套管。若在运行中发现压力降低报警,应加强监视或闭锁断路器,不得操作该断路器,并及时汇报调度,申请维修部门及时处理。

(2)SF$_6$断路器本体绝缘不良,放电闪络故障

可能的原因有瓷套管严重污秽和瓷套管炸裂或绝缘不良。其处理方法是清理污秽及异物,更换合格瓷套管。

(3)SF$_6$断路器爆炸和气体外逸故障

SF$_6$断路器发生意外爆炸事故或严重漏气导致气体外逸时,值班人员接近设备需要谨慎,尽量选择从上风接近设备,并立即投入全部通风装置。在事故发生后15 min内,人员不准进入室内,在15 min后、4 h内,任何人进入室内时,都必须穿防护衣、戴防毒面具。若发生故障时有人被外逸气体侵袭,应立即清洗被侵袭部位后送医院治疗。

2. 真空断路器的常见故障及其处理

(1)真空断路器灭弧室真空度降低

真空断路器是利用真空的高介质强度灭弧。真空度必须保证在0.013 3 Pa以上,才能可靠地运行,若低于此真空度,则不能灭弧。由于现场测量真空度非常困难,因此,一般均以工频耐压试验合格为标准。正常巡视检查时要注意屏蔽罩的颜色有无异常变化,特别要注意断路器分闸时的弧光颜色,真空度正常情况下弧光呈微蓝色,真空度降低则变为橙红色,这时应及时更换真空灭弧室。造成真空断路器真空度降低的主要原因有下述几个方面。

①使用材料气密情况不良。

②金属波纹管密封质量不良。

③在调试过程中,行程超过波纹管的范围,或超程过大,受冲击力太大。

当真空灭弧室真空度降低到一定数值时将会影响其开断能力和耐压水平,因此必须定期检查真空灭弧管内的真空度是否满足要求。《断路器检修规程》规定,在大、小修时要测量真空断路器灭弧室的真空度。

(2)真空断路器灭弧室内有异常

真空断路器跳闸、真空泡破损,或检查断路器仍有电流指示,应穿绝缘鞋和戴好绝缘手套至现场检查设备。若真空确已损坏,应汇报调度,拉开断路器电源,将故障设备停电后方允许将故障设备退出运行,不允许直接拖出故障断路器手车。

（3）真空断路器接触电阻增大

真空断路器灭弧室的触头接触面在经过多次开断电流后会逐渐被电磨损，导致接触电阻增大，这对开断性能和导电性能都会产生不利影响，因此《断路器检修规程》规定要测量导电回路电阻。处理方法是：对接触电阻明显增大的，除要进行触头调节外，还应检测真空灭弧室的真空度，必要时更换相应的灭弧室。

（4）真空断路器拒动现象

在真空断路器检修和运行过程中，有时会出现不能正常合闸或分闸的现象，被称为拒动现象。当发生拒动现象时，首先要分析拒动的原因，然后针对拒动的原因进行处理。分析的基本思路是先找控制回路，若确定控制回路无异常，再在断路器方面查找；若断定故障确实出在断路器方面，再将断路器停电下来进行检修。

（5）真空断路器其他故障

①当真空断路器灭弧室发出"丝丝"声时，可判断为内部真空损坏，此时值班人员向上汇报申请停电处理。

②发现真空管发热变色时，应加强监视，并进行负荷转移及处理。

③当真空断路器开断短路电流达到额定次数时，应解除该断路器的重合闸压板。

3.断路器拒绝合闸故障的处理

发生"拒合"情况，基本上是在合闸操作和重合闸过程中。原因主要有两个，一是电气方面故障；二是机械方面故障。判断断路器"拒合"的原因及处理方法的一般步骤如下所述。

（1）判定是否由于故障线路保护后加速动作跳闸

判断依据：合闸操作时，有无短路电流引起的表计指示冲击摆动、电压表指示突然下降等。若有这些现象，应立即停止操作，汇报调度，听候处理。如果确定不是保护后加速动作跳闸，可用控制开关再重新合一次，以检查前一次拒合闸是否因操作不当引起的（如控制开关复位过快或未扭到位等）。

（2）检查电气回路各部位情况，以确定电气回路是否有故障

①检查直流电源是否正常、有无电压、电压是否合格、控制回路熔断器是否完好。

②检查合闸控制回路熔丝和合闸熔断器是否良好（通过监视信号灯）。

③检查合闸接触器的触点是否正常（如电磁操动机构）

④将控制开关调至"合闸"位置，看合闸铁芯是否动作。若合闸铁芯动作正常，则说明电气回路正常。

（3）检查确定机械方面是否故障

①检查操作把手触点、连线、端子处有无异常，操作把手与断路器是否联动。

②检查油断路器机构箱内辅助触点是否接触良好，连动机构是否起作用，电缆连接有无开脱断线的情况。

③检查断路器合闸机构是否有卡涩现象，连接杆是否有脱钩情况。

④检查液压机构油压是否低于额定值，合闸回路是否闭锁。

⑤检查弹簧储能机构合闸弹簧是否储能良好(检查牵引杆位置)和检查分闸连杆复归是否良好,分闸锁扣是否钩住。

上述问题调整处理后,可进行合闸送电。

(4)故障原因不明的处理

如果在短时间内不能查明故障原因,或者故障不能自行处理的,可以采取倒母线或旁路断路器代供的方法转移负荷。汇报上级派员检修故障断路器。

4.断路器拒绝跳闸故障的处理

(1)根据事故现象,可判别是否属断路器"拒跳"事故

"拒跳"故障的光字牌亮,信号掉牌显示保护动作,但该回路红灯仍亮,而上一级的后备保护动作。在个别情况下后备保护不能及时动作,元件会有短时电流表指示值剧增,电压表指示值降低,功率表指针晃动,主变压器发出沉重的"嗡嗡"异常响声,而相应断路器仍处在合闸位置。

(2)确定断路器故障后,应立即手动拉闸

①当尚未判明故障断路器之前而主变压器电源总断路器电流表指示值很高、异常声响强烈,应先拉开电源总断路器,以防烧坏主变压器。

②当上级后备保护动作造成停电时,若查明有分路保护动作,但断路器未跳闸,应拉开拒动的断路器,恢复上级电源断路器;若查明各分路保护均未动作(也可能为保护拒掉牌),则应检查停电范围内设备有无故障,若无故障应查找到故障("拒跳")断路器,加以隔离。

(3)在检查出"拒跳"断路器后,应从以下几个方面检查故障原因

①检查直流回路是否良好。直流电压是否合格,操作回路熔断器是否完好,直流回路接线是否完好。

②检查跳闸回路。跳闸回路有无断线(以红灯监视),跳闸线圈是否烧坏或匝间是否短路,跳闸铁芯是否卡涩,行程是否正确。

③检查操作回路。操作把手是否良好,断路器内辅助触点接触是否良好,控制电缆接头有无开、松、脱、断情况。

④检查断路器本身有无异常,断路器跳闸机构有无卡涩,触头是否熔焊在一起。

⑤检查液压机构压力是否低于规定值,断路器跳闸回路是否被闭锁。

检查出故障原因后,除属于可迅速排除的一般电气故障(如控制电源控制回路熔断器接触不良,熔丝熔断等)外,对一时难以处理的电气或机械性故障,均应联系调度,作为停用、转检修处理。

5.断路器误跳闸故障的处理

①及时、准确地记录所出现的信号、象征。汇报调度以便听取指挥,便于在互通情况中判断故障。若系统无异常、继电保护自动装置无动作、断路器自动跳闸,则属断路器误跳。

②对于可以立即恢复运行的,如人员误碰、误操作,或受机械外力振动,保护盘受外力振动引起自动脱扣的误跳,如果排除了开关故障的原因,应根据调度命令,按下列情况恢复断

路器运行。

a. 单电源馈电线路可立即合闸送电。

b. 单回联络线,需检查线路无电压合闸送电(可以经检查重合闸同期鉴定继电器触点在打开、无压鉴定继电器动断触点已闭合)。判定线路上无电压,也可以用并列装置或在线路上验电及与调度联系判定线路上无电压。

c. 联络线、线路上有电压时,须经并列装置合闸或无非同期并列可能时方能合闸。

6. 断路器误合闸故障的判断与处理

对"误合"的断路器,一般应按如下做法判断处理。

①经检查确认为未经合闸操作,手柄处于"分后"位置,而红灯连续闪光,表明断路器已合闸,但属"误合",应拉开误合的断路器。

②如果拉开误合的断路器后,断路器又再误合,应取下合闸熔断器,分别检查电气方面和机械方面的原因,联系调度将断路器停用作检修处理。

【拓展提高】

断路器非全相运行异常处理的方法如下所述。

①一旦断路器非全相运行,运行人员应立即处理,避免事故扩大。

②对于 220 kV 电压等级分相操作的断路器,不允许非全相运行。开关发生非全相运行,根据断路器在运行中出现的非全相运行情况,分别采取如下措施。

a. 单相跳闸,值班人员应立即合上跳闸相,若该相合不上时,立即拉开其余相。

b. 两相跳闸,应立即拉开未跳闸相。

c. 非全相运行断路器无法拉开时,应立即将该断路器的潮流降至最小,并尽快采取措施隔离故障断路器。正常合闸操作中,断路器两相合上,一相未合上,应立即拉开已合上相,再重合一次;仍不成功,应立即将合上的两相拉开,并拉开断路器的控制电源快分开关(Ⅰ组直流电源开关、Ⅱ组直流电源开关),汇报调度,通知维修单位进行处理。

③正常分闸操作中,两相断路器断开,一相未拉开,应立即断开断路器的控制电源快分开关(Ⅰ组直流电源开关、Ⅱ组直流电源开关),到现场检查开关位置,确定无异常后,手动拉开拒分相断路器。

④运行中,断路器"偷跳"或人员误碰,以及线路瞬时故障,重合闸动作,断路器拒动,造成两相运行,一相断开,此时且无其他异常情况,应立即合上该断路器,以防事故扩大。

☞ 任务 4.1.3 隔离开关异常处理

【任务描述】

在已学习掌握了隔离开关的基本结构、工作原理、运行要求和工作特点的基础上,能够正确分析各种 220、110、10 kV 隔离开关出现异常的原因,且找出异常点,并按照规定的处理步骤及时正确地对隔离开关各种类型异常进行处理,尽快恢复隔离开关的正常运行。

【任务准备】

课前预习相关知识部分。根据杨高变电站各种 220、110、10 kV 隔离开关的运行状况,经讨论制订隔离开关出现异常后的处理步骤,并独立回答下列问题。

1. 隔离开关的作用是什么?
2. 为什么隔离开关不能用来接通和断开有负荷电流的电路?
3. 隔离开关操作时应注意什么问题?
4. 隔离开关的正常巡视内容有哪些?

【相关知识】

在电网运行中,隔离开关操作较为频繁。为使隔离开关能安全可靠运行,保证其性能,必须满足以下几条:

①隔离开关工作条件必须符合制造厂规定的使用条件。如户内或户外、海拔高度、环境温度、相对湿度等。

②正常情况下,隔离开关必须在规定的额定参数下运行。

③隔离开关及机构的接地应可靠,接触必须良好可靠,防止因接触不良过热而引起隔离开关事故。

④与隔离开关连接的汇流排接触必须良好可靠,防止因接触部位过热而引起隔离开关事故。

⑤隔离开关本体、相位油漆及分合闸机械指示等应完好无缺,机构箱及电缆孔洞使用耐

火材料封堵,场地周围应清洁。

⑥在满足上述要求的前提下,隔离开关的瓷件、机构等部位应处于良好状态。

【任务实施】

1. 隔离开关过热

隔离开关接触不良,或者触头压力不足,都会引起发热。隔离开关发热严重时,可能损坏与之连接的引线和母线,可能产生高温而使隔离开关瓷件爆裂。

发现隔离开关过热,应报告调度员设法转移负荷,或减少通过的负荷电流,以减少发热量。如果发现隔离开关发热严重,应申请停电处理。

2. 绝缘子闪络、破损

隔离开关导电部分与基座之间是靠支柱绝缘子连接并形成绝缘的。当支柱绝缘子脏污或有裂纹时,就会产生爬电或闪络现象。如果爬电或闪络现象得不到及时处理,就会引起接地事故的发生。支柱绝缘子闪络产生的具体原因及相应的处理方法如下:

①绝缘子表面脏污或有杂物。绝缘子表面脏污或有杂物,使绝缘子的绝缘性能下降,从而引发闪络事故。

②绝缘子表面有裂纹。绝缘子表面有裂纹,也会使绝缘子的绝缘性能下降,从而引发闪络事故。

处理方法:更换绝缘子。

3. 带负荷误拉、合隔离开关

在变电所运行中,严禁用隔离开关拉合负荷电流。

①误分隔离开关。发生带负荷拉隔离开关时,如刀片刚离刀口(已起弧),应立即将隔离开关反方向操作合好。如已拉开,则不许再合上。

②误合隔离开关。运行人员带负荷误合隔离开关,则不论何种情况,都不允许再拉开。如确需拉开,则应用该回路断路器将负荷切断以后,再拉开隔离开关。

4. 隔离开关拒绝分、合闸

隔离开关拒绝分、合闸,一般是由于隔离开关操作机构故障或断路器与隔离开关间闭锁装置损坏或因断路器处于合闸位置从而正常闭锁所造成。具体原因及相应的处理方法如下所述。

具体原因如下所述。

①传动机构螺钉松动,销子脱落。

②隔离开关连杆与操动机构脱节。

③动静触头变形错位。

④动静触头烧熔粘连。

⑤操动机构转轴生锈。

⑥冰冻冻结。

⑦瓷件破裂、断裂。

（1）隔离开关操作机构故障

处理方法：修复操作机构。

（2）断路器与隔离开关间闭锁装置故障或损坏

处理方法：修复或更换闭锁装置。

（3）未正确执行断路器的操作原则

处理方法：按正常倒闸操作程序，正确操作。

总之，不得硬拉、硬合，均应查明原因，消除缺陷后再操作。

【拓展提高】

隔离开关发生下列情况应申请退出运行处理。

①当隔离开关严重不同期或合不平（直），拉开再次合上（最好采用远方操作的方式）后，三相确实无法同时合上或合不平（直）时。

②当触头过热时，需要立即向调度汇报，并加强对设备监视。

☞ 任务 4.1.4 互感器异常处理

【任务描述】

在已学习掌握了互感器的基本结构、工作原理、运行要求和工作特点的基础上，能够正确分析各种 220、110、10 kV 互感器出现异常的原因，且找出异常点，并按照规定的处理步骤及时正确地对互感器各种类型异常进行处理，尽快恢复互感器的正常运行。

【任务准备】

课前预习相关知识部分。根据杨高变电站各种 220、110、10 kV 互感器的运行状况，经讨论制订互感器出现异常后的处理步骤，并独立回答下列问题。

1.互感器的作用是什么？它们如何与一次回路进行连接？

2.简述电流、电压互感器的基本工作原理。

3. 为什么电流互感器的二次侧在运行中不允许开路？电压互感器的二次侧在运行中不允许短路？

【相关知识】

互感器运行的基本要求如下所述。

①互感器应有标明基本技术参数的铭牌标志,其技术参数必须满足装设地点运行工况的要求。

②互感器的各个二次绕组(包括备用)均必须有可靠的保护接地,并有明显的接地符号标志,且只允许有一个接地点。

③电压互感器(TV)二次侧回路在运行中严禁短路。当发生短路时,TV 二次侧电源快分开关自动跳闸。

④当电压互感器二次回路异常时(断线或失压),运行人员应立即向调度申请退出与 TV 有关的继电保护和自动装置(有可能误动的电压、距离、纵联保护),并尽快将电压互感器二次回路恢复正常,投入相应保护。

⑤运行中的电流互感器严禁二次回路开路。

⑥新安装的电流互感器或其二次回路有变更时,保护验收必须核对二次接线的正确性,带负荷检查正确后方可投入保护。

⑦电流互感器二次绕组不允许多点接地,必须单点永久可靠接地。

【任务实施】

①运行中互感器发生异常现象时,应及时报告并予以消除。若不能消除时应及时报告有关领导及调度值班员,并作好记录。

②电压互感器的异常运行和事故处理。

a. 电压互感器 TV 二次侧电源快分开关跳闸的故障处理:当电压互感器 TV 二次侧电源快分开关跳闸,应特别注意该回路的保护装置动作信号情况,必要时,应立即向调度申请退出有可能误动的保护,并查明二次回路是否短路或故障,经处理后再合上 TV 二次侧电源快分开关,投入有关的保护。

b. 如果电压互感器的异常运行和事故是由测量和计量回路引起的,运行人员应记录其故障的起止时间,以便估算电量的漏计,并汇报调度和维修单位。

c. 交流电压二次回路断线的处理:交流电压二次回路断线时,相应的继电保护和自动装置会发出告警信号(如保护装置故障信号),运行人员应立即进行检查,并采取如下必要的处理措施:申请退出有关的保护;检查有无明显的故障点;报告维修单位并派人进行查找处理;

故障处理完毕后,应申请投入有关的保护。

d. 电压互感器着火时,应断开一、二次侧电源,采取必要的安全措施后,方能进行灭火。

③电流互感器异常运行和事故处理。

电流互感器二次回路开路故障现象和处理如下所述。

a. 现象。电流互感器(TA)二次回路开路时,互感器本体发出"嗡嗡"声,开路处有放电火花;测量回路:有功、无功表计指示不正常,指示降低或无指示,电流指示、电能表计量正常;保护同路:由负序、零序电流启动的继电保护和自动装置频繁启动(如相差高频保护、距离高频保护或故障录波器等)。

b. 处理。立即汇报当值调度员、站长或专责工程师,退出可能误动的保护;当电流互感器二次同路开路时,应尽快查明开路点,设法将开路点短接,在处理过程中应按《电业安全工作规程》的有关规定,防止触电事故发生,如不能自行处理时,应向调度申请停电处理。

【拓展提高】

当发生下列情况之一时,应立即将互感器停用(注意保护的投切)。

①电压互感器高压熔断器连续熔断 2～3 次。

②高压套管严重裂纹、破损,互感器有严重放电,已威胁安全运行时。

③互感器内部有严重异响、异味、冒烟或着火。

④油浸式互感器严重漏油,看不到油位;SF_6 气体绝缘互感器严重漏气、压力表指示为零;电容式电压互感器分压电容器出现漏油。

⑤互感器本体或引线端子有严重过热时。

⑥膨胀器永久性变形或漏油。

⑦压力释放装置(防爆片)已冲破。

⑧电流互感器末屏开路,二次侧开路;电压互感器接地端子开路、二次侧短路,不能消除时。

⑨树脂浇注式互感器出现表面严重裂纹、放电。

☞ 任务4.1.5　电容器异常处理

【任务描述】

在已学习掌握了电力电容器的基本结构、工作原理、运行要求和工作特点的基础上,能够正确分析电力电容器出现异常的原因,且找出异常点,并按照规定的处理步骤及时正确地对电力电容器各种类型异常进行处理,尽快恢复电力电容器的正常运行。

【任务准备】

课前预习相关知识部分。根据杨高变电站电力电容器的运行状况,经讨论制订电力电容器出现异常后的处理步骤,并独立回答下列问题。

1. 串联电容器和并联电容器的作用分别是什么?
2. 并联电容器的日常巡视检查项目有哪些? 基本要求是什么?

【相关知识】

①并联电容器能向系统提供感性无功功率,改善系统运行的功率因数,提高受电端母线的电压水平。同时它减少了线路上感性无功的输送和电压和功率的损耗,因而提高了线路的输电能力。

②电网中并联电容器的应用很广泛,以并联电容器补偿电网的无功功率是无功补偿的主要形式,以这种补偿方式来提高电网的功率因数,力求实现无功功率就地平衡,减低线损,提高电压质量,是世界各国电网技术发展的趋势。

③对于电容器,其投切时的暂态过程比较严重,为限制投入时产生的涌流,可在电容器前面串联一个小电抗器,同时,此电抗器与电容器组成串联谐振滤波器,以消除系统铁磁谐振。

④电容器补偿装置运行的基本要求如下所述。

a.三相电容器各相的容量应相等。

b.电容器应在额定电压和额定电流下运行,其变化应在允许范围内。

c.电容器室内应保持通风良好,运行温度不超过允许值。

d.电容器不可带残留电荷合闸,如在运行中发生跳闸,拉闸或合闸一次未成,必须经过充分放电后,方可合闸。有放电电压互感器的电容器,可在断开5 min后进行合闸。运行中投切电容器组的间隔时间为15 min。

【任务实施】

处理电容器故障时的注意事项如下所述。

①电容器组断路器跳闸后,不允许强送电。电流速断或过电流保护动作跳闸应查明原

因,否则不允许再投入运行。

②在检查处理电容器故障前,应先拉开断路器及隔离开关,电容器组经放电电压互感器和人工放电后,再验电装设接地线。接触故障电容器前,还应戴上绝缘手套,方可处理故障电容器。

③当发现电容器过热时,应查明原因并采取措施,改善通风条件,限制操作过电压和涌流等,经检查确定为介质老化时应停止使用。

④当电容器发生渗漏油时,应降低周围环境温度,且不宜长期运行,当发现严重漏油时应立即停用并检查处理。如发现外壳膨胀变形应采取强力通风以降低温度,严重的应立即停用。

⑤电容器爆炸后应迅速隔离电源,如果电容器着火,则应立即灭火,在灭火过程中应注意防止触电事故的发生。

【拓展提高】

电容器遇下列情况之一时,应立即停止使用:
①电容器爆炸。
②电容器接头严重过热或电容器外壳试温蜡片融化。
③电容器严重喷油或起火。
④电容器套管破裂并伴随闪络放电。
⑤电容器外壳明显膨胀变形或有油质流出。
⑥母线电压持续超过其额定值的 1.1 倍,或电流超过其额定值的 1.3 倍。
⑦电容器三相电流不平衡超过 5% 以上。
⑧电容器或串联电抗器内部有异常声响。
⑨当电容器外壳温度超过 55 ℃,或室温超过 40 ℃采取降温措施无效时。
⑩密集型并联电容器压力释放阀动作时。

☞ 任务 4.1.6　防雷设备异常处理

【任务描述】

在已学习掌握了防雷设备的基本结构、工作原理、运行要求和工作特点的基础上,能够正确分析防雷设备出现异常的原因,且找出异常点,并按照规定的处理步骤及时正确地对防雷设备各种类型异常进行处理,尽快恢复防雷设备的正常运行。

【任务准备】

课前预习相关知识部分。根据杨高变电站防雷设备的运行状况,经讨论制订防雷设备出现异常后的处理步骤,并独立回答下列问题。

1.杨高变电站的防雷设备有哪些?

2.避雷器的作用是什么? 有哪些常见类型?

3.简述避雷器的巡视检查项目。

【相关知识】

电力系统防雷设备主要包括避雷针、避雷线和避雷器 3 种。其中避雷针、避雷线属于接闪器,它们都是利用其高出被保护设备的突出地位,把雷电引向自身,然后通过引下线和接地装置,将雷电流泄入大地,使被保护设备免受雷击。避雷器则是通过并联放电间隙或非线性电阻的作用,对入侵流动波进行削幅,降低被保护设备所承受的过电压值,从而达到保护电气设备的作用。

防雷设备正常运行条件:

①雷电时现场人员应远离避雷器和避雷针 5 m 以外。

②雷雨过后必须检查避雷器泄漏电流及放电计数器的指示,并做好记录,检查引线及接地装置有无损坏。

③避雷器裂纹或爆炸造成接地时,禁止用隔离开关拉开故障避雷器。

④避雷器投入运行前,应记下计数器的数字。

⑤避雷针应无倾斜、锈蚀,针头连接牢固,接地可靠,按照预试计划进行检查、除锈、遥测接地电阻。独立避雷针接地装置必须良好,其接地电阻不大于 10 Ω。

【任务实施】

①发现避雷器瓷套具有裂纹,可能有进水受潮时,应立即向相应的当值调度员汇报,申请退出故障避雷器,并向站领导及主管部门汇报。

②发现避雷器法兰等处有轻微裂纹,且无明显受潮现象时,应汇报上级领导及主管部门。

③避雷器爆炸,尚未造成接地短路时,应立即向调度申请停电,更换或退出故障避雷器。

④如果发现避雷器的连接部位的连接螺栓松动,应将螺栓拧紧;若是螺栓规格与螺孔不配套、螺栓严重锈蚀或丝扣损坏,则应进行更换。

⑤发现避雷器瓷套表面污秽,需申请停电进行清扫,清扫时要选择合适的清扫工具和清扫方法,对下表面伞棱中积聚的污秽也要清扫。

【拓展提高】

①避雷器整体或元件更换。

a. 金属氧化物避雷器不得进行元件更换。

b. 避雷器更换前应先检查备品包装是否完整,备品附件是否齐备,新避雷器无损坏,铭牌与所需更换的避雷器是否一致。

c. 避雷器拆除、安装需按标准化流程操作,质量需满足工艺标准要求。

d. 当避雷器安装中需要吊装时,必须采取有效措施防止瓷套受损及避雷器倾倒坠落。

②放电动作计数器检修时应先检查避雷器基座的情况,如避雷器基座良好,则对放电计数器小套管进行检修,若小套管已损伤或表面严重脏污,则对其进行更换或擦拭;如未发现放电动作计数器小套管存在问题,则应对放电动作计数器进行更换。

③绝缘基座检修时应先检查绝缘基座是否严重积污或穿芯套管螺栓锈蚀,如严重积污或螺栓锈蚀,则将污秽清除;如无严重积污或螺栓锈蚀清除后,绝缘基座的绝缘电阻仍然很低时,应更换绝缘基座。

任务4.2　变电站二次设备异常处理

【教学目标】

知识目标:1.了解变电站二次设备正常运行时的运行情况。

2.掌握变电站二次设备出现异常时的异常状态。

3.掌握变电站二次设备异常处理的方法。

能力目标:1.能收集变电站二次设备异常信息,并对信息进行处理。

2.能正确分析变电站二次设备出现异常的原因,且找出异常点。

3.能及时准确地处理好二次设备的异常,尽快恢复二次设备的正常运行。

态度目标:1.具有爱岗敬业、勤奋工作、团结协作的职业道德风尚。

2.能主动学习,在完成任务过程中发现问题、分析问题和解决问题。

3.在严格遵守安全规范的前提下,能与小组成员协作共同完成本学习任务。

【任务描述】

在变电站二次设备在运行中,经常会发生各种类型的异常现象,如果不及时处理,会导致电网稳定破坏和大面积停电事故。因此,掌握主要二次设备异常处理的基本原则和基本步骤是变电运行人员的一项重要技能。本任务要求在已学习掌握了二次设备的基本结构、工作原理、运行要求和工作特点的基础上,能够正确分析二次设备出现异常的原因,且找出异常点,并按照规定的处理步骤及时正确地对二次设备各种类型异常进行处理,尽快恢复二次设备的正常运行。

【任务准备】

课前预习相关知识部分。根据杨高变电站二次设备的运行状况,经讨论制订二次设备出现异常后的处理步骤,并独立回答下列问题。

1.变电站的二次设备包括有哪些?

2.什么是二次回路? 二次回路的作用是什么?

3.在"二次回路及测试"课程中,我们学习了哪些二次回路?

【相关知识】

1.二次回路的运行环境

(1)环境的重要性

保持良好的绝缘水平是所有电气系统的重要问题,使用环境对电气设备的安全运行有着极其重要的影响。恶劣的使用环境将直接导致电气系统的绝缘水平下降直至破坏造成电气事故。鉴于二次回路的特殊性和重要性,如果电气二次回路的工作环境不良,造成的后果更严重。

(2)不良环境对电气二次回路的主要危害

不良环境对电气二次回路的主要危害是使二次回路的绝缘水平下降。由于二次回路电压都在直流220 V、交流380 V以下,所以采用的元件,例如端子排和继电器的出线端子等,都按此设计,因而绝缘水平并不高。环境的污染和潮湿极易将它们之间的绝缘击穿,造成重大事故;环境温度高,则可能使电子元件、线圈元件烧毁。

(3)二次回路对使用环境的要求

①对一般的电气二次回路,所处环境的周围的空气温度最高不应超过40 ℃,最低不低

于 - 5 ℃,有特殊要求的按规定执行。

②电气二次回路所处环境周围的湿度以干燥为好。一般的二次设备和回路,空气的相对湿度在最高环境温度为 40 ℃时不超过 50%。在较低的温度下可允许有较高的湿度,对有特殊要求的按规定执行。

③电气二次回路与设备所处的环境应保持清洁,无较严重污染,防止绝缘部分(如继电器的绝缘底座)出现爬电现象。一般允许的污染等级为 3 级以下。

④电气二次回路应远离油、水、化学物质,它们都会对绝缘造成损害,有的化学物质会造成铜导体的腐蚀,严重的甚至能把几平方毫米的铜导线腐蚀断以及将继电器触点腐蚀掉。

⑤设备安装地点的通风条件要好。

2. 二次回路的维护要求

①不允许在未停用的保护装置上进行试验和进行其他测试工作,也不允许在保护装置未停用的状态下用保护装置上的试验按钮测试保护。

②维护二次回路和保护装置时,不允许带电焊接线路。

③二次回路不允许直接接地,一旦发现要及时处理。

④定期清扫二次回路,防止因积灰等造成短路。

⑤二次回路一般应在投运的 1 ~ 6 个月后普遍紧固一次各个接线端及安装件的螺丝等,以后应每隔 1 ~ 2 年紧固一次。特别是采用螺钉连接的熔断器的熔丝,极易发生松动导致接触不良而熔断,要经常检查;对焊接连接处,要检查有无虚焊、脱焊或被腐蚀的情况。

⑥每隔一段时间对继电器和接触器触点进行检查。有烧灼痕迹的或磨损严重的应修复。修复时不能使用一般的砂纸,应采用继电器专用的细砂纸或油石。

⑦一般情况下,二次回路的绝缘水平不应低于 1 MΩ,任何情况下不能低于 0.5 MΩ。

3. 二次回路熔断器熔丝的配置

①各级直流回路熔断器配置应合理,上下级熔断器之间要有选择性。采用统一系列产品的熔断器,一般上一级和下一级熔断体之间的额定电流值必须保持 2 ~ 4 的级差。

②机电设备控制电路,一般无控制变电器的机床回路熔断器熔丝选择 6 A。有控制变压器的变压器二次回路二次侧熔丝电流不能偏大。因为控制变压器的容量都不大,如果控制变压器二次侧短路,二次侧的熔断器有可能不熔断,起不到保护作用,所以选择 2 ~ 3 A 即可。

③一般控制回路、保护回路的熔断器熔丝选择为 6 ~ 10 A,详细选择应根据计算确定。

④二次回路用熔断器的熔丝熔断电流,一般也可整定在回路最大负荷电流的 1.5 ~ 2 倍。

4. 运行监视

①运行设备的各种信号必须良好,特别是熔断器的红绿指示灯十分重要。

②定期检查各回路的熔断器是否良好,对熔断器无信号的更要加强监视。

③定期测试中央信号装置是否处于良好状态。

④按规程的规定定期进行二次设备的巡视检查。有的项目应每天检查,例如高频保护的通道。

⑤根据《继电保护运行规程》的规定,对某些特殊保护装置的一些参数,例如差动保护电流回路的不平衡数值(差电流或差电压),要定期进行测量。测量时该套保护要退出运行;测量要使用规定的合格表计。

5.电源系统的维护

①正常运行时操作电源系统电压的波动不应大于5%;事故时操作母线电压应在额定电压的90%以上。蓄电池的直流操作电源,当失去浮充电后,最大负载下的直流电压不应低于80%额定电压。

②定期用绝缘监测装置检查直流系统的绝缘状况。

③普通铅酸蓄电池的浮充电压一般为2.15～2.17 V;阀控蓄电池的浮充电压应控制在2.23～2.28 V。要检查充电电流的大小是否合适。

④普通铅酸蓄电池要注意检查电解液的密度(比重)、液面的高度、电池的温度、室内的温度是否合适。

⑤免维护蓄电池也要定期测量各单体电池的电压。

⑥蓄电池必须注意防火防爆,保持良好的通风。室温应保持为5～35 ℃。

⑦按规定定期对蓄电池进行均衡充电和核对性放电。新安装的防酸蓄电池,第1年应每6个月进行一次核对性放电,以后每1～2年进行一次核对性放电。阀控蓄电池新安装或大修后进行核对性放电,以后每隔2～3年进行一次核对性放电,运行6年以后的每年进行一次核对性放电。

6.技术管理

①图纸资料齐全。必须有设备的控制回路和保护回路、自动装置、信号回路展开图及端子排图。若无以上资料,将无法进行维护工作。

②保护的整定值和整定值的更改、保护的动作情况、其他二次回路的更改,都应做相关记录,以便于分析故障。

【任务实施】

处理故障如下所述。

(1)异常运行

1)继电保护装置异常

①保护拒动。设备发生故障后,由于继电保护的原因使断路器不能动作跳闸,称为保护拒动。拒动的原因如下:

a.继电器故障。

b.保护回路不通,如电流回路开路,保护连接片、断路器辅助触点、继电器触点等接触不良及回路断线。

c.电流互感器变比选择不当,故障时电流互感器严重饱和,不能正确反映故障电流的变化。

d.保护整定值计算及调试中发生错误,造成故障时不能启动。

e.直流系统多点接地,将出口中间继电器或跳闸线圈短路。

②保护装置发生误动作。保护装置误动作的原因如下:

a.直流系统多点接地,使出口中间继电器或跳闸线圈励磁动作。

b.运行中保护定值变化,使保护失去选择性。

c.保护接线错误,或极性接反。

d.保护整定值或调试不正确,如定值过小,用户负荷增大过多。对双回路供电线路,若其中一回停电,另一条线路运行,而保护未按规定改大定值等造成误跳闸。

e.保护回路工作的安全措施不当,如未断开应拆开的接线端子或联调连接片,误碰、误触及、误接线等,使断路器误跳闸。

f.电压互感器二次断线,如电压互感器的熔断器熔断,有些断线闭锁不可靠的保护可能误动作,此情况下,一般会有"电压回路断线"信号、电压表指示不正确。

2)自动装置异常

自动装置异常,通常是重合闸拒动,其主要原因如下:

①重合闸失掉电源。

②断路器合闸回路接触不良。

③重合闸装置内部时间继电器或中间继电器线圈断线或接触不良。

④重合闸装置内部电容器或充电回路故障。

⑤重合闸连接片接触不良。

⑥防跳跃中间继电器的动断触点接触不良。

⑦合闸熔断器熔断或合闸接触器损坏。

3)继电保护回路常见异常

①继电器故障,线圈冒烟,回路断线。

②继电器触点粘连分不开或接触不良。

③保护连接片未投、误投、误切。

④继电器触点振动较大或位置不正确。

继电保护回路出现上述异常时应立即停用有关保护及自动装置,并尽快报告调度员及保护专责人员,以便进行处理。

4)指示仪表无指示

指示仪表是运行人员的"眼睛",如果指示有错误,将会造成运行人员的错误判断。

仪表无指示的原因如下:

①回路断线,接头松动。

②指示电压仪表的熔断器熔断。

③表针卡滞或损坏。

（2）常见故障及处理

1）查找故障

①查找故障的步骤。

a. 根据故障现象分析原因。

b. 保持原状进行外部检查和观察。

c. 检查出故障可能性大的、易出问题、常出问题的部分和元件。

d. 用"缩小范围法"缩小范围。

e. 查明具体故障点并消除故障。

②查找中的注意事项。查找二次回路故障时,首先必须遵守行业标准《电业安全工作规程》（发电厂和变电站电气部分）（DL 408—1991）和其他有关规程的规定,其次还应注意以下具体事项：

a. 必须按符合实际的图纸进行查找。

b. 在电压互感器二次回路上查找故障时,必须考虑对继电保护及自动装置的影响,防止因失去交流电压而使保护误动作。

c. 拔直流电源熔断器时,应同时拔掉正负极熔断器,以利于分析查找。

d. 带电用表计测量方法查找回路故障时,必须使用高内阻电压表（如万用表）,防止误动跳闸,禁止使用灯泡查找故障。

e. 防止电流互感器二次开路和电压互感器二次短路及接地。

f. 使用的工具应合格且绝缘良好,尽量使必须外露的金属减少（可包绝缘）,防止发生接地或短路及人身触电。

g. 拆动二次接线端子,应先核对图纸及端子标号,做好记录和明显标记；接线时要核对无误,并检查接触是否良好。

h. 不许触动继电器的机械部分,及时恢复站用电。

i. 交、直流回路,强、弱电回路不应相混。

二次回路故障查找,重在分析判断,只有正确进行分析判断,才能正确处理,少走弯路。先根据接线情况、故障特征,设备状态及信号等情况分析判断可能出现的故障的范围后,再用正确方法、步骤检查,以缩小范围；检查、测量中根据其结果和现象进行再分析判断,并加以恰当的方法检查测量和其他手段证实判断,从而能准确无误地查出故障点。

2）电压回路故障处理

①交流电压切换故障处理。当变电站具有两段以上母线,或者电压互感器装在几条高压进线上,在运行上需要将两段电压互感器二次并列运行时,可利用切换电压小母线,通过刀闸开关手动进行。或者通过由隔离开关或断路器辅助触点控制中间继电器实现自动切换。目前,大型变电站装有两段母线的,一般在中央信号屏上设有 TV 二次切换开关,供同电压等级两组 TV 二次并列操作时切换,切换操作后,相应的"电压互感器切换"光字牌应亮,告诉值班员电压切换成功。如果 TV 二次并列后,"电压互感器切换"光字牌不亮（非光字牌本身原因）,值班员应立即停止操作,查明原因汇报调度和上级。其原因如下：

　　a. 母联断路器在分闸位置,或母联断路器在合闸位置,但在非自动状态(控制熔断器取下)。

　　b. 母联断路器的母线侧隔离开关辅助触点接触不良。

　　c. 中央信号控制屏后的相关熔断器熔断。

　　d. 切换继电器的线圈烧坏。

　　②交流电压回路消失的处理。距离保护运行中,发出"交流电压消失"的信号时,应立即检查,并汇报调度,若不能复归,应停用距离保护,防止误动。在正常运行时,发出"交流电压消失"信号的原因如下:

　　a. 隔离开关辅助触点接触不良。

　　b. 母线电压互感器二次或本线电压小开关脱扣。

　　③直流电压消失的处理。对整流型距离保护,在运行中,发出"直流电压消失"信号的同时,也发出"振荡闭锁动作"信号。此时,应查明原因,设法恢复。原因如下:

　　a. 系统有故障,有负序电流产生,能自行消除。

　　b. 隔离开关触点接触不良。

　　c. 母线 TV 二次或本线电压小开关脱扣,应停用距离保护及高频闭锁保护后,试合一次。

　　d. 直流控制电源中断,此现象同时发出"控制回路断线"信号。应设法恢复电源。

　　④交流电压回路断线处理。交流电压回路断线的现象是电压回路断线信号发出、有功及无功表指示不正常、电能表停转或走慢、断线相的电压为下降、其他两相的相电压正常。电压互感器一次侧熔断器熔断时,其现象与此类似,但电压互感器二次侧开口三角形处有较高电压。

　　这时运行人员首先应停用电压回路断线可能误动的保护及自动装置。其次,由于电压回路断线而使指示不正确时,应尽可能根据其他仪器的指示,对设备进行监视。如空气开关跳闸(熔断器熔断),应立即投试一次,若再次跳闸,则二次回路有故障,不得再试投;若空气开关未跳闸(熔断器未熔断),则应查出发生断线的地点,并及时处理。若一时处理不好,应将该电压回路中的负荷倒至另一电压回路,并停用该电压互感器,并通知继电保护专业人员处理。

　　⑤交流电压回路短路的处理。交流电压回路短路查找及处理如下:

　　a. 断开该电压二次回路的所有负荷。注意退出可能误动的保护。

　　b. 试投空气开关(如断路器)。试投一次,若再发生故障跳闸,则该短路发生在电压互感器二次侧,应查明故障点,若不能查明时,则将所带二次负荷倒至另一电压互感器二次回路;若空气开关试投后不跳闸,则应逐一地恢复所带负荷,若在恢复过程中遇上故障跳闸,应停用该负荷,然后恢复其他负荷的正常运行,并通知有关人员处理有短路故障的二次负荷回路。

　　3)交流电流回路故障的处理

　　交流电流回路的故障一般为开路,其现象是:发出"电流回路断线"信号,电流表指示为零,电流互感器发出"嗡嗡"的声响,导线端子处还有可能出现放电火花。

　　若是操作二次交流回路引起的开路,应立即将其复原,以消除开路故障。若不能及时找出开路地点,应立即将开路的那一组电流互感器二次侧短接。在处理过程中应穿绝缘靴、戴绝缘手套,然后检查开路地点,并予以消除;若不能消除时,应将该回路停用,并通知有关人员处理。应注意的是,在发生故障时,应先停用可能误动的保护装置及自动装置。

【拓展提高】

　　1. 中央信号装置异常

　　中央信号装置是监视变电站电气设备运行中是否发生了事故和异常的自动报警装置。当电气设备或系统发生事故或异常时,相应信号装置将会发出各种灯光及音响信号,以使运行值班人员能迅速准确地判断处理。

　　中央信号装置在运行中异常如下所述。

　　(1)事故音响信号不响

　　断路器自动跳闸后,蜂鸣器不能发出音响,其原因如下:

　　①蜂鸣器损坏。

　　②冲击继电器发生故障。

　　③跳闸断路器的事故音响回路发生故障,如信号电源的负极熔断器的触点熔断、控制开关触点接触不良。

　　④直流母线电压太低。

　　检查时,首先按事故信号试验按钮,如果喇叭不响,说明信号装置故障,应检查冲击继电器及喇叭是否断线或接触不良,正负电源熔断器是否熔断或接触不良。按试验按钮时喇叭响,则应检查事故音响信号装置的控制开关与断路器不对应启动回路,该回路包括断路器辅助触点、控制开关辅助触点及电阻等,实践证明。熔断器熔断或接触不良,控制开关触点接触不良、切换不准确及该继电器线圈断线等原因造成喇叭不响的概率较高,应重点检查。

　　(2)预告信号不动作

　　当电力设备发生异常时,相应的预告信号不动作,其原因如下:

　　①警铃故障。检查时,按下试验按钮,若警铃不响,说明警铃损坏。

　　②冲击继电器故障。

　　③预告信号回路不通。通常是光字牌中的两个灯泡均已损坏或接触不良、信号电源熔断器接触不良或启动该信号的继电器的触点接触不良等。

　　检查时,若光字牌信号发出,警铃不响,首先按预告信号试验按钮,若警铃还是不响,说明预告信号装置故障,这时应检查冲击继电器及警铃是否断线或接触不良;按试验按钮后,若警铃响,则应检查光字牌启动回路电流值是否太小,达不到继电器的冲击起动电流值。

　　(3)信号电源异常

　　信号电源异常的主要现象及原因如下:

①光字信号与警铃响。当信号系统发出"事故信号电源熔断器熔断"光字牌信号,并伴随警铃声响时,其原因是事故信号电源回路中的熔断器熔断或接触不良。

②白灯闪光。中央信号控制屏上的白灯闪光的原因是预告信号电源熔断器熔断或接触不良。

③白灯熄灭。中央信号控制屏上的白灯熄灭的原因是回路中熔断器熔断或接触不良。

④光字牌起火冒烟。这种现象,通常原因是电压过高、电流过大、光字牌质量差等。发生这种现象时,应立刻断开该光字牌的直流电源,然后进行灭火,将其隔离,再恢复直流电源。注意勿造成直流短路和接地,同时通知继电保护专业人员处理。

2.隔离开关电气闭锁接线的运行监察及异常处理

电磁锁动作不灵活的情况时有发生,尤其是在室外易受风雨侵蚀的地方,在运行中应注意监视其正常状态和外表。电磁锁钥匙的存放应防止受潮。

当电磁锁操作不能动作时,首先应检查锁的状态是否正常,钥匙是否良好,如无不良,应检查锁的插槽两端是否有电,且电压是否正常。若无电压则应检查回路的熔断器是否熔断,相应熔断器的辅助触点和连接回路是否导通。只能在找出并消除故障后,才能进行操作,未经批准,不允许做取消闭锁的解锁操作。

项目4 习题

任务4.1 变电站一次设备异常处理

一、判断题

4.1.1 发现隔离开关过热时,应采用倒闸的方法,将故障隔离开关退出运行,如不能倒闸则应停电处理。 （　　）

4.1.2 断路器操作把手在预备跳闸位置时红灯闪光。 （　　）

4.1.3 串联在线路上的补偿电容器是为了补偿无功。 （　　）

二、选择题

4.1.4 断路器液压操动机构在( )应进行机械闭锁。

A.压力表指示零压时

B.断路器严重渗油时

C.压力表指示为零且行程杆下降至最下面一个微动开关处时

D.液压机构打压频繁时

4.1.5 运行中电压互感器高压侧熔断器熔断应立即( )。

A.更换新的熔断器　　　B.停止运行　　　C.继续运行　　　D.取下二次熔丝

4.1.6　防雷保护装置的接地属于(　　)。

A.工作接地　　　　　　　B.保护接地　　　C.防雷接地　　　D.保护接零

三、简答题

4.1.7　变压器过负荷时如何处理?

4.1.8　断路器在运行中液压降到零如何处理?

4.1.9　运行中断路器发生误跳闸如何处理?

4.1.10　隔离开关过热如何处理?

4.1.11　运行中电压互感器出现哪些现象须立即停止运行?

4.1.12　电容器发生哪些情况时应立即退出运行?

4.1.13　如何对避雷器的外绝缘进行清扫?

任务4.2　变电站二次设备异常处理

一、判断题

4.2.1　电流互感器的二次开路不会对设备产生不良影响。　　　　　　　　(　　)

4.2.2　断路器事故跳闸后,电铃发出音响。　　　　　　　　　　　　　　(　　)

4.2.3　灯光监视断路器控制回路中,红灯发平光表示跳闸回路完好。　　　(　　)

二、选择题

4.2.4　当瓦斯保护本身故障值班人员应把(　　)断开,防止保护误动作。

A.跳闸连接片　　　　　　B.保护直流取下　　C.瓦斯直流　　　D.不一定

4.2.5　预告信号装置分为(　　)。

A.延时预告　　　　　　　　　　　　B.瞬时预告

C.延时和瞬时　　　　　　　　　　　D.3 种都不对

4.2.6　在运行中的电流互感器二次回路上工作时,(　　)是正确的。

A.用铅丝将二次短接　　　　　　　　B.用导线缠绕短接二次

C.用短路片将二次短接　　　　　　　D.将二次引线拆下

4.2.7　直流系统发生正极接地或负极接地对运行有哪些危害?

4.2.8　交流电压回路断线应如何处理?

4.2.9　继电保护装置拒动的原因是什么?

4.2.10　交流电流回路开路应怎么处理?

项目 5　变电站事故处理

【项目描述】

当变电站设备存在缺陷、受到不可抗拒的外力破坏、继电保护误动或运行人员误操作时,不可避免地会发生设备故障或事故。处理电气设备故障或事故是变电站值班员的主要工作之一,这是一项很复杂的工作,要求变电值班员具有良好的技术素质,熟悉变电站运行方式和各设备的结构、性能和工作原理、运行参数以及电气事故处理规程等专业知识和技术法规。掌握变电站事故处理技能、对变电站事故正确及时地处理才能将故障造成的损失减小到最低程度。本项目主要培养学生具备简单事故处理的能力,能针对线路、变压器、母线等设备的单一故障进行正确处理。在项目任务的实施过程中,学生熟悉电气事故处理规程,熟悉事故处理的原则和流程,并掌握处理事故的一些方法和技巧。

【教学目标】

1. 能进行 220 kV 及以下线路事故处理。
2. 能进行 220 kV 及以下母线事故处理。
3. 能进行 220 kV 变压器事故处理。
4. 能进行补偿装置事故处理。
5. 能进行站用电、直流系统事故处理。

【教学环境】

变电仿真实训室、变电设备模型室、多媒体课件、事故处理教学视频、变电站一次、二次接线图纸。

任务 5.1　变电站线路事故处理

【教学目标】

知识目标：1. 掌握变电站事故处理的原则及要求。

　　　　　2. 掌握变电站事故处理的一般流程。

　　　　　3. 掌握导致线路事故的主要原因。

　　　　　4. 掌握线路事故处理的基本原则和步骤。

能力目标：1. 能根据保护动作情况判断线路的故障类型。

　　　　　2. 能对 220 kV 及以下电压等级的线路故障进行正确处理。

态度目标：1. 能主动学习，在完成任务过程中发现问题、分析问题和解决问题。

　　　　　2. 能严格遵守安全规程，具有较高的安全意识、质量意识和追求效益的观念。

　　　　　3. 能与小组成员协商、交流配合完成本学习任务。

【任务描述】

电力系统中线路的作用是传输电能。当线路发生故障时，电能无法传输，供电中断，用户停电，电力系统的供电可靠性降低，变电运行人员必须对线路事故及时有效地进行处理。值长组织各自学习小组在变电仿真环境下，认真学习运行规程、调度规程，进行事故分析，完成事故处理步骤。线路事故处理内容较多，本任务按电压等级划分为 10 kV 线路事故处理、110 kV 线路事故处理、220 kV 线路事故处理 3 个子任务分别实施。

【任务准备】

课前预习相关知识部分，并独立回答下列问题。

1. 引起变电站事故的原因有哪些？

2. 变电站事故处理要遵循哪些原则和要求？

3. 变电站事故处理的一般程序是怎样的？

【相关知识】

一、事故处理注意事项

发生事故时,运行人员必须做到:事故现象明、事故原因判断准,事故情况汇报及时,处理过程得当。

发现事故后,值班人员要做以下检查:

①检查计算机监控系统的各种告警信号、记录、指示器指示的内容。

②检查保护装置内保护动作信息情况,并打印其保护动作信息。

③检查监控系统中各种实时监测量(包括主变压器油温等)。

④查看监控系统各种状态一览表。

⑤检查保护装置掉牌和信号灯指示情况。

根据当值负责人的安排,到现场进行故障后的巡视检查,将检查结果详细汇报。根据检查结果的情况进行综合分析,正确判断故障的内容和性质。根据变电站规程和其他规程的有关规定进行处理,并将检查结果和故障处理情况向当值调度员和有关人员汇报。每次事故及异常运行的发生和处理过程都要做好详细记录。

事故处理应遵循以下原则:

①尽快限制事故的发展,消除事故根源,并解除对人和设备安全的威胁。

②在处理事故时,应首先恢复站用电,尽量保证站用电的安全运行和正常供电。

③用一切可能的方法保持正常设备继续运行,保证对用户的供电。

④尽快对已停电的用户迅速恢复送电,优先恢复重要用户供电。

⑤调整系统运行方式,恢复其正常运行。

发生事故后,应迅速、正确地向调度汇报下列情况:

①跳闸断路器(线路或设备)的名称和跳闸时间。

②表计变化及继电保护和自动装置的动作情况。

二、变电站事故处理一般程序

变电站发生事故时,为了做到准确、及时、正确地处理好事故,运行值班人员必须遵照变电站事故处理一般程序进行事故处理。变电站事故处理一般程序如下:

①汇报调度,执行现场应急处理。若故障对人身和设备安全构成威胁,应立即设法消除,必要时可停止设备运行。

②判断故障性质及故障范围。根据计算机显像管(显示器)图像显示、光字牌报警信号、系统中有无冲击摆动现象、继电保护及自动装置动作情况、仪表及计算机打印记录以及到故障现场,对故障设备和相关设备进行全面检查(母线故障时,应检查所有相联的断路器和隔离开关)。对其进行分析、判断出故障性质及故障范围。

③确保非故障设备的运行,尽快恢复停电设备的供电,恢复运行方式。

④将故障设备隔离,做好现场安全措施。对于故障设备,在判明故障性质后,值班人员应将故障设备隔离,做好现场安全措施,以便检修人员进行抢修。

⑤做好事故处理记录及时汇报。值班人员必须迅速、准确地将事故处理的每一阶段情况记录好报告调度,避免事故处理发生混乱。

三、变电站事故处理基本流程

为了做到准确、及时地处理变电站各种事故,运行值班人员在进行事故处理时,必须严格遵守国家电网公司标准化作业流程。事故处理基本流程如下:

①发生事故。

②立即汇报当值调度及运行单位。

③运行单位执行现场应急处理。

④当值调度将事故情况汇报生产管理部门及分管领导。

⑤调度部门组织事故应急处理。

⑥判断是否改变运行方式。

⑦需改变运行方式,进入倒闸操作流程。

⑧生产管理部门根据现场实际及预案组织制订抢修方案,安排抢修处理。

⑨布置现场安全措施。

⑩事故抢修处理。

⑪事故抢修工作结束后进行设备验收。

⑫恢复运行方式。

⑬做好事故处理记录。

⑭对事故处理情况进行评价,提出改进意见及措施。

☞ 任务 5.1.1　10 kV 线路事故处理

【任务描述】

10 kV 线路属于配电线路,其一端连着变电站,一端连着工厂或居民的 10 kV 配电间、配电变压器。电力系统中存在大量的 10 kV 线路,当 10 kV 电力线路发生故障时,电能无法从该变电站送给各用户。值长组织各自学习小组在变电仿真环境下,认真学习运行规程、调度规程,针对 10 kV 线路故障进行事故分析,完成事故处理步骤。

【任务准备】

课前预习相关知识部分。根据变电站主接线和运行方式,经讨论后制订线路事故的处理预案,并独立回答下列问题。

1. 说明仿真变电站中 10 kV 线路的运行方式。
2. 线路故障有哪些类型?
3. 10 kV 线路一般配置了哪些保护和自动装置?
4. 瞬时性和永久性故障有什么区别?
5. 自动重合闸后加速和前加速有什么区别?
6. 线路远端故障与近端故障,保护动作有何不同?
7. 如果断路器拒动,保护如何动作?
8. 在 10 kV 线路事故处理中,到现场检查设备时需带哪些安全工器具?

【相关知识】

线路故障在电力系统故障中所占比例较大,对电网影响也较大,同时,线路故障原因很多,情况复杂。造成线路故障的原因主要有绝缘子闪络,大雾、大雪、雷电、大风等天气原因造成的雷击、风吹摆动、雾闪、冰闪等。

一、线路故障类型

从故障性质来分,可分为短路故障和断线故障。

（1）短路故障

短路故障包括:

①单相接地短路。

②两相短路。

③两相接地短路。

④三相短路。

（2）断线故障

断线故障包括：

①单相断线。

②两相断线。

从故障持续的时间来分，可分为瞬时性故障和永久性故障。

二、线路的保护及自动装置

电力系统采用继电保护及自动装置降低事故的破坏性，对电力系统起到保护作用。

（1）线路的保护配置

继电保护装置是一种由继电器和其他辅助元件构成的安全自动装置。它能反映电气元件的故障和不正常运行状态，并动作于断路器跳闸或发出信号。

输电线路通常配置电流保护，该保护是一种由电流继电器和其他辅助元件构成的安全自动装置。它能反映输电线路的故障和不正常运行状态，并动作于断路器跳闸或发出信号。

（2）线路的自动装置

输电线路通常配置自动重合闸装置，自动重合闸装置是将因故障跳开后的断路器按需要自动投入的一种自动装置。电力系统故障中有一部分是瞬时性故障，自动重合闸装置的采用极大地提高了供电的可靠性，减少了停电损失，而且还提高了电力系统的水平，增强了线路的送电容量。

（3）自动重合闸加速保护动作方式

1）自动重合闸后加速保护

自动重合闸后加速保护一般又简称为"后加速"。当任一线路发生故障时，首先由故障线路的保护有选择性动作将故障切除；然后由故障线路的自动重合闸装置进行重合。如果是瞬时故障，则重合成功，线路恢复正常供电；如果是永久性故障，则加速故障线路的保护装置使之不带延时地将故障再次切除。这样，就在重合闸动作后加速了保护动作，使永久性故障尽快地切除。

2）自动重合闸前加速保护

自动重合闸前加速保护一般简称为"前加速"。通常用于具有几段串联的辐射形线路中，自动重合闸装置仅装在靠近电源的线路上。当线路发生故障时，靠近电源侧的保护首先无选择性地瞬时动作跳闸，而后借助自动重合闸来纠正这种非选择性动作。

三、线路瞬时性故障和永久性故障的区别

从保护动作情况、重合闸动作情况、故障录波情况、断路器动作情况、故障时间 5 个方面

分析,瞬时性和永久性故障的区别见表 5-1-1。

表 5-1-1　线路瞬时性故障和永久性故障的区别

动作情况 ＼ 故障类型	瞬时性故障	永久性故障
保护动作情况	—	线路保护动作 2 次
重合闸动作情况	重合闸动作,重合成功	重合闸动作,重合不成功
故障录波情况	故障录波 1 次	故障录波 1 次
断路器动作情况	断路器跳闸 1 次,合闸 1 次	断路器跳闸 2 次,合闸 1 次
故障时间	保护动作时间 + 跳闸时间 + 重合闸整定时间 + 重合时间	保护动作时间 + 跳闸时间 + 重合闸整定时间 + 重合时间 + 保护动作时间 + 跳闸时间
保护动作情况	线路保护动作 1 次	线路保护动作 2 次

四、线路事故的主要现象

①事故音响、预告警铃响,线路断路器变位,绿灯闪光故障线路的电流和功率的遥测值发生变化。

②监控系统显示线路保护动作、重合闸动作。

③线路保护屏显示保护动作情况、故障相别、跳闸相别、重合闸动作情况。

④故障录波器启动,录波屏显示故障前后线路的电压、电流波形,记录保护动作情况及断路器位置等开关量信号。

五、线路事故处理的基本原则

①线路故障跳闸,重合闸动作成功时,尽快检查保护动作情况、故障录波和故障测距,尽快到现场检查一次设备,将检查结果汇报调度。

②馈电线路跳闸,重合闸未投或重合不成功时,可试送一次,如果试送不成功,检查设备无异常时,可根据调度命令再试送一次。有 T 接线路,应先拉开 T 接线路开关再试送。

③线路故障跳闸,无论重合成功与否,均应对断路器进行详细检查,主要是断路器三相位置、SF$_6$ 压力,机构压力等。

④开关偷跳、误跳等站内设备故障引起的线路跳闸,应充分考虑旁路代路方式。

⑤220 kV 线路其中一套保护误动,则申请退出误动保护,根据调度命令恢复线路送电。

六、线路事故处理步骤

①记录事故发生时间、设备名称、开关变位情况、重合闸动作、保护动作信号。

②将上述情况及负荷情况汇报调度。

③检查受事故影响的设备运行状况,主要指双回线路。

④记录保护及自动装置屏上的所有信号,打印故障录波报告和微机保护报告。

⑤现场检查故障线路断路器实际位置,无论重合与否,都应检查断路器及线路侧有无短路、接地、闪络、瓷件破损、爆炸、喷油等现象。

⑥检查站内其他设备有无异常(站用交直流系统、稳措)。

⑦将详细检查情况汇报调度和有关部门。

⑧根据调度命令对故障设备进行隔离,恢复无故障设备运行,将故障设备转检修,做好安全措施。

⑨处理完毕后,填写运行日志,根据检查跳闸、保护动作情况、故障录波报告及处理过程,整理详细的事故处理经过。

七、10 kV 线正常运行方式(以仿真变电站中高兴线 304 线路为例)

10 kV 高兴线 304 线路的作用是将电能从 10 kV Ⅰ母送给该线路所带负荷。10 kV 高兴线 304 线路正常运行方式。

一次部分:10 kV 高兴线 304 线路将电能从 10 kV Ⅰ母送给该线路所带负荷(304 小车开关合上);10 kV Ⅰ母线由#1 主变通过 310 断路器供电。

二次部分:10 kV 配电线路配置了 WXH-821 型馈线保护测控装置,能实现电流速断、过电流保护以及三相一次重合闸。

【任务实施】

在仿真机上设置 10 kV 线路事故,根据事故处理基本原则及一般程序,通过事故分析,正确写出 10 kV 线路事故的处理步骤;并结合《电业安全工作规程》、各级《调度规程》和其他有关规定进行事故处理。

设置事故 1:10 kV 高兴线 304 线路近端相间瞬时性故障(保护、开关动作正确,重合闸投入)

一、事故分析

①当 10 kV 高兴线 304 线路近端相间瞬时性故障,保护、断路器动作正确,重合闸投入时,由 10 kV 高兴线 304 线路电流速断保护动作跳开 304 断路器,重合闸重合成功。

②按照事故处理的基本原则及一般程序,分析 10 kV 高兴线 304 线路近端相间瞬时性故障(保护、断路器动作正确,重合闸投入)的基本处理思路为:一次设备组、二次设备组(每组检查人员不少于 2 人)分别对一、二次设备进行检查;10 kV 高兴线 304 线路瞬时故障后恢复正常运行。

二、事故处理

通过以上事故分析,遵循《电业安全工作规程》、各级《调度规程》和其他有关规定,正确写出 10 kV 高兴线 304 线路近端相间瞬时性故障(保护、断路器动作正确,重合闸投入)的处理步骤,并按步骤处理。

①记录事故发生时间及事故现象(一次系统接线图显示的跳闸断路器位置信息和相关表计指示:10 kV 高兴线 304 线路电流正常;10 kV Ⅰ母线电压正常信息;告警信息窗显示的事故总信号;保护与重合闸动作信息;断路器跳闸信息;保护装置动作信息);恢复警报;汇报调度及有关人员(5 min 之内汇报)。

②二次设备组人员检查本站二次设备运行工况,主要检查本站监控机,10 kV 高兴线 304 线路保护屏,与监控机核对保护动作无误(10 kV 高兴线 304 线路电流速断保护动作,三相一次重合闸动作);记录保护动作情况,复归保护信号。

③一次设备组人员穿绝缘靴,戴绝缘手套、安全帽,到现场检查 304 断路器位置(304 断路器在合闸位置)及相关设备(10 kV Ⅰ母线、短路回路电气间隔设备)均正常。

④作好记录,将"10 kV 高兴线 304 线路近端相间瞬时性故障后,恢复正常运行"情况汇报调度。

设置事故 2:10 kV 高兴线 304 线路近端相间永久性故障(保护、断路器动作正确,重合闸投入)

一、事故分析

当 10 kV 高兴线 304 线路近端相间永久性故障,保护、断路器动作正确,重合闸投入时,由 10 kV 高兴线 304 线路电流速断保护动作出口跳开 304 断路器,三相一次重合闸动作,

10 kV高兴线 304 重合闸后加速保护动作使 304 断路器重合不成功。按照事故处理的基本原则及一般程序,分析 10 kV 高兴线 304 线路近端相间永久性故障(保护、断路器动作正确,重合闸投入)的基本处理思路为:一次设备组、二次设备组(每组检查人员不少于 2 人)分别对一、二次设备进行检查;将 10 kV 高兴线 304 线路永久性故障隔离;将 10 kV 高兴线 304 线路转检修。

二、事故处理

根据事故处理基本原则及一般程序,通过以上任务分析,正确写出 10 kV 高兴线 304 线路近端相间永久性故障(保护、断路器动作正确,重合闸投入)的处理步骤见下;并结合《电业安全工作规程》、各级《调度规程》和其他的有关规定进行事故处理。

①记录事故发生时间及事故现象(一次系统接线图显示的跳闸断路器位置信息 304 断路器变绿色闪光,相关表计指示 10 kV 高兴线 304 线路有功、无功、电流均为零;10 kV I 母线电压正常信息;告警信息窗显示的事故总信号;保护与重合闸动作信息;断路器跳闸信息;保护装置动作信息);恢复警报;汇报调度及有关人员(5 min 之内汇报)。

②二次设备组人员检查本站二次设备运行工况,主要检查本站监控机,10 kV 高兴线 304 线路保护屏,与监控机核对保护动作无误(10 kV 高兴线 304 线路电流速断保护动作,三相一次重合闸动作,重合闸后加速保护动作);记录保护动作情况,复归保护信号;复归 304 手把停止闪光。

③一次设备组人员穿绝缘靴,戴绝缘手套、安全帽,到现场检查 304 断路器位置(304 断路器已拉开)及相关设备(10 kV I 母线、短路回路电气间隔设备)均正常。

④汇报调度,调度下令对 10 kV 高兴线 304 线路强送电,试合 304 断路器。

⑤试合时电流表冲击,重新出现上述故障现象,作好记录,恢复警报,向调度和有关领导汇报情况。

⑥二次设备组人员再次检查本站二次设备运行工况,主要检查本站监控机,10 kV 高兴线 304 线路保护屏,与监控机核对保护动作无误(10 kV 高兴线 304 线路电流速断保护动作,三相一次重合闸动作,重合闸后加速保护动作);记录保护动作情况,复归保护信号;复归 304 手把停止闪光。

⑦一次设备组人员穿绝缘靴,戴绝缘手套、安全帽,到现场再次检查 304 断路器位置(304 断路器已拉开)及相关设备(检查 10 kV I 母线、短路回路电气间隔设备)均正常。

⑧汇报调度,调度下令将 10 kV 高兴线 304 线路永久性故障进行隔离(检查 304 断路器已拉开;将 304 断路器远近控切至近控;将 10 kV 高兴线 304 断路器小车拉至"试验"位置)。

⑨将 10 kV 高兴线 304 线路转检修(拉开 10 kV 高兴线 304 控制电源;拉开 10 kV 高兴线 304 储能电源;取下 10 kV 高兴线 304 断路器小车二次插把;将 10 kV 高兴线 304 断路器小车拉至"检修"位置;在 10 kV 高兴线 304 断路器柜内下静触头上验明确无电压;合上

10 kV 高兴线 304-1 接地刀闸;检查 10 kV 高兴线 304-1 接地刀闸已合上;退出 10 kV 高兴线 304 保护跳闸出口压板、重合闸出口压板;在 10 kV 高兴线 304KK 把手上挂"禁止合闸,线路有人工作"标示牌)。

⑩将上述情况汇报调度及有关人员,同时准备好 10 kV 高兴线 304 线路送电的操作票。

设置事故 3:10 kV **高兴线** 304 **线路远端相间永久性故障**(保护、断路器动作正确,重合闸投入)

一、事故分析

当 10 kV 高兴线 304 线路远端相间瞬时性故障,保护、断路器动作正确,重合闸投入时,由 10 kV 高兴线 304 线路过电流保护动作出口跳 304 断路器,重合闸重合不成功。故障现象与事故 2:10 kV 高兴线 304 线路近端相间永久性故障(保护、断路器动作正确,重合闸投入)相同。

二、事故处理

事故处理方法及步骤与事故 2:10 kV 高兴线 304 线路近端相间永久性故障(保护、断路器动作正确,重合闸投入)相同。参见事故 2 的处理。

设置事故 4:10 kV **高兴线** 304 **线路近端相间永久性故障**(304 断路器拒动)

一、事故分析

当 10 kV 高兴线 304 线路近端相间永久性故障,保护正确动作但断路器拒动时,先后由 10 kV 高兴线 304 线路电流速断保护、过电流保护动作跳 304 断路器,但 304 断路器拒动,由上一级保护#1 主变 10 kV 复合电压过流动作跳#1 主变 10 kV 本侧 310 断路器切除故障。此时,10 kV Ⅰ 母线失压,10 kV Ⅰ 母线电容器组低电压保护动作跳开电容器 301、303 断路器。

按照事故处理的基本原则及一般程序,分析 10 kV 高兴线 304 线路近端相间永久性故障(断路器拒动)的基本处理思路为:一次设备组、二次设备组分别对一、二次设备进行检查;将 10 kV 高兴线 304 线路永久性故障及拒动断路器 304 断路器隔离;恢复 Ⅰ 主变 310 断路器供电及电容器 301、303 断路器正常运行;将 10 kV 高兴线 304 线路及 304 断路器转检修。

二、事故处理

通过以上事故分析,遵循《电业安全工作规程》、各级《调度规程》和其他有关规定,正确写出 10 kV 高兴线 304 线路近端相间永久性故障(304 断路器拒动)的处理步骤,并按步骤处理。

①记录事故发生时间及事故现象(一次系统接线图显示的跳闸断路器位置信息 310、301、303 断路器变绿色闪光,相关表计指示和相关表计指示 310、301、303 断路器回路有功、无功、电流均显示 0 值;10 kV Ⅰ 母线失压,10 kV Ⅰ 母线电压表指示为 0;告警信息窗显示的事故总信号;保护与重合闸动作信息;断路器跳闸信息;保护装置动作信息);恢复警报;汇报调度及有关人员(5 min 之内汇报)。

②二次设备组人员检查本站二次设备运行工况,主要检查本站监控机,10 kV 高兴线 304 线路保护屏及变压器保护屏保护动作情况并与监控机核对保护动作无误(10 kV 高兴线 304 线路电流速断、过电流保护动作、#1 主变 10 kV 复合电压过流保护动作,10 k V Ⅰ母线电容器组低电压保护动作);记录保护动作情况,复归保护信号;复归 310、301、303 手把停止闪光。

③一次设备组人员穿绝缘靴,戴绝缘手套、安全帽,到现场检查 310、301、303 断路器位置(304 断路器拒动在合闸位置、301、303 断路器已拉开)及相关设备(检查 10 kV Ⅰ 母线、310、301、303 断路器及短路回路电气间隔其他设备均无异常)。

④汇报调度,调度下令将 10 kV 高兴线 304 线路永久性故障及拒动断路器 304 断路器进行故障隔离(将 304 断路器远近控切至近控,手动拉开 304 断路器)。

⑤试合#1 主变 310 断路器恢复正常运行(Ⅰ母线电压表指示正常)。

⑥合上电容器 301、303 断路器恢复正常运行。

⑦将以上情况作好记录,汇报调度及有关领导,将 10 kV 高兴线 304 线路及 304 断路器转检修(拉开 10 kV 高兴线 304 控制电源;拉开 10 kV 高兴线 304 储能电源;取下 10 kV 高兴线 304 断路器小车二次插把;将 10 kV 高兴线 304 断路器小车拉至"检修"位置;在 10 kV 高兴线 304 断路器柜内下静触头上验明确无电压;合上 10 kV 高兴线 304-1 接地刀闸;检查 10 kV 高兴线 304-1 接地刀闸已合上;退出 10 kV 高兴线 304 保护跳闸出口压板、重合闸出口压板;在 10 kV 高兴线 304KK 把手上挂"禁止合闸,线路有人工作"标示牌)。

⑧将上述情况汇报调度及有关人员,同时准备好 10 kV 高兴线 304 线路及 304 断路器送电的操作票。

【拓展提高】

一、输电线路采用自动重合闸装置的作用

①提高输电线路供电可靠性,减少因瞬时性故障停电造成的损失。

②对于双端供电的高压输电线路,可提高系统并列运行的稳定性,从而提高线路的输送容量。

③可以纠正由于断路器本身机构不良,或继电保护误动作而引起的误跳闸。

二、重合闸需退出运行的情形

①断路器的遮断容量小于母线短路容量时,重合闸退出运行。

②断路器故障跳闸次数超过规定,或虽未超过规定,但断路器严重喷油、冒烟等,经调度同意后应将重合闸退出运行。

③线路有带电作业,当值班调度员命令将重合闸退出运行。

④重合闸装置失灵,经调度同意后应将重合闸退出运行。

三、试合断路器注意事项

在 10 kV 高兴线 304 线路近端相间永久性故障处理过程中,必须在检查 304 断路器及相关设备均正常后,经调度同意才能试合 304 断路器进行强送电,试合不成功,表明试合在永久性故障的线路上,不允许第二次试合,否则会造成设备损坏,扩大故障。

线路跳闸后,以下情况不宜试合断路器:

①充电运行的线路(空载线路,重合闸退出)。

②试运行线路(新线路送电 24 h 后投重合闸)。

③线路跳闸后,备自投正确动作,不影响供电。

④电缆线路。

⑤有带电作业声明不能强送电的线路。

⑥线变组断路器跳闸,重合不成功。

⑦断路器有缺陷或遮断容量不够,或事故跳闸次数累计超过额定。

⑧越级跳闸时,应先查找、判断越级跳闸原因,再隔离恢复。

☞ 任务 5.1.2　110 kV 线路事故处理

【任务描述】

110 kV 线路属于输电线路,其两端都连着变电站。当 110 kV 电力线路发生故障时,电能无法从该变电站送给另一座负荷集中的区域变电站,故障造成的损失较大。值长组织各自学习小组在变电仿真环境下,认真学习运行规程、调度规程,针对 110 kV 线路故障进行事故分析,完成事故处理步骤。

【任务准备】

课前预习相关知识部分。根据变电站主接线和运行方式,经讨论后制订线路事故的处理预案,并独立回答下列问题。

1.说明仿真变电站中 110 kV 线路的运行方式。

2.110 kV 线路一般配置了哪些保护和自动装置? 其与 10 kV 线路保护和自动装置有什么不同?

3.造成 110 kV 线路故障的原因有哪些?

4.在 110 kV 线路事故处理中,到现场检查设备时需带哪些安全工器具?

【相关知识】

110 kV 线正常运行方式(以仿真变电站中杨玻线 512 线路为例)。

110 kV 杨玻线 512 线路的作用是将电能从 110 kV Ⅱ 母送给该线路所带负荷。110 kV 杨玻线 512 线路正常运行方式:

①一次部分:110 kV 杨玻线 512 线路接在 110 kV Ⅱ 母上,512 断路器及两侧隔离开关 5122、5123 合上,Ⅰ 母侧隔离开关 5121 断开;110 kV Ⅱ 母由#2 主变通过 520 断路器供电。

②二次部分:110 kV 线路保护采用 WXH-811 微机线路保护装置,能实现三段式相间距离及接地距离保护、四段式零序电流保护、三相一次重合闸、相间速动保护。

【任务实施】

在仿真机上设置 110 kV 线路事故,根据事故处理基本原则及一般程序,通过事故分析,正确写出 110 kV 线路事故的处理步骤;并结合《电业安全工作规程》、各级《调度规程》和其他有关规定进行事故处理。

设置事故 1:110 kV 杨玻线 512 线路近端相间永久性故障(保护、开关动作正确,重合闸投入)

一、事故分析

当 110 kV 杨玻线 512 线路近端相间永久性故障(保护、断路器正确动作,重合闸投入)时,由三段式相间距离 I 段保护动作跳开 512 断路器;三相一次重合闸动作;重合闸后加速保护动作,重合不成功。

按照事故处理的基本原则及一般程序,分析 110 kV 杨玻线 512 线路近端相间永久性故障(保护,断路器正确动作,重合闸投入)的基本处理思路为:一次设备组、二次设备组(每组检查人员不少于 2 人)分别对一、二次设备进行检查;将 110 kV 杨玻线 512 线路隔离;将 110 kV 杨玻线 512 线路转检修。

二、事故处理

通过以上事故分析,遵循《电业安全工作规程》、各级《调度规程》和其他有关规定,正确写出 110 kV 杨玻线 512 线路近端相间永久性故障(保护,断路器正确动作,重合闸投入)的处理步骤,并按步骤处理。

①记录事故发生时间及事故现象(一次系统接线图显示的跳闸断路器位置信息 512 断路器变绿色闪光,相关表计指示 512 线路有功、无功、电流表显示均为 0;110 kV II 母电压正常;告警信息窗显示的事故总信号;保护与重合闸动作信息;断路器跳闸信息;保护装置动作信息);恢复警报;汇报调度及有关人员(5 min 之内汇报)。

②二次设备组人员检查本站二次设备运行工况,主要检查本站监控机,512 线路测控屏和保护屏、110 kV 母线保护屏、主变保护 I 屏和 II 屏保护、110 kV 故障录波屏动作情况,核对监控机和保护屏的保护动作无误(110 kV 杨玻线 512 线路三段式相间距离 I 段保护动作;

三相一次重合闸动作;相间距离Ⅱ段加速保护动作);记录保护动作情况,复归保护信号;打印机打印保护及 110 kV 故障录波动作情况;复归 512 断路器手把停止闪光。

③ 一次设备组人员穿绝缘靴、戴绝缘手套、安全帽,到现场检查跳闸断路器 512 断路器位置,512 断路器及相关设备(检查 110 kV Ⅱ母线、短路回路电气间隔其他设备均正常)。

④向调度汇报检查情况,请示下一步处理意见。

⑤根据调度令,隔离故障线路 110 kV 杨玻线 512 线路(检查 512 断路器已拉开;将 512 断路器远近控切至近控,拉开 5123 隔离开关并检查 5123 隔离开关在分闸位置,拉开 5122 隔离开关并检查 5122、5121 隔离开关在分闸位置,退出 512 保护屏重合闸出口压板,退出 110 kV 母差跳 512 压板)。

⑥作好记录,将情况汇报调度和有关领导,将 110 kV 杨玻线 512 线路转入检修状态,(在杨玻线 512 线路 5123 隔离开关线路侧验电确无电压,合上杨玻线 512 线路 5123-1 接地刀闸;在杨玻线 512 线路 5123 隔离开关操作把手上、512 断路器操作把手上挂"禁止合闸,线路有人工作!"标示牌,退出 512 保护屏 512 跳闸出口压板,拉开 512 断路器控制、储能电源快分开关)。

⑦将上述情况汇报调度及有关人员,同时准备好杨玻线 512 线路送电的操作票。

设置事故 2:110 kV 杨玻线 512 线路侧带电合接地刀闸 5123-1,造成短路故障(线路保护拒动)

一、事故分析

当 110 kV 杨玻线 512 线路侧带电挂接地刀闸 5123-1,造成短路故障,而线路保护拒动时,由上一级保护#1 主变及#2 主变 110 kV 复合电压方向过电流保护动作跳母联 500 断路器;由#2 主变 110 kV 复合电压方向过电流保护动作跳#2 主变 110 kV 本侧 520 断路器切除故障。

按照事故处理的基本原则及一般程序,分析 110 kV 杨玻线 512 线路侧带电合接地刀闸 5123-1,造成短路故障(线路保护拒动)的基本处理思路为:一次设备组、二次设备组(每组检查人员不少于 2 人)分别对一、二次设备进行检查;将 110 kV 杨玻线 512 线路及接地刀闸 5123-1 隔离;恢复母联 500、#2 主变 520 断路器供电;安排 110 kV 杨玻线 512 线路接地刀闸 5123-1 检修;检查 110 kV 杨玻线 512 线路保护拒动的原因。

二、事故处理

通过以上事故分析,遵循《电业安全工作规程》、各级《调度规程》和其他有关规定,正确写出 110 kV 杨玻线 512 线路侧带电挂接地刀闸 5123-1,造成短路故障(线路保护拒动)的处理步骤,并按步骤处理。

①记录事故发生时间及事故现象(一次系统接线图显示的跳闸断路器位置信息 512 断路器变绿色闪光,相关表计指示 512 线路有功、无功、电流表显示均为 0;110 kV Ⅱ 母线失压,110 kV Ⅱ 母线电压表显示为 0;告警信息窗显示的事故总信号;断路器跳闸信息;保护装置动作信息);恢复警报;汇报调度及有关人员(5 min 之内汇报)。

②二次设备组人员检查本站二次设备运行工况,主要检查本站监控机、110 kV 杨玻线 512 线路测控屏、#2 主变测控屏、110 kV 杨玻线 512 线路、杨路线 522 线路、杨松 Ⅰ 线 528 线路保护屏、#1 主变及 #2 主变保护屏、故障录波屏,记录电气指示、保护动作情况,并与监控机核对保护动作无误(110 kV 杨玻线 512 线路保护未动作;#1 主变及 #2 主变 110 kV 复合电压方向过电流保护动作);记录保护动作情况,复归保护信号;打印机打印保护动作情况及故障录波;复归 500、520 断路器手把停止闪光。

③一次设备组人员穿绝缘靴,戴绝缘手套、安全帽,到现场检查跳闸断路器 500、520 断路器位置,检查 110 kV Ⅱ 母线及相关设备(检查 110 kV Ⅱ 母线、短路回路电气间隔其他设备均正常,接地刀闸 5123-1 损坏严重)。

④向调度汇报检查情况,向调度汇报故障为 110 kV 杨玻线 512 线路侧带电合接地刀闸 5123-1。

⑤根据调度令,隔离故障线路 110 kV 杨玻线 512 线路接地刀闸 5123-1(拉开 512 断路器并检查 512 断路器已拉开;将 512 断路器远近控切至近控,解锁拉开 5122 隔离开关,并检查 5122、5121 隔离开关在分闸位置;拉开已损坏的 5123-1 接地刀闸,退出 512 重合闸出口压板,退出 110 kV 母差跳 512 出口压板)。

⑥恢复 110 kV Ⅱ 母线、520 断路器供电(拉开 522、528 断路器;投入 110 kV 母线充电保护压板;合上母联 500 断路器;检查 110 kV Ⅱ 母受电正常,解除 110 kV 母线充电保护压板;合上 520 断路器)。

⑦经调度同意合上 522、528 断路器,恢复杨路线 522 线路、杨松 Ⅰ 线 528 线路供电。

⑧将 110 kV 杨玻线 512 线路接地刀闸 5123-1 转入检修状态,安排 110 kV 杨玻线 512 线路接地刀闸 5123-1 检修(在杨玻线 512 线路 5123 隔离开关断路器侧验电确无电压,合上杨玻线 512 线路 5123-2 接地刀闸;在 5123-1 接地刀闸靠线路侧装设接地线;在杨玻线 512 线路 5123 隔离开关操作把手上、512 断路器操作把手上挂"禁止合闸,线路有人工作!"标示牌,退出 512 保护跳闸出口压板,拉开 512 断路器控制、储能电源,检查杨玻线 512 线路保护拒动原因。

⑨将上述情况汇报调度及有关人员,同时准备好杨玻线 512 线路送电的操作票。

【拓展提高】

对"断路器越级跳闸事故"的处理方法:

①根据事故现象,判别是否属断路器"拒跳"事故。"拒跳"故障的特征为:回路光字牌亮,信号掉牌显示保护动作,但该回路红灯仍亮,上一级的后备保护如主变压器复合电压过流、断路器失灵保护等动作。在个别情况下后备保护不能及时动作,元件会有短时电流表指示值剧增,电压表指示值降低,功率表指针晃动,主变压器发出沉重嗡嗡异常响声,而相应断路器仍处在合闸位置。

②确定断路器故障后,应立即手动拉闸。

a. 当尚未判明故障断路器之前,而主变压器电源总断路器电流表指示异常,异常声响强烈时,应先拉开电源总断路器,以防烧坏主变压器。

b. 当上级后备保护动作造成停电时,若查明有分路保护动作,但断路器未跳闸,应拉开拒动的断路器,恢复上级电源断路器;若查明各分路保护均未动作,则应检查停电范围内设备有无故障,若无故障应拉开所有分路断路器,合上电源断路器后,逐一试送各分路断路器。当送到某一分路时电源断路器又再跳闸,则可判明该断路器为故障(拒跳)断路器。这时应将其隔离,同时恢复其他回路供电。

c. 在检查隔离"拒跳"的断路器时,除了可以迅速排除的一般电气故障外,如控制回路熔断器接触不良,或控制电源电压过低,熔丝熔断等,对一时难以处理的电气或机械性故障,均应联系调度,作停用、转检修处理。

☞ 任务 5.1.3　220 kV 线路事故处理

【任务描述】

220 kV 线路属于输电线路,当 220 kV 电力线路发生故障时,电能无法从发电厂送到变电站或从一个变电站送到另一个变电站,故障造成的停电范围广、损失大。值长组织各自学习小组在变电仿真环境下,认真学习运行规程、调度规程,针对 220 kV 线路故障进行事故分析,完成事故处理步骤。

【任务准备】

课前预习相关知识部分。根据变电站主接线和运行方式,经讨论后制订线路事故的处理预案,并独立回答下列问题。

1. 说明仿真变电站中 220 kV 线路的运行方式。

2. 220 kV 线路一般配置了哪些保护和自动装置？其与 110 kV 线路保护和自动装置有什么不同？

3. 造成 220 kV 线路故障的原因有哪些？

4. 220 kV 线路发生永久性故障，什么情况下可以试送电一次？

5. 在 220 kV 线路事故处理中，到现场检查设备时需带哪些安全工器具？

【相关知识】

220 kV 线正常运行方式（以仿真变电站中杨黎Ⅰ线 602 线路为例）

杨黎Ⅰ线 602 线路连接 220 kV 杨高变电站和黎托变电站。杨黎Ⅰ线 602 线路正常运行方式如下所述。

一次部分：杨黎Ⅰ线 602 线路接在 220 kV Ⅰ母上，602 断路器及两侧隔离开关 6021、5123 合上，Ⅱ母侧隔离开关 6022 断开、旁母侧隔离开关 6025 断开；220 kV Ⅱ母由 #1 主变通过 610 断路器供电。

二次部分：220 kV 线路配置了两套线路保护装置、一套操作箱、两面柜组柜方案。线路保护采用一套 CSL-103B 数字式输电线路纵联电流差动保护装置，一套 CSL-101D 数字式线路保护装置。两套保护均配有独立的后备保护，实现了双主、双后备的线路保护。线路保护功能如下：

（1）全线路速动主保护

CSL-103B 采用纵联光纤分相电流差动保护，CSL-101D 采用纵联高频距离、零序方向保护。

（2）后备保护

三段相间距离和接地距离、四段零序方向过流保护。

（3）重合闸

4 种重合闸方式，即单重方式、三重方式、综重方式、停用方式。

另外，每条线路屏柜还配有一套 CSI-101C 数字式母联保护装置。220 kV 母联 CSI-101C 数字式母联保护装置主要包括：两段过流保护区、两段零序过流保护、三相不一致保护、失灵保护及同期手合功能单元。

【任务实施】

在仿真机上设置 220 kV 线路事故，根据事故处理基本原则及一般程序，通过事故分析，正确写出 220 kV 线路事故的处理步骤；并结合《电业安全工作规程》、各级《调度规程》和其他有关规定进行事故处理。

设置事故 1:220 kV 杨黎Ⅰ线 602 线路近端 A 瞬时性故障(保护、断路器动作正确,单重运行)

一、事故分析

当杨黎Ⅰ线 602 线路近端 A 相瞬时性故障(保护、断路器动作正确,单重运行)时,由杨黎Ⅰ线 602 线路保护Ⅰ屏的高频方向(零序电流Ⅰ段)、保护Ⅱ屏的高频距离(接地距离Ⅰ段)动作,A 相跳开,重合闸动作,重合 A 相成功。

按照事故处理的基本原则及一般程序,分析杨黎Ⅰ线 602 线路近端 A 瞬时性故障(保护、断路器动作正确,单重运行)的处理思路为:一次设备组、二次设备组分别对一、二次设备进行检查;杨黎Ⅰ线 602 线路近端 A 相瞬时性故障后恢复正常运行。

二、事故处理

通过以上事故分析,遵循《电业安全工作规程》、各级《调度规程》和其他有关规定,正确写出"杨黎Ⅰ线 602 线路近端 A 相瞬时性故障(保护、断路器动作正确,单重运行)"的处理步骤,并按步骤处理。

①记录事故发生时间及事故现象(一次系统接线图显示的跳闸断路器位置信息和相关表计指示:602 线路有功、无功、电流表指示均正常;220 kV Ⅰ#母线电压正常;告警信息窗显示的事故总信号;保护与重合闸动作信息;断路器跳闸信息;保护装置动作信息);恢复警报;汇报调度及有关人员(5 min 之内汇报)。

②二次设备组人员检查本站二次设备运行工况,主要检查本站监控机、故障录波屏、相关保护屏,记录保护动作情况并与监控机核对保护动作无误(220 kV 杨黎Ⅰ线保护Ⅰ屏的高频方向、零序电流Ⅰ段、动作,重合闸动作;220 kV 杨黎Ⅰ线保护Ⅱ屏的高频距离、接地距离Ⅰ段动作,重合闸动作;记录保护动作情况,复归保护信号;打印机打印保护动作情况。

③一次设备组人员穿绝缘靴,戴绝缘手套、安全帽,到现场检查 602 断路器及相关设备均正常(检查 220 kV Ⅰ母线、短路回路电气间隔其他设备均正常)。

④作好记录,汇报调度及有关领导。

设置事故 2:220 kV 杨黎Ⅰ线 602 线路近端 A 永久性故障(保护、断路器动作正确,单重运行)

一、事故分析

当杨黎Ⅰ线602线路近端A相永久性故障（保护、断路器动作正确，单重运行）时，由杨黎Ⅰ线602线路保护Ⅰ屏的高频方向、零序电流Ⅰ段、保护Ⅱ屏的高频距离、接地距离Ⅰ段动作，A相跳开，重合闸动作，重合A相不成功后跳三相。

按照事故处理的基本原则及一般程序，分析杨黎Ⅰ线602线路近端A永久性故障（保护、断路器动作正确，单重运行）的处理思路为：一次设备组、二次设备组分别对一、二次设备进行检查；将杨黎Ⅰ线602线路隔离；将杨黎Ⅰ线602线路转检修。

二、事故处理

通过以上事故分析，遵循《电业安全工作规程》、各级《调度规程》和其他有关规定，正确写出"杨黎Ⅰ线602线路近端A相永久性故障（保护、断路器动作正确，单重运行）"的处理步骤，并按步骤处理。

①记录事故发生时间及事故现象（一次系统接线图显示的跳闸断路器位置信息602断路器变绿色闪光，相关表计指示602线路有功、无功、电流表显示均为0；220 kVⅠ母电压正常；告警信息窗显示的事故总信号；保护与重合闸动作信息；断路器跳闸信息；保护装置动作信息）；恢复警报；汇报调度及有关人员（5 min之内汇报）。

②二次设备组人员检查本站二次设备运行工况，主要检查本站故障录波器、监控机，602线路测控屏、602线路保护Ⅰ屏和Ⅱ屏、220 kV母线保护屏Ⅰ屏和Ⅱ屏、主变保护Ⅰ屏和Ⅱ屏保护动作情况，核对监控机与保护屏的保护动作一致（220 kV杨黎Ⅰ线602线路保护Ⅰ屏的高频方向、零序电流Ⅰ段、保护Ⅱ屏的高频距离、接地距离Ⅰ段动作，失灵保护动作，重合闸动作）；记录保护及自动装置动作情况，复归保护信号；打印机打印保护动作情况；复归602断路器手把停止闪光。

③一次设备组人员穿绝缘靴，戴绝缘手套、安全帽，到现场检查跳闸断路器602断路器位置，602断路器及相关设备（检查发现杨黎Ⅰ线602线路避雷器A相瓷瓶闪络，110 kVⅡ母线、短路回路电气间隔其他设备均正常）。

④向调度汇报检查情况，请示下一步处理意见。

⑤根据调度令，隔离故障线路220 kV杨黎Ⅰ线602线路（检查602断路器已拉开；将602断路器远近控切至近控，拉开6023隔离开关，并检查6023隔离开关在分闸位置，拉开6021隔离开关，并检查6021、6082、6085隔离开关在分闸位置，退出602重合闸出口压板、退出220 kV母差、失灵跳602压板）。

⑥作好记录，将情况汇报调度和有关领导，将220 kV杨黎Ⅰ线602线路转入检修状态，

安排 220 kV 杨黎 Ⅰ 线 602 线路检修(在 220 kV 杨黎 Ⅰ 线 602 线路 6023 隔离开关线路侧验电确无电压,合上 220 kV 杨黎 Ⅰ 线 602 线路 6023-1 接地刀闸;在 220 kV 杨黎 Ⅰ 线 602 线路 6023 隔离开关操作把手上、602 断路器操作把手上挂"禁止合闸,线路有人工作!"标示牌,退出 602 保护出口压板,拉开 602 断路器控制、储能电源快分开关)。

⑦将上述情况汇报调度及有关人员,同时准备好 220 kV 杨黎 Ⅰ 线 602 线路送电的操作票。

设置事故 3:220 kV 杨黎 Ⅰ 线运行中带电误合线路侧 6023-1 接地刀闸(602 断路器拒动)

一、事故分析

当 220 kV 杨黎 Ⅰ 线运行中带电误合线路侧 6023-1 接地刀闸(602 断路器拒动)时,由杨黎 Ⅰ 线 602 线路保护 Ⅰ 屏的高频方向、零序电流 Ⅰ 段、保护 Ⅱ 屏的高频距离、接地距离 Ⅰ 段动作。因 602 断路器拒动,220 kV 失灵保护动作出口跳开 606、600、610 断路器切除故障。

按照事故处理的基本原则及一般程序,分析 220 kV 杨黎 Ⅰ 线运行中带电误合线路侧 6023-1 接地刀闸(602 断路器拒动)的基本处理思路为:将运行值班人员分为一次设备组、二次设备组,分别对一、二次设备进行检查;将 220 kV 杨黎 Ⅰ 线 602 线路及 6023-1 接地刀闸和拒动断路器 602 断路器隔离;恢复 220 kV Ⅰ 母线、#1 主变 610 断路器、606 线路供电;将 6023-1 接地刀闸和拒动断路器 602 断路器转检修。

二、事故处理

通过以上事故分析,遵循《电业安全工作规程》、各级《调度规程》和其他有关规定,正确写出"220 kV 杨黎 Ⅰ 线运行中带电误合线路侧 6023-1 接地刀闸(602 断路器拒动)"的处理步骤,并按步骤处理。

①记录事故发生时间及事故现象(一次系统接线图显示的跳闸断路器位置信息 606、600、610 断路器变绿色闪光,相关表计指示 602 线路有功、无功、电流表显示均为 0;606、600、610 断路器回路有功、无功、电流表显示均为 0;220 kV Ⅰ 母失压,220 kV Ⅰ 母电压表显示为 0;告警信息窗显示的事故总信号、保护与重合闸动作信息、断路器跳闸信息、保护装置动作信息);恢复警报;汇报调度及有关人员(5 min 之内汇报)。

②二次设备组人员检查本站二次设备运行工况,主要检查本站故障录波屏、监控机,602 和 606 线路测控屏、602 和 606 线路保护 Ⅰ 屏和 Ⅱ 屏、220 kV 母线保护屏 Ⅰ 屏和 Ⅱ 屏、#1 主变保护 Ⅰ 屏和 Ⅱ 屏保护动作情况,核对监控机与保护屏的保护动作一致(220 kV 杨黎 Ⅰ 线 602 线路保护 Ⅰ 屏的高频方向、零序电流 Ⅰ 段、保护 Ⅱ 屏的高频距离、接地距离 Ⅰ 段动作,

220 kV失灵保护动作,故障录波动作);记录保护及自动装置动作情况,复归保护信号;打印机打印保护动作情况;记录保护动作情况,复归保护信号;打印机打印保护动作情况故障录波情况;复归606、600、610 手把停止闪光。

③一次设备组人员穿绝缘靴、戴绝缘手套、安全帽,到现场检查跳闸断路器606、600、610 断路器实际位置在分闸位置;距跳断路器602 断路器仍在合闸位置;检查602、606 间隔设备、220 kV Ⅰ母及相关设备,发现6023-1 接地刀闸烧损严重,其他设备正常。

④向调度汇报检查情况,根据上述情况判断为误合6023-1 接地刀闸,602 断路器拒动。

⑤根据调度令,隔离故障线路220 kV 杨黎Ⅰ线602 线路6023-1 接地刀闸和拒动的602 断路器(试拉602 断路器,不能拉开;解锁拉开6021 隔离开关并检查6021、6022、6025 隔离开关在分闸位置;拉开6023 隔离开关)。

⑥恢复220 kV Ⅰ母、610 断路器供电(投入220 kV 母线充电保护压板;合上母联600 断路器;检查220 kV Ⅰ母受电正常;解除220 kV 母联充电保护压板;合上610 断路器)。

⑦经调度同意合上606 断路器,恢复606 线路供电。

⑧将220 kV 杨黎Ⅰ线602 线路6023-1 接地刀闸和拒动断路器602 断路器转检修状态,安排6023-1 接地刀闸和拒动断路器602 断路器检修(在杨黎Ⅰ线6023-1 接地刀闸靠线路侧验电确无电压,在杨黎Ⅰ线6023-1 接地刀闸靠线路侧装设接地线;在杨黎Ⅰ线602 线路6021 隔离开关断路器侧验电确无电压,合上6022-1 接地刀闸;拉开杨黎Ⅰ线602 断路器电机电源快分开关;拉开220 kV 杨黎Ⅰ线602 线路保护Ⅱ屏分相操作箱电源快分开关;在杨黎Ⅰ线602 线路6025 隔离开关、6021、6022 隔离开关操作把手上挂"禁止合闸,线路有人工作!"标示牌)。

⑨将上述情况汇报调度及有关人员,同时准备好220 kV 杨黎Ⅰ线602 线路送电的操作票。

【拓展提高】

一、高频保护的特点

为快速切除高压输电线路上任一点的短路故障,将线路两端的电气量转化为高频信号,然后利用高频通道,将此信号送到对端进行比较,决定保护是否动作,这种保护称为高频保护。常见高频保护有高频闭锁方向保护、高频闭锁距离保护、高频闭锁零序电流保护等。高频保护的最大优点是发生内部故障时可瞬时切除故障,在发生外部故障时可起到后备保护的作用。其缺点是主保护(高频保护)和后备保护(距离保护)的接线互相连在一起,不便于运行和检修。

二、失灵保护的特点

断路器失灵保护是指故障电气设备的继电保护动作发出跳闸命令而断路器拒动时,利用故障设备的保护动作信息与拒动断路器的电流信息构成对断路器失灵的判别,能够以较短的时限切除同一厂站内其他有关的断路器,使停电范围限制在最小,从而保证整个电网的稳定运行,避免造成发电机、变压器等故障元件的严重烧损和电网的崩溃瓦解事故。

在"220 kV 杨黎 I 线运行中带电误合线路侧 6023-1 接地刀闸(602 断路器拒动)"的事故处理过程中,虽然 220 kV 杨黎 I 线保护正确动作,但因 602 断路器拒动,由 220 kV 失灵保护动作跳开 606、600、610 断路器切除故障,使停电范围扩大,但保护了母线、变压器等设备。

三、综合重合闸的重合闸方式

综合重合闸的重合闸方式有单相重合闸方式、三相重合闸方式、综合重合闸方式、综合重合闸停用方式。

(1)单相重合闸方式功能

线路上发生单相故障时,只跳开故障相,然后进行单相重合;当重合到永久性单相故障,系统又不允许长期非全相运行时,则跳三相不再进行自动重合。线路上发生相间故障时,保护动作跳开三相不进行自动重合。

(2)三相重合闸方式功能

线路上发生任何形式的故障时,均实行三相自动重合闸;当重合到永久性故障时,则跳三相不再进行自动重合。

(3)综合重合闸方式功能

线路上发生单相故障时,只跳开故障相,实行单相自动重合闸;当重合到永久性单相故障,系统又不允许长期非全相运行时,则跳三相不再进行自动重合。线路上发生相间故障时,跳开三相,实行三相自动重合闸;当重合到永久性相间故障时,跳三相不再进行自动重合。

(4)综合重合闸停用方式功能

线路上发生任何形式的故障时,保护动作均跳三相,不进行自动重合。这种方式亦被称为直跳方式。

任务 5.2　变电站母线事故处理

【教学目标】

知识目标:1. 掌握导致母线事故的主要原因。

2. 掌握母线事故处理的基本原则和步骤。

能力目标:1. 能根据保护动作情况判断母线的故障类型。

2. 能对 220 kV 及以下电压等级的母线故障进行正确处理。

态度目标:1. 能主动学习,在完成任务过程中发现问题,分析问题和解决问题。

2. 能严格遵守安全规程,具有较高的安全意识、质量意识和追求效益的观念。

3. 能与小组成员协商、交流配合完成本学习任务。

【任务描述】

在电力系统中,母线的作用是汇聚和分配电能。母线连接着数量众多的设备,一旦发生事故,造成停电的设备较多,对电力系统供电的安全性和可靠性影响较大,变电运行值班人员必须对母线事故及时有效地进行处理,尽快恢复供电。母线事故处理过程相对复杂,本任务按电压等级划分为 10 kV 母线事故处理、110 kV 母线事故处理、220 kV 母线事故处理 3 个子任务分别实施。

☞ 任务 5.2.1　10 kV 母线事故处理

【任务描述】

电力系统中母线的作用是汇聚和分配电能。当 10 kV 母线发生故障时,电能无法从变电站送到附近的 10 kV 各线路用户,供电中断,用户停电,电力系统的供电可靠性降低,变电运行人员必须对母线事故及时有效地进行处理,并尽快恢复供电。值长组织各自学习小组在仿真机环境下,认真学习运行规程、调度规程,进行事故分析,完成事故处理步骤。

【任务准备】

课前预习相关知识部分。根据变电站 10 kV 侧主接线和运行方式,经讨论后制订 10 kV 母线事故的处理方案,并独立回答下列问题。

1. 说明 10 kV 母线的接线形式及运行方式。

2. 10 kV 母线一般配置了哪些保护和自动装置?

3. 在这次事故处理中,到现场检查设备时需带哪些安全工器具?

【相关知识】

母线故障在电力系统故障中所占比例不大,但母线故障会造成母线失压,母线上所有的电源点将失去电压,造成大面积停电,甚至使系统解列,对整个系统影响较大,后果严重。

一、母线事故的主要原因

造成母线事故的主要原因如下所述。

①母线绝缘子及断路器套管绝缘损坏或闪络。

②母线保护用电流互感器发生故障。

③由于外力破坏或者异物搭挂,造成母线设备短路或接地。

④母线上设备引线接头松动,造成短路或接地,所连接的电压互感器、避雷器故障以及连接在母线上的隔离开关支持绝缘子损坏或发生闪络。

⑤误操作,如带负荷拉合母线侧隔离开关,带地线合母线侧隔离开关,或带电挂接地线引起的某些故障。

⑥母线差动保护或失灵保护误动。

⑦线路发生故障,线路保护拒动或断路器拒动,造成越级跳闸。

⑧上一级电源故障,造成本级母线失压。

二、母线故障的保护装置

①利用供电元件的保护装置切除母线故障:不太重要的较低电压等级的母线,或母线本身就是被保护设备的单元部分,可不设专用母线保护。

②专用母线保护：一般在 110 kV 及以上或重要的 35 kV 母线上装设专用母线保护。专用母线保护通常用差动保护。电流差动母线保护原理是母线保护的一种最常用的保护原理，其主要原理是基尔霍夫电流定律。

三、10 kV 母线事故的主要现象

①事故音响、预告警铃响，母线电压为零，母线所连元件电流、有功功率、无功功率为零。此为各类母线故障的共同现象。

②对于 10 kV (35 kV) 母线，如果仅是母线故障，则只有"变压器低压侧过流"或"变压器复合电压过流"动作信号；如果是低压线路故障断路器拒动引起越级跳闸，则还有线路保护动作信号。

四、10 kV I 母线正常运行方式

一次部分为：10 kV I 母线由#1 主变通过 310 开关供电，将电能分配给 302 博世 I 回、高兴线 304 高兴线、306 博雅 I 回、312 金石 I 回、308 备用间隔。10 kV I 母线上接了提供无功补偿的 301 #1 电容器、303 #2 电容器，10 kV 并联电容器投入和退出根据调度命令进行。10 kV I 母线上还接有 3X14 I 母 TV。

二次部分为：10 kV I 母线所带 10 kV 配电线路保护为电流速断、过电流及三相一次重合闸；电容器组保护为低电压、过电压、过电流和不平衡电流、电压保护；主变保护有纵联差动保护、瓦斯保护、压力释放保护、绕组过温保护、复合电压过电流、零序过流及间隙保护。10 kV I 母没有配置专门的保护，由变压器的复合电压过电流保护实现母线保护。

【任务实施】

在仿真机上设置 10 kV 母线事故，根据事故处理基本原则及一般程序，通过事故分析，正确写出 10 kV 母线事故的处理步骤；并结合《电业安全工作规程》、各级《调度规程》和其他有关规定进行事故处理。

设置事故：10 kV I 母线相间永久性故障（保护、断路器动作正确）

一、事故分析

①当 10 kV I 母线相间永久性故障（保护、断路器动作正确）时，由上一级保护#1 主变

10 kV复合电压过流动作跳#1 主变 10 kV 本侧 310 断路器切除故障；此时，10 kV Ⅰ母线失压，10 kV Ⅰ母线电容器组低电压保护动作跳开电容器 301、303 断路器（在并联电容器投入的前提下）。

②按照事故处理的基本原则及一般程序，分析 10 kV Ⅰ母线相间永久性故障（保护、断路器动作正确）的基本处理思路为：对一、二次设备进行详细检查；将 10 kV Ⅰ母线故障隔离；安排 10 kV Ⅰ母线检修。

二、事故处理步骤

根据事故处理基本原则及一般程序，通过以上任务分析，正确写出 10 kV Ⅰ母线相间永久性故障（保护、断路器动作正确）的处理步骤见下；并结合《电业安全工作规程》以及各级《调度规程》和其他的有关规定进行事故处理。

①记录事故发生时间及事故现象。（一次系统接线图显示的跳闸断路器位置信息，310、301、303 断路器变位，相关表计指示 310、301、303 断路器回路及 10 kV Ⅰ母线所接负荷线路有功、无功、电流均显示 0 值；10 kV Ⅰ母线失压，10 kV Ⅰ母线电压表显示为 0；告警信息窗显示的事故信息、保护动作信息；断路器跳闸信息）。

②汇报调度及有关人员（5 min 之内汇报。）

③检查故障相关设备。二次部分主要检查：本站监控机，相关保护屏保护动作情况，并与监控机核对保护动作无误（#1 主变 10 kV 复合电压过流动作；10 kV Ⅰ母线电容器组低电压保护动作）；记录保护动作情况，复归保护信号。

一次部分主要检查：跳闸断路器 310、301、303 断路器位置，310 断路器、10 kV Ⅰ母线及连接在母线上的各设备，发现 10 kV Ⅰ母线电源进线处电缆 A、B 相击穿，母线上有放电痕迹，其他设备均无异常。

④将检查情况汇报调度。

⑤隔离故障。隔离 10 kV Ⅰ母线故障（将 310、301、303 小车开关拉至检修位置；将 302 博世Ⅰ回、304 高兴线、306 博雅Ⅰ回、312 金石Ⅰ回小车开关拉至检修位置，将 3X14 小车开关拉至检修位置）。

⑥将 10 kV Ⅰ母线转入检修状态（退出#1 主变 10 kV 复合电压启动压板；取下 10 kV Ⅰ母电压互感器二次保险；在 3X14 隔离开关母线侧验电确无电压，在 3X14 隔离开关母线侧挂上#1 接地线）。

⑦将上述情况汇报调度及有关领导。

【拓展提高】

一、母线事故处理注意事项

①母线故障不允许未经检查即强行送电。

②如果母线失压造成站用电失电,应先倒站用电,并立即上报调度,同时将失压母线上的断路器全部拉开。

二、仿真系统中 10 kV Ⅰ 母线事故处理与 10 kV Ⅱ 母线事故处理的不同之处

在 10 kV Ⅰ 母线相间永久性故障(保护、断路器动作正确)的事故处理过程中,因 10 kV Ⅰ 母线无专用母线保护,由 #1 主变 10 kV 复合电压过流动作跳开 310 断路器切除故障,10 kV Ⅰ 母线失压;如果 10 kV Ⅱ 母线相间永久性故障(保护、断路器动作正确),由 #1 主变 10 kV 复合电压过流动作跳开 310 断路器切除故障,10 kV Ⅱ 母线失压,主变 10 kV 复合电压过流动作闭锁备自投,10 kV 分段 300 断路器备自投不会动作,10 kV Ⅱ 母线保持失压状态。在 10 kV Ⅱ 母线事故处理时要考虑站用电的检查及切换。

☞ 任务 5.2.2　110 kV 母线事故处理

【任务描述】

110 kV 母线的主要作用是汇集主变 110 kV 电能,然后将电能由 110 kV 母线分配给各线路所带负荷。当 110 kV 母线发生故障时,电能无法从变电站送到 110 kV 各线路,供电中断,造成停电的区域较 10 kV 母线停电区域大很多。变电运行人员必须及时有效地处理母线事故,尽快恢复供电。

值长组织各自学习小组在仿真机环境下,认真学习运行规程、调度规程,进行事故分析,完成事故处理步骤。

【任务准备】

课前预习相关知识部分。根据变电站 110 kV 侧主接线和运行方式,经讨论后制订 110 kV 母线事故的处理方案,并独立回答下列问题。

1. 说明 110 kV 母线的接线形式及运行方式。
2. 110 kV 母线配置的保护和自动装置有哪些?
3. 在这次事故处理中,到现场检查设备时需带哪些安全工器具?

【相关知识】

一、110 kV 母线的保护

110 kV 及以上的母线一般配置专门的母线保护。

(1)电流差动保护

引入母线上所有支路(包括母联或分段上)的 A、B、C 三相电流构成分相电流差动保护;取各支路同相电流的绝对值作为差动量,各支路同相电流绝对值之和作为制动量。

① 不带比率制动的电流差动判据:$| \sum_{j=1}^{n} \dot{I}_j | \geq I_{cd}$($I_{cd}$ 为差动电流门槛值)作为保护的启动出口条件。

② 带有比率制动的电流差动判据:$| \sum_{j=1}^{n} \dot{I}_j | - k \sum_{j=1}^{n} | \dot{I}_j | \geq 0$($k$ 为比率制动系数)作为保护的差动出口条件。

③ 若母线上各支路电流同时满足以上两个基本判据,即认为"差流越限",差动保护动作。

(2)复合式电压闭锁

为防止由于差动回路的误碰或出口继电器损坏等导致保护误动,除母联外其余母线上所有断路器的出口跳闸回路均与电压闭锁接点串联,通过对母线各相电压(线电压)以及零序电压输入量进行"电压突变、低电压、负序电压及零序电压"的计算判别,形成复合式电压闭锁判据,以提高保护的可靠性。

(3)双母线运行方式的识别与跟踪

双母线保护装置自动识别双母线一次系统的运行状态并跟踪由于母线上各单元发生倒闸操作后形成的新运行状态,从而自始至终确保双母线保护的动作正确性及选择性。

（4）母联充电保护

当被充电的母线发生短路，分"线路充电"无延时，跳母联断路器，以及"主变充电"经延时，跳母联断路器两种情况（装置中，此项功能已退出）。

（5）TA 断线监视闭锁

在差动保护未启动的前提下，若差电流经一定时间未消失，判定 TA 断线按段按相闭锁差动保护，防止再发生区外故障母差误动。

（6）TV 断线监视

为防止 TV 断线，造成母差电压闭锁长期误开放，配置 TV 断线监视装置，使母差保护处于完全正常的工作状态。

二、110 kV Ⅰ母线的正常运行方式

一次部分为：#1 主变 510 断路器带Ⅰ母线；Ⅰ母线将电能分配给 110 kV 杨松Ⅱ线 524、杨松板线 514、椰杨Ⅱ线 508；母联 500 断路器、5001、5002 隔离开关在合闸位置；#1 主变 110 kV 中性点 5X16 接地刀闸在合闸位置；#2 主变 110 kV 中性点 5X26 接地刀闸在断开位置。

二次部分为：杨松Ⅱ线 524、杨松板线 514、椰杨Ⅱ线 508 保护盘采用许继电气股份有限公司生产的 WXH-811 微机线路保护装置，可实现三段式相间和接地距离、四段零序方向保护、三相一次重合闸；母线采用许继电气股份有限公司生产的 WMH-800 微机母线差动保护装置，该装置采用具有比率制动特性的差动保护原理，设置大差及各段母线小差，大差作为母线区内故障的判别元件，小差作为故障母线的选择元件。可以适用母线的各种运行方式，倒闸过程自动识别，不需退出保护。采用独立于差动保护计算系统的复合电压元件，作为差动保护的闭锁措施，可保证装置的可靠运行。

【任务实施】

在仿真机上设置 110 kV 母线事故，根据事故处理基本原则及一般程序，通过事故分析，正确写出 110 kV 母线事故的处理步骤；并结合《电业安全工作规程》、各级《调度规程》和其他有关规定进行事故处理。

设置事故：110 kV Ⅰ母相间永久性故障（保护、断路器动作正确）

一、事故分析

①当 110 kV Ⅰ母相间永久性故障（保护、断路器正确动作）时，110 kV Ⅰ母线差动保护动

作跳开524、514、500、510、508切除故障;此时,110 kV Ⅰ母线失压。

②按照事故处理的基本原则及一般程序,分析110 kV Ⅰ母线相间永久性故障(保护、断路器正确动作)的基本处理思路为:对一、二次设备进行详细检查;将110 kV Ⅰ母线故障隔离;恢复510、524、514、508断路器回路供电;安排110 kV Ⅰ母线检修。

二、事故处理

根据事故处理基本原则及一般程序,并结合《电业安全工作规程》、各级《调度规程》和其他的有关规定,写出110 kV Ⅰ母线相间永久性故障(保护、断路器正确动作)的处理步骤,进行事故处理。

①记录事故发生时间及事故现象(一次系统接线图显示的跳闸断路器位置信息524、514、510、500、508断路器变绿色闪光,相关表计指示524、514、510、500、508断路器回路有功、无功、电流均显示0值;110 kV Ⅰ段母线失压,110 kV Ⅰ段母线电压表指示为0;告警信息窗显示的事故总信号;保护与重合闸动作信息;断路器跳闸信息;保护装置动作信息);恢复警报。

②汇报调度及有关人员(5 min之内汇报)。

③检查故障相关设备。

二次部分主要检查:本站监控机,相关保护屏保护动作情况并与监控机核对保护动作无误(110 kV 母差Ⅰ母差动保护动作);记录保护动作情况,复归保护信号;复归524、514、510、500、508KK把手停止闪光。

一次部分主要检查:到现场检查跳闸断路器524、514、510、500、508断路器位置,检查110 kV Ⅰ母线及相关设备(524、514、510、500、508各电气间隔设备),发现110 kV Ⅰ母线A、B相各一个瓷瓶闪络,其他设备均无异常。

④将检查情况汇报调度。

⑤隔离故障。隔离110 kV Ⅰ母线故障:拉开5001、5002隔离开关;解锁拉开5241、5141、5101、5081隔离开关。

⑥汇报调度,恢复无故障设备供电。510、524、514、508断路器回路供电:合上5102、5242、5142、5082隔离开关;合上510断路器;经调度同意合上524、514、508断路器。

⑦将110 kV Ⅰ母线转入检修状态(退出#1主变A屏跳母联500出口压板;退出#1主变B屏跳母联500出口压板;退出#2主变A屏跳母联500出口压板;退出#2主变B屏跳母联500出口压板;退出110 kV 母差出口跳500压板;退出110 kV 母差屏Ⅰ母TV断线检测压板;拉开110 kV Ⅰ母线电压互感器5X14二次空气开关,检查110 kV Ⅰ母线电压互感器5X14二次空气开关已拉开;拉开110 kV Ⅰ母线电压互感器5X14隔离开关,检查110 kV Ⅰ母线电压互感器5X14隔离开关在分闸位置;在110 kV Ⅰ母线5X101接地刀闸母线侧验电确无电压,合上110 kV Ⅰ母线5X101接地刀闸;在110 kV Ⅰ母线5X102接地刀闸母线侧验电确无

电压,合上 110 kV I 母线 5X102 接地刀闸)。

⑧将上述情况汇报调度及有关人员。

【拓展提高】

母线保护配置原则:对于不太重要的母线,可利用母线上其他供电元件的后备保护作为母线保护。利用供电元件的后备保护来切除故障母线,简单、经济,但切除故障的时间长。因此,对于重要的母线应根据"规程"要求设置专用的母线保护。为满足快速性和选择性的要求,母线保护广泛采用差动保护原理构成。

☞ 任务 5.2.3　220 kV I 母线 A 相永久故障(保护、开关正确动作)

【任务描述】

220 kV I 母线的主要作用是汇集 220 kV 线路电能,将部分 220 kV 电压等级的电能送给 220 kV 其他线路,将部分 220 kV 电压等级的电能经主变降压变成 110、10 kV 电压等级的电能分别送给 110、10 kV 母线各线路所带负荷。当 220 kV 母线发生故障时,电能无法供给主变,供电中断,造成停电的区域较 110 kV 母线停电区域大很多。变电运行人员必须对 220 kV 母线事故进行及时有效的处理,尽快恢复供电。

值长组织各自学习小组在仿真机环境下,认真学习运行规程、调度规程,进行事故分析,完成事故处理步骤。

【任务准备】

课前预习相关知识部分。根据变电站 220 kV 侧主接线和运行方式,经讨论后制订 220 kV 母线事故的处理方案,并独立回答下列问题。

1.说明 220 kV 母线的接线形式及运行方式。

2.220 kV 母线配置的保护和自动装置有哪些?

3.在这次事故处理中,到现场检查设备时需带哪些安全工器具?

【相关知识】

一、220 kV 母线的保护

220 kV 母线通常配置专门的母线保护,母线保护的原理在任务 2.2 相关知识部分已作介绍,在此不再赘述。由于 220 kV 母线供电范围较大,重要性程度高,220 kV 母线通常设置两套母差保护。

二、220 kV 母线的运行方式

一次部分为:杨黎Ⅰ线 602、沙杨Ⅱ线 606、#1 主变 610 连接在Ⅰ母线;杨黎Ⅱ线 604、沙杨Ⅰ线 608、#2 主变 620 连接在Ⅱ母线;母联 600 断路器、6001、6002 隔离开关均在合闸位置;旁路 618 断路器在断开位置,6181、6182、6183、6185 隔离开关在分闸位置;#1 主变 220 kV 中性点 6X16 接地刀闸在合闸位置;#2 主变 220 kV 中性点 6X26 接地刀闸在断开位置。

二次部分为:220 kV 微机母线差动保护装置、开关失灵保护采用双母线失灵保护典型通用接线,单独组盘。220 kV 母线保护采用许继公司生产的 WMH-800 微机母线差动保护装置和国电南京自动化有限公司生产的 WMZ-41B 微机母线保护装置。失灵保护采用湘能许继公司生产的 WSL-200 微机母线失灵保护装置。

【任务实施】

在仿真机上设置 220 kV 母线事故,根据事故处理基本原则及一般程序,通过事故分析,正确写出 220 kV 母线事故的处理步骤;并结合《电业安全工作规程》、各级《调度规程》和其他有关规定进行事故处理。

设置事故:220 kVⅠ母线相间永久性故障(保护、断路器动作正确)

一、事故分析

当 220 kVⅠ母线 A 相永久故障(保护、开关正确动作)时,由Ⅰ母线的母差保护动作跳

开母联 600 断路器、杨黎Ⅰ线 602 断路器、沙杨Ⅱ线 606 断路器、#1 主变 610 断路器；此时，10 kV Ⅰ 母线、Ⅱ 母线失压，10 kV Ⅰ 母线电容器组低电压保护动作跳开电容器 301、303 断路器（在并联电容器正常运行时投入的前提下）；与此同时，10 kV 分段断路器 300 自投动作，10 kV 分段自投成功；10 kV Ⅱ 母线恢复供电。

二、事故处理

根据事故处理基本原则及一般程序，并结合《电业安全工作规程》、各级《调度规程》和其他的有关规定，写出 220 kV Ⅰ 母线 A 相永久故障（保护、开关正确动作）的处理步骤，进行事故处理。

①记录事故发生时间及事故现象（一次系统接线图显示的跳闸断路器位置信息 600、602、606、610 断路器变绿色闪光，相关表计指示 600、602、606、610 断路器回路有功、无功、电流均显示 0 值；220 kV Ⅰ 母线失压，220 kV Ⅰ 母线电压表显示为 0；告警信息窗显示的事故总信号；保护与重合闸、备自投动作信息；断路器跳闸信息；保护装置动作信息）；恢复警报。

②汇报调度及有关人员（5 min 之内汇报）。

③检查故障相关设备。

二次部分主要检查：本站监控机，相关保护屏保护动作情况并与监控机核对保护动作无误（220 kV Ⅰ 母线差动保护动作）；记录保护动作情况，复归保护信号；复归 600、602、606、610KK 把手停止闪光。

一次部分主要检查：到现场检查跳闸断路器 600、602、606、610 断路器位置，检查 220 kV Ⅰ 母线及相关设备（600、602、606、610 各电气间隔设备），发现 220 kV Ⅰ 母线 A 相一个瓷瓶闪络，其他设备均无异常。

④将检查情况汇报调度。

⑤隔离故障。隔离 220 kV Ⅰ 母线故障：拉开 6001、6002 隔离开关；解锁拉开 6021、6061、6101 隔离开关。

⑥汇报调度，恢复无故障设备供电。602、606、610 断路器回路供电：合上 6022、6062 隔离开关；合上 6102 断路器；经调度同意合上 610、602、606 断路器；检查Ⅱ母线负荷情况。

⑦将 220 kV Ⅰ 母线转入检修状态（退出#1 主变 A 屏跳母联 600 出口压板；退出#1 主变 B 屏跳母联 600 出口压板；退出#2 主变 A 屏跳母联 600 出口压板；退出#2 主变 B 屏跳母联 600 出口压板；退出 220 kV 母差出口跳 600 压板；退出 220 kV 母差屏Ⅰ母 TV 断线检测压板；拉开 220 kV Ⅰ 母线电压互感器 6X14 二次空气开关，检查 220 kV Ⅰ 母线电压互感器 6X14 二次空气开关已拉开；拉开 220 kV Ⅰ 母线电压互感器 6X14 隔离开关，检查 220 kV Ⅰ 母线电压互感器 6X14 隔离开关在分闸位置；在 220 kV Ⅰ 母线 6X101 接地刀闸母线侧验电确无电压，合上 220 kV Ⅰ 母线 6X101 接地刀闸；在 220 kV Ⅰ 母线 6X102 接地刀闸母线侧验电确无电压，合上 220 kV Ⅰ 母线 6X102 接地刀闸）。

⑧将上述情况汇报调度及有关人员,安排 220 kV Ⅰ 母线检修及保护检查。

【拓展提高】

当 220 kV Ⅰ 母线 A 相发生永久性故障,而母差保护拒动时,由#1 主变高压侧零序方向过流保护动作跳开母联 600 断路器;由#1 主变 220 kV 间隙保护动作跳开#1 主变三侧 610、510、310、320 断路器;此时,10 kV Ⅰ、Ⅱ 母线失压,10 kV Ⅰ、Ⅱ 母线电容器组低电压保护动作跳开电容器断路器。

任务 5.3　变电站主变压器事故处理

【教学目标】

知识目标:1. 掌握导致主变压器事故的主要原因。

　　　　　2. 掌握主变压器事故处理的基本原则和步骤。

能力目标:1. 能根据保护动作情况判断主变压器的故障类型。

　　　　　2. 能对主变压器故障进行正确处理。

态度目标:1. 能主动学习,在完成任务过程中发现问题,分析问题和解决问题。

　　　　　2. 能严格遵守安全规程,具有较高的安全意识、质量意识和追求效益的观念。

　　　　　3. 能与小组成员协商、交流配合完成本学习任务。

【任务描述】

主变压器是变电站最重要的设备,主变压器的主要作用是变换电压、传输电能。在电力系统中,电压经升压变压器升压后远距离输送可减少线路损耗,提高送电的经济性;降压变压器则能把高电压变为用户所需要的各级电压,满足用户需要。若主变压器发生故障,用户则无法从主变压器获取所需要的电压等级的电能。电力系统的供电可靠性大大降低,后果严重,变电运行人员必须对主变事故进行及时有效的处理,尽快恢复供电。值长组织各自学习小组在仿真机环境下,认真学习运行规程、调度规程,进行事故分析,完成事故处理步骤。

【任务准备】

课前预习相关知识部分。根据变电站主接线和运行方式,经讨论后制订#1 主变内部相间故障(保护正确动作)的处理方案,并独立回答下列问题。

1. 说明主变的型号及运行状态。

2. 主变压器保护有哪些? 每种保护针对什么类型的故障? 说出保护原理及保护范围。

3. 在这次事故处理中,到现场检查设备时需带哪些安全工器具?

【相关知识】

一、主变压器故障的主要类型

(1)油箱内故障

油箱内故障主要是绕组的相间短路、接地短路、匝间短路以及铁芯的烧损等。

(2)油箱外故障

油箱外故障主要是套管和引出线上发生相间短路和接地短路。

二、主变压器的保护配置

(1)中、小容量变压器保护配置

小容量变压器一般配过流和速断保护,甚至用熔断器保护。1250 kVA 以上的中型变压器除了配置过流和速断保护,还配置瓦斯保护。

(2)220 kV 及以上的大容量变压器保护配置

220 kV 及以上的大容量变压器一般遵循双主、双后备保护配置原则。保护的类型有下述几种。

1)比率制动式差动保护

比率制动式差动保护是变压器的主保护,能反映变压器内部相间短路故障,高压侧(中性点直接接地系统)、单相接地短路及匝间层间短路故障,并能正确区分励磁涌流、过励磁故障。

2）复合电压启动（方向）过流保护

复合电压启动（方向）过流保护为变压器或相邻线路的后备保护，由复合电压元件、相间方向元件及三相过流元件"与"构成。复合电压元件由负序电压和低电压部分组成。负序电压反映系统的不对称故障，低电压反映系统对称故障。复合电压元件、相间方向元件可由软件控制字选择。保护可以配置成多段多时限，每段的每个时限都独立为一个保护。

3）（零序闭锁）零序（方向）过流保护

（零序闭锁）零序（方向）过流保护是变压器或相邻线路接地故障的后备保护，一般保护可以配置成多段多时限。它由零序过流元件及零序功率方向元件"与"构成。其中，零序功率方向元件可由软件控制字整定"投入"或"退出"，零序功率方向元件的指向可由软件整定为指向变压器或母线。

4）零序过压保护

变压器中性点不接地时，若所连接的系统在发生单相接地故障的同时又失去接地中性点，则将对中性点直接接地系统的电气设备的绝缘构成威胁，因此配置零序过压保护切除接地故障，接于变压器 TV 二次开口三角回路中。

5）间隙零序电流及零序电压保护

作为变压器中性点不接地运行时单相接地故障的后备保护，其保护效能与零序过压保护相同，当零序过电压导致间隙被击穿时，间隙零序过流元件动作，经 0.3 ~ 0.5 s 延时跳闸。

6）零序联跳保护

零序联跳保护适用于主变中性点未装设间隙，一台主变接地运行，另一台主变不接地运行的情况。在这种运行情况下，若发生接地故障，将先跳开不接地变压器，后跳开接地变压器，接地变压器通过中性点零序过流保护动作给出跳不接地变压器的开出接点，不接地变压器收到该外部的联络信号，同时判明本变压器无零序电流，且有零序电压，则跳开本变压器。

7）非全相保护

用于 220 kV 及以上变压器非全相运行时的保护，保护由负序（或零序）电流和非全相判别回路组成，非全相判别回路的断路器位置触点由开关量输入回路读入 CPU，由软件实现逻辑"与"。

8）失灵启动保护

失灵启动保护用于 220 kV 及以上变压器断路器失灵时启动失灵，由过流（或负序或零序）元件、本侧断路器合闸位置触点、保护动作元件和复合电压出口接点组成。装置中的高、中、低压侧的电压的投退由电压硬压板开入量控制。

9）复合电压启动（方向）过流保护

复合电压启动（方向）过流保护是变压器或相邻元件的后备保护。它由复合电压元件、相间方向元件及三相过流元件"与"构成。

三、变压器事故处理一般步骤

①记录事故发生时间、设备名称、开关变位情况、保护动作情况。

②检查受影响运行设备状况,主要是并列主变、站用变等。

③检查中性点接地情况。

④检查站用电切换正常、直流系统运行是否正常。

⑤将上述信息、天气情况、停电范围、负荷告调度和相关部门,以便掌控信息,正确判断处理。

⑥记录保护动作信号,检查故障录波动作情况,打印故障录波、保护报告。

⑦检查保护范围内一次设备。

⑧详细检查结果告调度及有关部门,根据调度命令进行处理。

⑨处理完毕后,填写运行日志、事故跳闸等记录,整理事故分析报告。

四、变压器事故处理应遵循的原则

①并列运行中一台主变跳闸,应关注运行主变是否过负荷以及中性点情况。

②主变跳闸后关注站用电供电,确保站用电、直流系统安全运行。

③主变重瓦斯、差动保护同时动作,原因不明前不得强送。

④重瓦斯或差动保护之一动作,内、外部无异常,系统急需时可试送一次。

⑤主变后备保护跳闸,无明显故障时可试送。

⑥若主变某套保护误动,根据调度命令退出误动保护,将主变送电。

⑦如因线路或母线故障,越级跳主变,隔离故障后可立即恢复主变运行。

⑧主变主保护动作,未查明原因前,值班人员不要复归信号,并作好相关记录。

五、杨高变主变保护的配置

杨高变电站#1、#2 主变压器保护采用许继电气公司生产的 WBH-801 和 WBH-802 微机型装置,其中 WBH-801 装置集成了 1 台变压器的全部主后备电气量保护,WBH-802 装置集成了变压器的全部非电量类保护,保护采用两面柜,A 柜配置 WBH-801 箱和 WBH-802 箱,FCZ-832S 高压侧断路器操作箱(含电压切换)各 1 台,完成主变的 1 套电气量保护,非电量保护和高压侧的操作回路及电压切换回路,B 柜配置 WBH-801 箱,FCZ-813S 中压侧和低压断路器操作箱(含中压侧电压切换),ZYQ-812 高压侧电压切换箱,完成主变的第二套电气量保护,中压侧的操作回路及高中压侧电压切换回路。实现了双主、双后备保护配置原则。

保护提供 3 组信号回路:一组用于监控,一组用于录波,另一组备用。

A 柜保护(WBH-801)为主变第一套保护,其中主保护采用二次谐波制动原理。

B 柜保护(WBH-801)为主变第二套保护,其中主保护采用波形比较制动原理。

六、杨高变电站主变正常运行方式

一次部分为:#1 主变 220 kV 侧 610 断路器接 220 kV Ⅰ 母线;母联 600 断路器、6001、6002 隔离开关均在合闸位置;旁路 618 断路器在断开位置,6181、6182、6185 隔离开关在断开位置;#1 主变 220 kV 中性点 6X16 隔离开关在合闸位置(#2 主变 220 kV 中性点 6X26 隔离开关在断开位置);#1 主变 110 kV 侧 510 断路器接 110 kV Ⅰ 母线;母联 500 断路器、5001、5002 隔离开关均在合闸位置;#1 主变 110 kV 中性点 5X16 隔离开关在合闸位置(#2 主变 110 kV 中性点 5X26 隔离开关在断开位置);#1 主变 10 kV 侧 310、320 断路器分别带 10 kV Ⅰ 段、Ⅱ 段母线负荷;#2 主变 10 kV 侧 330、340 断路器分别带 10 kV Ⅲ 段、Ⅳ 段母线负荷;分段 300 断路器已拉开,3002 在合闸位置。

二次部分为:#1 主变保护有纵联差动保护、瓦斯保护、压力释放保护、绕组过温保护、复合电压闭锁过电流零序过流及间隙保护。

【任务实施】

在仿真机上设置主变事故,根据事故处理基本原则及一般程序,通过事故分析,正确写出主变事故的处理步骤;并结合《电业安全工作规程》、各级《调度规程》和其他有关规定进行事故处理。

设置事故 1:#1 主变内部相间故障(保护正确动作,10 kV 备自投和站用变备自投退出)

一、事故分析

①#1 主变内部相间故障(保护正确动作,10 kV 备自投和站用变备自投退出)时,由#1 主变差动保护、本体重瓦斯保护动作跳开#1 主变三侧 610、510、310、320 断路器;此时,10 kV Ⅰ 段、Ⅱ 段母线失压,10 kV Ⅰ 段、Ⅱ 段母线电容器组低电压保护动作跳开电容器 301、303、305、307、309 断路器(在仿真系统电容器在正常工况下全部投入的前提下);与此同时,10 kV 备自投动作但不成功(因主变保护动作闭锁了备自投)。

②按照事故处理的基本原则及一般程序,分析#1 主变内部相间故障(保护正确动作,备自投动作不成功)的基本处理思路为:一次设备组、二次设备组(每组检查人员不少于 2 人)分别对一、二次设备进行检查;将#1 主变故障隔离;合上#2 变中性点 6X26、5X26 中性点接地刀闸;恢复 10 kV Ⅱ 母线送电;投入 305、307、309 断路器恢复各电容器运行;安排#1 主变检修。

二、事故处理

根据事故处理基本原则及一般程序,通过以上任务分析,正确写出#1 主变内部相间故障(保护正确动作,10 kV 备自投和站用变备自投退出)的处理步骤如下;并结合《电业安全工作规程》、各级《调度规程》和其他的有关规定进行事故处理。

①记录事故发生时间及事故现象,恢复警报。事故现象主要包括:一次系统接线图显示的跳闸断路器位置信息,610、510、310、320 断路器变位,相关表计指示 610、510、310、320 断路器回路及 10 kV Ⅰ 段、Ⅱ 段母线所接负荷线路有功、无功、电流均显示 0 值;10 kV Ⅰ 段、Ⅱ 段母线失压,10 kV Ⅰ 段、Ⅱ 段母线电压表指示为 0;告警信息窗显示的事故信息、保护动作信息;断路器跳闸信息。

②汇报调度。

③检查站用电源及直流系统。检查 40B 开关在分闸位置,42B 开关在合闸位置,拉开 41B 开关,合上 40B 开关,恢复站用电。检查直流系统运行正常。

④检查故障相关设备。二次设备组人员检查本站二次设备运行工况,主要检查本站监控机,相关保护屏保护动作情况并与监控机核对保护动作无误(#1 主变差动保护、本体重瓦斯保护动作;10 kV Ⅰ 母线、Ⅱ 母线电容器组低电压保护动作;10 kV 分段自投动作);记录保护动作情况,复归保护信号;复归 610、510、310、320 手把停止闪光,检查故障录波。

一次设备组人员穿绝缘靴、戴绝缘手套、安全帽,到现场检查 Ⅱ 主变风扇运转及过负荷情况,监视油温是否在 75 ℃以下;检查#1 主变保护范围内设备及三侧(610、510、310、320 断路器回路电气间隔)、10 kV Ⅰ 母线、Ⅱ 母线相关设备、10 kV 分段断路器,以及#2 主变;检查发现#1 主变及瓦斯继电器内有气体,油位、油色有变化,油温明显升高,#2 主变过负荷,其他设备情况正常。应用排水取气法从瓦斯继电器中取出部分气体(剩余气体留给专业人员作进一步分析),观察气体颜色并对气体做点燃实验(气体可燃)。

⑤将检查情况汇报调度。

⑥隔离故障。拉开#1 主变三侧的隔离开关(拉开 6103、5103、3103 隔离开关)。

⑦恢复送电。合上#2 主变 5X26、6X26 中性点接地隔离开关。合上 300 断路器,恢复 10 kV Ⅱ 母线送电;合上 305、307、309 断路器,恢复 10 kV Ⅱ 母线上的电容器运行。

⑧将事故情况汇报调度及有关领导;向调度要求倒出部分负荷,以减轻#2 主变过负荷。

⑨将故障设备转检修。在#1 主变三侧分别验电确无电压后,挂 3 组地线,将#1 主变转为检修状态。

⑩将上述情况汇报调度及有关人员,同时准备好#1 主变送电的操作票。

设置事故 2：#2 主变 220 kV 侧 C 相套管闪络（保护正确动作）

一、事故分析

①#2 主变 220 kV 侧 C 相套管闪络（保护正确动作）时,由#2 主变差动保护、动作跳开#2 主变三侧 620、520、330、340 断路器;此时,10 kV Ⅲ段、Ⅳ段母线失压,10 kV Ⅲ段、Ⅳ段母线的电容器组低电压保护动作跳开电容器 311、313、317、319 断路器（在仿真系统电容器在正常工况下全部投入的前提下）;与此同时,10 kV 分段自投动作,10 kV 分段自投成功;10 kV Ⅲ段母线恢复供电。

②按照事故处理的基本原则及一般程序,分析#2 主变 220 kV 侧 C 相套管闪络（保护正确动作）的基本处理思路为：一次设备组、二次设备组（每组检查人员不少于 2 人）分别对一、二次设备进行检查;将#2 主变故障隔离;根据调度命令投入 311、313、317、319 断路器恢复各电容器运行;安排#2 主变检修。

二、事故处理

根据事故处理基本原则及一般程序,通过以上任务分析,正确写出#2 主变 220 kV 侧 C 相套管闪络（保护正确动作）的处理步骤如下;并结合《电业安全工作规程》、各级《调度规程》和其他的有关规定进行事故处理。

①记录事故发生时间及事故现象,恢复警报。故障现象主要包括：一次系统接线图显示的跳闸断路器位置信息,620、520、330、340、300 断路器变位,相关表计指示 620、520、330、340 断路器回路及 10 kV Ⅳ段母线所接负荷线路有功、无功、电流均显示 0 值;10 kV Ⅳ段母线失压,10 kV Ⅳ段母线电压表显示为 0;告警信息窗显示的事故信息、保护动作信息;断路器跳闸、合闸信息。

②汇报调度。

③检查站用电源及直流系统。检查 41B、40B 开关在合闸位置,42B 开关在分闸位置,站用电正常。直流系统运行正常。

④检查故障相关设备。二次设备组人员检查本站二次设备运行工况,主要检查本站监控机,相关保护屏保护动作情况并与监控机核对保护动作无误（#2 主变差动保护;10 kV Ⅲ段、Ⅳ段母线电容器组低电压保护动作,10 kV 分段自投动作）;记录保护动作情况,复归保护信号;复归 620、520、330、340、300 手把停止闪光。

一次设备组人员穿绝缘靴、戴绝缘手套、安全帽,到现场检查Ⅰ#主变风扇运转及过负荷情况,监视油温是否在 75 ℃以下;检查#2 主变保护范围内设备及三侧（620、520、330、340 断路器回路电气间隔)、10 kV Ⅲ段、Ⅳ段段母线相关设备、10 kV 分段断路器,以及#2 主变;检查发现#2 变 220 kV 侧 C 相套管闪络,两片瓷裙破裂,#2 主变过负荷,其他设备情况正常。

⑤将检查情况汇报调度。

⑥隔离故障。拉开#2 主变三侧的隔离开关(拉开 6203、5203、3303 隔离开关)。

⑦恢复电容器运行。合上 305、307、309 断路器,恢复 10 kV Ⅱ母线上的电容器运行。

⑧将事故情况汇报调度及有关领导;向调度要求倒出部分负荷,以减轻#1 主变过负荷。

⑨将故障设备转检修。在#2 主变三侧分别验电确无电压后,挂 3 组地线,将#2 主变转为检修状态。

⑩将上述情况汇报调度及有关人员,同时准备好#2 主变送电的操作票。

【拓展提高】

一、变压器差动保护动作原因、现象和主要检查工作

(1)差动保护动作原因

①主变套管引出线至各侧 TA 之间一次设备故障。

②二次回路异常误动或误整定。

③差动保护用 TA 二次开路或短路。

④主变内部故障。

(2)差动保护动作现象

①三侧断路器变位。

②"差动保护动作"光字牌亮。

③故障录波启动。

④主变三侧电流为零、功率为零。

⑤低压侧母线失压。

(3)差动保护动作后主要检查

①中性点方式。

②并列运行主变负荷。

③站用电系统、直流系统是否正常。

④一次设备有无着火、爆炸、喷油、放电、短路等异常。

二、后备保护动作原因、主要检查工作

（1）高压侧后备动作原因、主要检查工作

高压侧后备动作原因包括：

①差动、瓦斯保护拒动。

②本侧母线保护或线路保护拒动。

③本侧开关拒动。

④中低压后备保护拒动。

⑤高后备保护误动、误整定。

高压侧后备动作后应主要检查：

①本侧线路保护、母差保护是否有动作信号，是否有开关闭锁。

②中、低压侧是否有故障、保护动作信号、开关闭锁信号。

（2）中压侧后备动作原因、主要检查工作

中压侧后备动作原因包括：

①差动、瓦斯保护拒动。

②本侧母线保护或线路保护拒动。

③本侧开关拒动。

④中后备保护误动、误整定。

中压侧后备动作后应主要检查：本侧线路保护、母差保护是否有动作信号，是否有开关闭锁。

（3）低压侧后备动作原因、主要检查工作

低压侧后备动作原因包括：

①低压侧发生故障跳闸，保护拒动或开关拒动。

②低压母线发生故障。

低压侧后备动作后应主要检查低压母线是否发生故障或者低压线路故障保护拒动或者开关拒动。

三、变压器事故处理注意事项

①变压器跳闸后若引起其他变压器超负荷时，应尽快投入备用变压器或在规定时间内降低负荷。

②根据继电保护的动作情况及外部现象判断故障原因，在未查明原因并消除故障之前，不得送电。

③当发现变压器运行状态异常,例如内部有爆裂声、温度不正常且不断上升、油枕或防爆管喷油、油位严重下降、油化验严重超标、套管有严重破损和放电现象等时,应申请停电进行处理。

任务5.4 变电站互感器事故处理

【教学目标】

知识目标:1.掌握导致互感器事故的主要原因。

2.掌握互感器事故处理的基本原则和步骤。

能力目标:1.能根据事故现象判断互感器的故障类型。

2.能对互感器故障进行正确处理。

态度目标:1.能主动学习,在完成任务过程中发现问题,分析问题和解决问题。

2.能严格遵守安全规程,具有较高的安全意识、质量意识和追求效益的观念。

3.能与小组成员协商、交流配合完成本学习任务。

【任务描述】

互感器是一次系统和二次系统之间的联络元件,将一次侧的高电压、大电流变成二次侧标准的低电压、小电流,供给二次的保护和计量回路,反映一次系统的运行参数。一旦互感器发生故障,计量装置无法正确计量,保护装置将会误动或拒动,甚至造成设备损坏、人身伤亡。变电运行人员必须对互感器事故及时有效地处理。值长组织各自学习小组在仿真机环境下,认真学习运行规程、调度规程,进行事故分析,完成事故处理步骤。

【任务准备】

课前预习相关知识部分。根据变电站主接线和运行方式,经讨论后制订互感器事故的处理方案,并独立回答下列问题。

1.电压互感器回路断线有哪些现象?要怎样处理?

2.电压互感器短路有哪些现象?要怎样处理?

3.电流互感器二次侧开路有哪些现象?要怎样处理?

【相关知识】

一、电压互感器故障

1.电压互感器回路断线

（1）电压互感器回路断线的原因及现象

电压互感器高、低压侧熔断，回路接头松动或断线，电压切换回路辅助接点及电压切换开关接触不良，均能造成电压互感器回路断线。当电压互感器回路断线时："电压互感器回路断线"光字牌亮，警铃响，有功功率表指示异常，电压表指示为零或三相电压不一致，电度表停走或走慢，低电压继电器动作，同期鉴定继电器可能有响声。若是高压熔断器熔断，则可能还有（接地）信号发出，绝缘监视电压表较正常值偏低，而正常时监视电压表上的指示是正常的。

（2）电压互感器回路断线的处理

①将电压互感器所带的保护与自动装置停用，如停用 110 kV 的距离保护，低电压闭锁，低周减载，由距离继电器实现的振荡解列装置，重合闸及自动投入装置，以防保护误动。

②如果由于电压互感器低压电路发生故障而使指示仪表的指示值发生错误时，应尽可能根据其他仪表的指示，对设备进行监视，并尽可能不改变原设备的运行方式，以避免由于仪表指示错误而引起对设备情况的误判断，甚至造成不必要的停电事故。

③详细检查高、低压熔断器是否熔断。如高压熔断器熔断时，应拉开电压互感器出口隔离刀闸，取下低压熔断器，并验明无电压后更换高压熔断器，同时检查在高压熔断器熔断前是否有不正常现象出现，并测量电压互感器绝缘，确认良好后，方可送电。如低压熔断器熔断时，应查明原因，及时处理，如一时处理不好，则应考虑调整有关设备的运行方式。在检查高、低熔断器时应作好安全措施，以保证人身安全，防止保护误动作。

④如有备用设备，应立即投入运行，停用故障设备。

2.电压互感器短路

（1）电压互感器回路短路的原因及现象

电压互感器由于二次回路受潮、腐蚀及损伤而发生一相接地时，可能发展成两相接地短路。另外，电压互感器内部存在的金属性短路，也会造成电压互感器二次回路短路。当电压互感器二次回路短路时，一次侧熔断器不会熔断，但此时电压互感器内部有异常声音，将二次侧熔断器取下后异常声音不会停止，其他现象与断线现象相同。在二次回路短路后，二次回路的电流增大，导致二次侧熔断器熔断，影响表计指示，引起保护误动，还可能烧坏电压互感器二次绕组。

（2）电压互感器回路短路的处理

①对双母线系统中的任一故障电压互感器,可利用母联断路器切断故障电压互感器,将其停用。

②对其他电路中的电压互感器,发生二次回路短路时,如果一次侧熔断器未熔断,则可拉开其一次侧隔离开关,将故障电压互感器停用,但要考虑拉开隔离开关时所产生弧光的危害。

二、电流互感器故障

（1）电流互感器故障原因

电流互感器二次回路,任何时候都不允许开路运行。电流互感器二次回路若开路,二次绕组上将感应出上万伏的高压,严重威胁人身和二次设备安全,还会造成表计指示不正确,保护误动或拒动。造成电流互感器二次回路开路的原因有下述几种。

①交流电流回路中的试验端子,由于结构和质量上的缺陷,在运行中发生螺杆和铜板螺孔接触不良,造成开路。

②电流回路中的试验端子连接片未有效连接。

③二次线端子接头压接不紧,回路中电流很大时,发热烧断或氧化过度造成开路。

④修试工作失误。

⑤室外端子箱、接线盒进潮、端子螺丝和垫片锈蚀过重。

（2）电流互感器二次开路故障现象

①回路仪表指示异常或降低为零。

②电流互感器本体有振动、噪声。

③电流互感器本体有发热、异味、变色、冒烟等。

④电流互感器二次回路端子、元件线头等有放电、打火现象。

⑤继电保护发生误动或拒动。

⑥仪表、电能表、继电器等冒烟烧坏。

（3）电流互感器二次开路故障的处理

检查处理电流互感器二次开路故障,应注意安全,尽量减少一次负荷电流,以降低二次回路的电压。应戴绝缘手套,使用绝缘良好的工具,尽量站在绝缘垫上。

电流互感器二次开路,一般不易被发现。巡视检查时,互感器本体无明显象征时,会长时间处于开路状态。因此,巡视设备应细听、细看,维护工作中应不放过微小的异常。

①发现电流互感器二次开路,应先分清故障属哪一组电流回路、开路的相别、对保护有无影响等。汇报调度,解除可能误动的保护。

②尽量减少一次负荷电流。若电流互感器严重损伤,应转移负荷,停电检查处理。

③尽快设法在就近的试验端子上将电流互感器二次短路,再检查处理开路点。短路时,

应使用良好的短接线,并按图纸进行。

④若短接时发现有火花,说明短接有效。故障点在短接点以下的回路中,可进一步查找。

⑤若短接时无火花,说明短接无效。故障点可能在短接点以前的回路中,可逐点向前变换短接点,缩小范围。

⑥在故障范围内,应检查容易发生故障的端子及元件,检查回来有工作时触动过的部位。

⑦对检查出的故障,能自行处理的可在自行处理后投入所退出的保护,如接线端子等外部元件松动、接触不良等。若开路故障点在互感器本体的接线端子上,应对 10 kV 及以下设备应停电处理。

⑧若是不能自行处理的故障或不能自行查明故障,应汇报上级派人检查处理,或经倒运行方式转移负荷,停电检查处理,防止长时间失去保护。

【任务实施】

在仿真机上设置电压互感器事故,根据事故处理基本原则及一般程序,通过事故分析,正确写出电压互感器事故的处理步骤;并结合《电业安全工作规程》、各级《调度规程》和其他有关规定进行事故处理。

设置事故 1:10 kV 3X14 电压互感器一次 A 相保险熔断(保护、断路器动作正确)

一、事故分析

10 kV 3X14 电压互感器正常运行方式如下所述。

①一次部分为:3X14 电压互感器接在 10 kV Ⅰ 母线上。10 kV Ⅰ 母线由 Ⅰ 主变通过 310 开关供电,将电能分配给 302 博世Ⅰ回、高兴线 304 高兴线、306 博雅Ⅰ回、312 金石Ⅰ回、308 备用间隔。10 kV Ⅰ 母线上接了提供无功补偿的 301 电容器、303 电容器,10 kV 并联电容器投入和退出根据调度命令进行。

②二次部分为:10 kV Ⅰ 母线所带 10 kV 配电线路保护为电流速断、过电流及三相一次重合闸;电容器组保护为低电压、过电压、过电流和不平衡电流、电压保护;当 3X14 Ⅰ 母线电压互感器一次 A 相保险熔断(保护、断路器动作正确),由 10 kV Ⅰ 母线电容器组低电压保护动作跳电容器 301、303 断路器。此时,10 kV Ⅰ 母线电压变化。

按照事故处理的基本原则及一般程序,分析 10 kV 3X14 电压互感器一次 A 相保险熔断(保护、断路器动作正确)的基本处理思路为:一次设备组、二次设备组(每组检查人员不少于 2 人)分别对一、二次设备进行检查;将 10 kV 3X14 电压互感器隔离;更换 10 kV 3X14 电压互感器一次 A 相保险,恢复 10 kV3X14 母线电压互感器的供电;恢复 301、303 电容器组正常运行。

二、事故处理

根据事故处理基本原则及一般程序,通过以上任务分析,正确写出 10 kV 3X14 电压互感器一次 A 相保险熔断故障(保护、断路器动作正确)的处理步骤见下;并结合《电力安全工作规程》、各级《调度规程》和其他的有关规定进行事故处理。

①记录事故发生时间及事故现象,恢复警报。事故主要现象包括:一次系统接线图显示的跳闸断路器位置信息 301、303 断路器变绿色闪光,相关表计指示 301、303 断路器回路电流为 0 值;10 kV Ⅰ母线电压有变化;告警信息窗显示的事故总信号;保护与重合闸动作信息;断路器跳闸信息;保护装置动作信息。

②汇报调度及有关人员。

③检查故障相关设备。

a. 二次设备主要检查:本站监控机,301、303 电容器组保护屏及相关保护屏保护动作情况并与监控机核对保护动作无误,10 kV Ⅰ母线电容器组低电压保护动作;记录保护动作情况,复归保护信号(欠压信号不能复归);复归 301、303 手把停止闪光。

b. 一次设备组人员穿绝缘靴,戴绝缘手套、安全帽,到现场检查 301、303 断路器、电容器组等相关设备及 3X14 电压互感器二次保险、10 kV Ⅰ母线电气间隔,检查未发现异常。

④将检查情况汇报调度。

⑤隔离故障。经调度同意后解除#1 主变 10 kV 复合电压闭锁启动压板;投入#1 主变 10 kV 复合电压闭锁短接压板;取下 10 kV Ⅰ母线电压互感器二次保险;拉开 10 kV Ⅰ母线电压互感器 3X14 隔离开关。

⑥更换 10 kV 3X14 电压互感器一次保险。在 3X14 隔离开关电压互感器侧验电确无电压,在此处挂上 Ⅰ#接地线;取下 10 kV Ⅰ母线电压互感器一次保险,发现 A 相一次保险熔断并更换;拆除 3X14 隔离开关电压互感器侧 Ⅰ#接地线。

⑦恢复运行。恢复 10 kV Ⅰ母线电压互感器的供电(投入 Ⅰ主变 10 kV 复合电压闭锁启动压板;解除 Ⅰ主变 10 kV 复合电压闭锁短接压板(低频低压减载装置、10 kV 备自投);合上 10 kV Ⅰ母线电压互感器 3X14 隔离开关;给上 10 kV Ⅰ母线电压互感器二次保险;检查 10 kV Ⅰ母线相、线电压表指示已正常);复归 301、303 欠压信号。恢复电容 301、303 电容器组正常运行。

⑧将上述情况汇报调度及有关领导。

设置事故 2:514 线路电流互感器二次开路,造成 110 kV I 母线差动保护动作

一、事故分析

①当 514 线路电流互感器二次开路时,二次侧测得电流为 0,110 kV I 母线出现差流,110 kV I 母线差动保护动作跳开 524、514、500、510、508,110 kV I 母线失压,514 线路保护发 TA 断线闭锁信号。

②按照事故处理的基本原则及一般程序,分析 514 线路电流互感器二次开路,造成 110 kV I 母线差动保护动作的基本处理思路为:对一、二次设备进行详细检查;找到故障点并处理;恢复 110 kV I 母线检修。

二、事故处理

根据事故处理基本原则及一般程序,并结合《电业安全工作规程》、各级《调度规程》和其他的有关规定,写出 514 线路电流互感器二次开路,造成 110 kV I 母线差动保护动作的处理步骤,进行事故处理。

①记录事故发生时间及事故现象,恢复警报。事故现象主要包括:一次系统接线图显示的跳闸断路器位置信息 524、514、510、500、508 断路器变绿色闪光,相关表计指示 524、514、510、500、508 断路器回路有功、无功、电流均显示 0 值;110 kV I 母线失压,110 kV I 母线电压表指示为 0;告警信息窗显示的事故总信号;保护与重合闸动作信息;断路器跳闸信息;保护装置动作信息。

②汇报调度及有关人员。

③检查故障相关设备。二次部分主要检查本站监控机,相关保护屏保护动作情况并与监控机核对保护动作无误(110 kV 母差 I 母线差动保护动作);记录保护动作情况,复归保护信号;复归 524、514、510、500、508 KK 把手停止闪光。

一次部分主要到现场检查跳闸断路器 524、514、510、500、508 断路器位置,检查 110 kV I 母线及相关设备(524、514、510、500、508 各电气间隔设备)。发现 514 线路电流互感器某处端子接头压接不紧,线路发热烧断,其他设备均未发现异常。退出 110 kV 差动保护,更换烧断线路,压紧端子接头(注意在处理电流互感器端子接头时应戴绝缘手套,使用合格的绝缘工具,并且在监护下进行)。

④将检查和处理情况汇报调度。

⑤恢复送电。投入 110 kV 母线充电保护压板,合上 500 对 I 母充电,充电正常后退出 110 kV 母线充电保护压板,合上 510、524、514、508 断路器。

⑥将上述情况汇报调度及有关人员。

【拓展提高】

①电压互感器有下列故障征象之一时,应立即停电处理:

a. 电压互感器高压保险接连熔断 2~3 次。

b. 内部有噼啪放电声或其他不正常声响。

c. 互感器密度表为闭锁压力 0.35 MPa(20 ℃)时。

d. 互感器发出臭味或冒烟。

e. 绕组与外壳,引线与外壳有放电现象。

②电流互感器有下列故障征象之一时,应立即停电处理:

a. 内部有放电响声或引线与外壳间有火花放电。

b. 温度超过允许值及过热引起冒烟或发出臭味。

c. 主绝缘发生击穿,造成单相接地故障。

d. 充油式电流互感器产生渗油或漏油。

e. 一次或二次绕组的匝间发生短路。

f. 一次侧接线处松动严重过热。

g. 瓷质部分严重破损,影响爬距。

h. 瓷质表面有污闪,痕迹严重。

任务 5.5　变电站补偿装置事故处理

【教学目标】

知识目标:1. 掌握导致电力电容器事故的主要原因。

2. 掌握电力电容器事故处理的基本原则和步骤。

能力目标:1. 能根据保护动作情况判断电力电容器的故障类型。

2. 能对 10 kV 电压等级的电力电容器故障进行正确处理。

态度目标:1. 能主动学习,在完成任务过程中发现问题、分析问题和解决问题。

2. 能严格遵守安全规程,具有较高的安全意识、质量意识和追求效益的观念。

3. 能与小组成员协商、交流配合完成本学习任务。

【任务描述】

变电站常见的补偿装置(无功电源)有并联补偿电容器、静止补偿器等。变电站补偿装置的作用是向电力系统输送无功,改善电网功率因数,降低电网电能损耗,调整电压,提高电能质量。值班负责人组织各自学习小组在仿真机环境下,认真学习运行规程、调度规程,进行事故分析,完成事故处理步骤。

【任务准备】

课前预习相关知识部分。根据变电站主接线和运行方式,经讨论后制订电力电容器事故的处理方案,并独立回答下列问题。

1. 电力电容器故障有哪些类型?
2. 电力电容器故障对应的保护有哪些?
3. 电力电容器事故的主要现象。
4. #1 电容器 301 断路器拒跳的原因可能有什么?
5. 电容器失电后,未从系统中切除的危害有什么?
6. 说明 10 kV#1 电容器 301 电容器组的运行方式。

【相关知识】

一、电力电容器常见异常及故障

1. 电容器渗漏油

电容器渗漏油是一种普遍的异常现象,其原因可能是:设备质量问题或安装过程中瓷套管与外壳交接处碰伤,造成裂纹;运行维护不当;长期缺乏维修以致外皮生锈腐蚀,造成电容器渗漏油。

2. 电容器外壳膨胀

在高电场作用下,电容器内部的绝缘物质游离分解出气体或部分元件击穿电极对外壳放电等,使电容器的密封外壳内部压力增大,导致电容器的外壳膨胀变形,此时应及时处理,避免事故蔓延扩大。

3．电容器温升过高

电容器温升过高的主要原因是电容器过电流和通风条件件较差,此外,电容器内部元件故障、介质老化、介质损耗增大都可能造成电容器温升过高。电容器温升过高会影响电容器寿命,也会导致绝缘击穿,使电容器存在短路的可能,因此运行中应严格监控电容器短路的可能,严格监控电容器室的环境温度,如果采取措施后仍然超过允许温度,应立停止运行。

4．电容器绝缘子表面闪络放电

运行中电容器绝缘子闪络放电,其原因是瓷绝缘有缺陷,表面脏污,因此运行中应定期进行清扫检查。

5．电容器发出异常声响

如果运行中发现有放电声或其他不正常声音,说明电容器内部有故障,应立即停止运行,进行更换处理。

二、电力电容器保护

电力电容器一般应配置的保护有熔断器保护、过电流保护、过电压保护、欠电压保护及不平衡保护。

1．熔断器保护

熔断器保护是电容器内部故障的主保护。熔断器在电容器元件损坏或过电流达到熔丝额定值时熔断,故将故障电容器从系统中切除。

2．过电流保护

过电流保护是高次谐波过电流等外部故障时的主保护,也可作为引线、套管短路故障的后备保护。速断及过电流保护的电流取自断路器侧的电压互感器上。

3．过电压保护

过电压保护一般是作为外部过电压保护的主保护,用于防止当电容器电压超过额定电压较多倍时,引起电容器过载发热,造成电容器热击穿,其电压值取自并联在电容器组两端的电压互感器上。

4．失电压保护

电容器失电压保护指电容器在失电压情况下,应通过断路器将电容器从系统中切除,防止造成电容器自身及其他相关设备的危害。

5．不平衡保护

电容器发生故障后,利用电容器组内部某两部分之间的电容量之差,形成电流差或电压差构成的保护,称为不平衡保护。不平衡保护包括不平衡电流和不平衡电压保护。

三、电力电容器事故的主要现象

①事故音响、预告警铃响,电力电容器断路器变位,绿灯闪光故障电力电容器的电流和功率的遥测值发生变化。

②监控系统显示电力电容器保护动作。

③电力电容器保护屏显示保护动作情况。

四、#1 电容器 301 断路器拒跳的原因

1. 电气方面原因

控制回路熔断器熔断或跳闸回路各元件接触不良,如控制开关触点、断路器操动机构辅助触点、防跳继电器和继电保护跳闸回路等接触不良;液压(气动)机构压力降低导致跳闸回路被闭锁,或分闸控制阀未动作;跳闸线圈故障。

2. 机械方面原因

跳闸铁芯动作冲击力不足,铁芯可能卡涩或跳闸铁芯脱落;分闸弹簧失灵,分闸阀卡死等;触头发生焊接或机械卡涩,传动部分故障(如销子脱落等)。

五、电容器失电后,未从系统中切除的危害

电容器失去电压后立即复电(有电源的线路自动重合闸)将造成带负荷(电容器负荷)合闸,以致电容器因过电压而损坏。

变电站失电压后复电,可能造成变压器带电容器合闸。变压器与电容器的合闸涌流与过电压可能导致相关设备的损坏。

六、#1 电容器 301 电容器组正常运行方式

#1 电容器 301 电容器组的作用是向 10 kV Ⅰ 母输送无功功率。#1 电容器 301 电容器组正常运行方式如下所述。

①一次部分为:#1 主变 310 断路器带 10 kVⅠ母线负荷;#1 电容器 301 电容器组接 10 kVⅠ母;#1 电容器 301 断路器小车工作位置。

②二次部分为:#1 电容器 301 电容器组保护为欠电压,过电压,过电流和不平衡保护;370 分段断路器自投装置运行。

【任务实施】

在仿真机上设置电容器事故,根据事故处理基本原则及一般程序,通过事故分析,正确写出电容器事故的处理步骤;并结合《电业安全工作规程》、各级《调度规程》和其他有关规定进行事故处理。

设置事故 1:#1 电容器 301 电容器组引线相间短路(保护、断路器动作正确)

一、事故分析

当#1 电容器 301 电容器组引线相间短路故障(保护断路器动作正确,由 10 kV#1 电容器组过电流动作跳开 301 断路器切除故障。按照事故处理的基本原则及一般程序分析,#1 电容器 301 电容器组引线相间短路故障(保护、断路器动作正确)的基本处理思路为:一次设备组、二次设备组(每组检查人员不少于 2 人)分别对一、二次设备进行检查;将#1 电容器 301 电容器组隔离;安排#1 电容器 301 电容器组检修。

二、事故处理

根据事故处理基本原则及一般程序,通过以上任务分析,正确写出#1 电容器 301 电容器组引线相间短路故障(保护、断路器动作正确)的处理步骤,并结合《电力安全工作规程》、各级调度规程和其他的有关规定进行事故处理。

①记录事故发生时间及故障现象,恢复警报。故障现象主要包括:一次系统接线图显示的跳闸断路器位置信息,301 断路器变绿色闪光,相关表计指示 301 断路器回路电流为 0 值;告警信息窗显示的事故总信号;保护与重合闸动作信息;断路器跳闸信息。

②汇报调度及有关人员。

③检查故障相关设备。二次设备组人员检查本站二次设备运行工况,主要检查本站监控机,#1 电容器 301 电容器组保护屏,并与监控机核对保护动作无误(10 kV#1 电容器 301 过电流保护动作);记录保护动作情况,复归保护信号;复归 301 断路器手把停止闪光。

一次设备组人员穿绝缘靴,戴绝缘手套、安全帽,到现场检查 301 断路器位置(301 断路器在分闸位置)及相关设备(检查 10 kV Ⅰ 母线,301 断路器短路回路电气间隔设备,发现#1 电容器 301 电容器组引线相间短路点,其他设备情况正常)。

④将检查情况汇报调度。

⑤隔离故障。将#1 电容器 301 电容器组隔离(将 301 断路器小车拉至试验位置,检查 301 断路器小车在试验位置;拉开#1 电容器 3013 隔离开关,检查#1 电容器 3013 隔离开关在分闸位置。)

⑥将#1 电容器 301 电容器组转检修。在#1 电容器 3013 隔离开关靠电容器侧验电确无电压,在#1 电容器 3013 隔离开关靠电容器侧挂#1 地线;拉开#1 电容器 301 断路器控制电源快分开关;拉开#1 电容器 301 断路器储能电源快分开关。

⑦将上述情况汇报调度及有关人员,同时准备好#1 电容器 301 电容器组送电的操作票。

设置事故 2:#1 电容器 301 电容器组引线相间短路(301 断路器拒动)

一、事故分析

当#1 电容器 301 电容器组引线相间短路故障(301 断路器拒动),由 10 kV#1 电容器 301 电容器组过电流保护动作跳电容器 301 断路器,但因 301 断路器拒动,由上一级保护#1 主变 A 屏、B 屏 10 kV 复压方向过电流保护动作跳#1 主变 10 kV 本侧 310 断路器切除故障。此时,10 kV Ⅰ 母线失压,10 kV Ⅰ 母线电容器组欠电压保护动作跳电容器 301 断路器,301 断路器拒动。

按照事故处理的基本原则及一般程序分析,#1 电容器 301 电容器组引线相间短路故障(301 断路器拒动)的基本处理思路为:一次设备组、二次设备组(每组检查人员不少于 2 人)分别对一、二次设备进行检查;将#1 电容器 301 电容器组及 301 断路器隔离;恢复 10 kV Ⅰ 母线的供电;安排#1 电容器 301 电容器组及 301 断路器检修。

二、事故处理

根据事故处理基本原则及一般程序,通过以上任务分析,正确写出#1 电容器 301 电容器组引线相间短路故障(301 断路器拒动)的处理步骤、并结合《电力安全工作规程》、各级调度规程和其他的有关规定进行事故处理。#1 电容器 301 电容器组引线相间短路故障(301 断路器拒动)的处理。

①记录故障时间及故障现象,恢复警报。主要故障现象有:一次系统接线图显示的跳闸断路器位置信息 310 断路器变绿色闪光,相关表计指示 301 断路器回路有功、无功、电流均显示 0 值;10 kV Ⅰ 母线失压,10 kV Ⅰ 母线电压表指示为 0;告警信息窗显示的事故总信号;保护动作信息;断路器跳闸信息。

②汇报调度及有关人员。

③检查故障相关设备。

二次设备组人员检查本站二次设备运行工况,主要检查本站监控机,#1 电容器 301 电容器组保护屏及相关保护屏保护动作情况并与监控机核对保护动作无误（10 kV#1 电容器 301 过电流保护动作;#1 主变 A 屏、B 屏 10 kV 复压方向过电流保护 1 时限动作;#1 主变 A 屏,B 屏 10 kV 复压方向过电流保护 2 时限动作;10 kV Ⅰ 母线电容器组低电压保护动作);记录保护动作情况,复归保护信号;复归 310 手把停止闪光。

一次设备组人员穿绝缘靴,戴绝缘手套、安全帽,到现场检查 310、301 断路器位置(301 断路器拒动在合闸位置、310 断路器在分闸位置)及相关设备(检查 10 kV Ⅰ 母线,310,301 短路回路电气间隔设备,检查发现电容器组引线损坏严重,其他设备均无异常)。

④将检查情况汇报调度。

⑤隔离故障。将#1 电容器 301 电容器组及 301 断路器隔离(拉开#1 电容器 301 断路器,不能拉开;解锁将 301 断路器小车拉至试验位置,检查#1 电容器 301 断路器小车已拉至试验位置;拉开 3013 隔离开关)。

⑥恢复 10 kV Ⅰ 母线的供电。试合#1 主变 310 断路器,10 kV Ⅰ 母线恢复正常运行,10 kV Ⅰ 母线电压表指示正常。

⑦将以上情况做好记录,汇报调度及有关领导。

⑧安排#1 电容器 301 断路器及电容器组转检修状态。

将 301 断路器小车拉至检修位置,检查 301 断路器小车在检修位置;在 301 断路器靠电容器侧验电确无电压,合上 301-1 接地刀闸,检查 301-1 接地刀闸合闸位置;在#1 电容器 3013 隔离开关靠电容器侧验电确无电压,在#1 电容器 3013 隔离开关靠电容器侧挂#1 地线;拉开#1 电容器 301 断路器控制电源快分开关;拉开#1 电容器 301 断路器储能电源快分开关);检查 301 断路器拒动原因,并检修#1 电容器 301 断路器及电容器组。

⑨将上述情况汇报调度及有关人员,同时准备好#1 电容器 301 断路器及电容器组送电的操作票。

【拓展提高】

一、电容器过电压产生的原因

①由于雷电波侵入或者断路器投切、系统谐振时,电容器所在母线电压升高使电容器承受过电压。

②由于电容器组中个别电容器内部故障或者故障后熔断器熔断,使电容器组容抗发生变化,电容器之间电压分配也变化,引起部分电容器端电压升高。

二、电容器欠电压产生的原因

①系统发生故障导致母线失电压,造成低电压。

②一次设备正常运行,TV 更换熔丝或者二次空气开关拉开等原因导致测量不到电压,造成低电压。

任务 5.6　变电站站用电事故处理

【教学目标】

知识目标:1.掌握导致站用电的主要原因。

　　　　　2.掌握站用电事故处理的基本原则和步骤。

能力目标:1.能根据保护动作情况判断站用电故障类型。

　　　　　2.能对站用电、直流系统故障进行正确处理。

态度目标:1.能主动学习,在完成任务过程中发现问题、分析问题和解决问题。

　　　　　2.能严格遵守安全规程,具有较高的安全意识、质量意识和追求效益的观念。

　　　　　3.能与小组成员协商、交流配合完成本学习任务。

【任务描述】

变电站站用电系统主要由站用变、400 V 交流进线电源屏、馈线及用电元件等组成;其主要作用是提供站用变冷却装置电源,站用变有载调压电源,断路器的空压机电源和油泵电源,隔离开关的操作电源,断路器和隔离开关机构箱内加热驱潮电热,直流充电装置的交流输入,消防泵电源,通风系统电源,UPS 不间断电源的交流输入,照明、动力、检修电源及生活用电。值班负责人组织各自学习小组在仿真机环境下,认真学习运行规程、调度规程,进行事故分析,完成事故处理步骤。

【任务准备】

课前预习相关知识部分。根据变电站主接线和运行方式,经讨论后制订站用电系统事故的处理方案,并独立回答下列问题。

1. 站用电故障有哪些类型?

2. 站用电交流电源消失有哪些原因?

3. 在这次事故处理中,到现场检查设备时需带哪些安全工器具?

4. 说明 10 kV#1 站用变 322 站用变的运行方式。

【相关知识】

一、造成站用电事故的原因

①站用变本身存在缺陷,包括端头松动、垫块松动、焊接不良、铁芯绝缘不良、抗短路强度不足等。

②线路干扰,包括合闸时产生的过电压,在低负荷阶段出现的电压峰值,线路故障,由于闪络以及其他方面的异常现象等。

③遭雷击造成过电压。

④过负荷(站用变长期处于超过铭牌功率工作状态)。

⑤受潮,如有管道泄漏、顶盖渗漏、水分沿套管或配件侵入油箱以及绝缘油中存在水分等。

二、站用电交流电源消失的原因

1. 站用交流部分电源消失的原因

站用交流系统运行时,如果某支路发生过负荷或电缆短路会使该支路的空气开关跳闸,导致该支路交流电源消失。对于有些重要负荷从站用交流系统不同段母线上取得电源,只有当两段空气开关全部跳闸后,才能使该回路失去电源。

2. 全部电源消失的原因

变电站交流电源全部消失一般在站用变压器故障或交流小母线短路故障时发生。

三、#1 站用变 322 站用变正常运行方式

#1 站用变的作用是将 10 kV Ⅱ 母线分配的 10 kV 电压等级的电能经#1 站用变降压变成 400V 电压等级的电能分别送给 380V Ⅰ 母线所带负荷。#1 站用变正常运行方式如下所述。

①一次部分为:#1 站用变通过 322 断路器与 10 kV Ⅱ 母线相连,低压侧通过 41B 断路器与低压 380 Ⅰ 母线相连;#2 站用变通过 344 断路器与 10 kV Ⅳ 母线相连,低压侧通过 42B 断路器与低压 380 Ⅱ 母线相连;#1,#2 站用变低压侧为单母线分段接线,低压 Ⅰ 母线,Ⅱ 母线分段断路器 40B 断路器已拉开(热备用状态)。

②二次部分为:#1,#2 站用变配置有 RCS-9621A 成套保护装置。

【任务实施】

在仿真机上设置站用变事故,根据事故处理基本原则及一般程序,通过事故分析,正确写出站用变事故的处理步骤;并结合《电业安全工作规程》、各级《调度规程》和其他有关规定进行事故处理。

设置故障:#1 站用变短路(保护、断路器正确动作)

一、事故分析

当#1 站用变发生短路(保护、断路器正确动作)时,由#1 站用变过电流保护动作跳开 322 断路器切除故障。

按照事故处理的基本原则及一般程序分析,#1 站用变发生短路(保护、断路器正确动作)的基本处理思路为:一次设备组、二次设备组(每组检查人员不少于 2 人)分别对一、二次设备进行检查;将#1 站用变短路故障隔离;恢复#1 主变风冷电源的供电;安排#1 站用变检修。

二、事故处理

根据事故处理基本原则及一般程序,通过以上任务分析,正确写出#1 站用变短路障 322 断路器跳闸(保护、断路器动作正确)的处理步骤,并结合《电力安全工作规程》、各级调度规程和其他的有关规定进行事故处理。

①记录事故时间及事故现象,恢复警报。主要故障现象有:一次系统接线图显示的跳闸断路器位置信息,322 断路器变绿色闪光,相关表计指示 322 断路器回路有功,无功,电流均为 0 值,380 V 母线失压,380 V Ⅰ 母电压表指示为 0,告警信息窗显示的事故总信号:保护与重合闸动作信息;断路器跳闸信息。

②汇报调度及有关人员。

③检查故障相关设备。

二次设备组人员检查本站二次设备运行工况,主要检查本站监控机,#1 站用变保护屏,并与监控机核对保护动作无误(#1 站用变过电流保护动作);记录保护动作情况,复归保护信号;复归 322 手把停止闪光。

一次设备组人员穿绝缘靴,戴绝缘手套,安全帽,到现场检查 322 断路器位置(322 断路器在分闸位置)及相关设备(检查 380V Ⅰ 母线,#1 站用变,电缆、直流系统等相关设备,检查未发现明显异常)。检查#1 主变风冷电源已自动切换至#2 站用变供电。

④将检查结果汇报调度。

⑤将#1 站用变故障隔离。将 322 断路器小车拉至试验位置;检查 322 断路器小车在试验位置;拉开 322 断路器控制电源、储能电源快分开关。

⑥恢复#1 主变风冷电源的供电。合上 380 V 站用 40B 分段断路器;检查#1 主变风冷电源已自动切换至主供电源供电。

⑦将#1 站用变转入检修状态。在#1 站用变高压桩头侧验电确无电压,在#1 站用变高压桩头侧挂#1 地线;在#1 站用变低压桩头侧验电确无电压,在#1 站用变低压桩头侧挂#2 地线。

⑧做好记录报调度,上报领导对#1 站用变做进一步检查并进行检修,同时准备好#1 站用变送电的操作票。

【拓展提高】

一、站用电交流电源故障处理基本原则

①若站用电交流电源发生故障全部中断时,要尽快投入备用电源,并注意首先恢复重要的负荷,以免过大的电流冲击;若在晚上则要投入必要的事故照明。

②在处理过程中,要注意站用电交流电源对设备运行状态的影响,要对设备进行详细检修,恢复一些不能自动恢复的状态。

③迅速查明故障原因并尽快消除。

二、站用交流系统的负荷

①第一类包括:直流系统用交流电源(包括电动隔离开关操作用交流电源等,GIS 设备除外);主站用变强迫油循环风冷系统用交流电源;UPS 逆变电源用交流电源。

②第二类包括:主站用变有载调压装置用交流电源;设备加热、驱潮、照明用交流电源;

检修电源箱、试验电源屏用交流电源。

③第三类包括：SF_6 检测装置用交流电源；配电室正常及事故排风扇电源；生活、照明等交流电源。

任务 5.7　变电站直流系统事故处理

【教学目标】

知识目标：1.掌握导致直流系统事故的主要原因。

2.掌握直流系统事故处理的基本原则和步骤。

能力目标：1.能根据保护动作情况判断直流系统的故障类型。

2.能对直流系统故障进行正确处理。

态度目标：1.能主动学习，在完成任务过程中发现问题、分析问题和解决问题。

2.能严格遵守安全规程，具有较高的安全意识、质量意识和追求效益的观念。

3.能与小组成员协商、交流配合完成本学习任务。

【任务描述】

变电站直流系统主要由蓄电池组、充电模块、绝缘监察装置、直流母线、馈线负荷等组成。其主要作用是为变电站中控制、信号、保护、自动装置及事故照明等提供可靠的直流电源，也为断路器、站用变中性点接地开关等提供操作电源。值班负责人组织各自学习小组在仿真机环境下，认真学习运行规程、调度规程，进行事故分析，完成事故处理步骤。

【任务准备】

课前预习相关知识部分。根据变电站主接线和运行方式，经讨论后制订直流系统事故的处理方案，并独立回答下列问题。

1.直流系统接地的原因是什么？

2.直流系统接地有什么危害？

3.瞬时停电法查找和排除直流接地的顺序是什么？

4.说明直流系统正常运行方式。

【相关知识】

一、直流系统接地的原因

直流系统分布范围广、外露部分多、电缆多且较长。所以,很容易受尘土、潮气的腐蚀,使某些绝缘薄弱元件绝缘能力降低,甚至绝缘破坏造成直流接地。分析直流接地的原因有下述几个方面。

①二次回路绝缘材料不合格、绝缘性能低,或年久失修、严重老化,或存在某些损伤缺陷,如磨伤、砸伤、压伤、扭伤或过流引起的烧伤等。

②二次回路及设备严重污秽和受潮、接地盒进水,使直流对地绝缘严重下降。

③小动物爬入或小金属零件掉落在元件上造成直流接地故障,如老鼠、蜈蚣等小动物爬入带电回路;某些元件有线头、未使用的螺丝、垫圈等零件,掉落在带电回路上。

二、直流系统接地的危害

直流接地故障中,危害较大的是两点接地,可能造成严重后果。直流系统发生两点接地故障,便可能构成接地短路,造成继电保护、信号、自动装置误动或拒动,或造成直流保险熔断,使保护及自动装置、控制回路失去电源。在复杂的保护回路中同极两点接地,还可能将某些继电器短接,不能动作于跳闸、致使越级跳闸。

三、瞬时停电法查找和排除直流接地的顺序

瞬时停电法查找和排除直流接地时,应按下列顺序进行:

①断开现场临时工作电源。

②断合事故照明回路。

③断合通信电源。

④断合附属设备。

⑤断合充电回路。

⑥断合合闸回路。

⑦断合信号回路。

⑧断合操作回路。

⑨断合蓄电池回路。

四、直流系统正常运行方式

变电站直流系统的作用是为变电站的控制、信号、保护、自动装置及事故照明等提供可靠的直流电源,为断路器、站用变中性点接地开关提供可靠的操作电源等。

变电站直流系统正常运行方式:单母线分段,双组蓄电池,控制母线与合闸母线共用。高频开关充电屏Ⅰ接Ⅰ段直流母线,高频开关充电屏Ⅱ接Ⅱ段直流母线,直流Ⅰ、Ⅱ段分段运行,Ⅰ段母线切换开关切至#Ⅰ充电屏,Ⅱ段母线切换开关切至#Ⅱ充电屏,#Ⅲ充电屏可代#Ⅰ、#Ⅱ充电屏运行。直流Ⅰ段母线上负荷分配:第一组控制保护电源开关均投入,#Ⅰ主变冷控箱、事故照明切换开关等投入,第二组控制保护电源开关均退出且将熔断器扭松;直流Ⅰ段母线上负荷分配:第二组控制保护电源开关均投入,#Ⅱ主变冷控箱UPS电源屏等开关投入,第一组控制保护电源开关均退出且将熔断器扭松。

【任务实施】

在仿真机上设置直流系统事故,根据事故处理基本原则及一般程序,通过事故分析,正确写出直流系统事故的处理步骤;并结合《电业安全工作规程》、各级《调度规程》和其他有关规定进行事故处理。

设置故障:直流母线接地(保护正确动作)

一、事故分析

当变电站直流系统接地故障时,直流接地绝缘监测装置发出告警信号,应立即查看直流接地绝缘监测装置内信息,判明接地故障方位以及哪极接地和对地绝缘电阻值。

按照事故处理的基本原则及一般程序分析,变电站直流系统接地故障的基本处理思路为:检查直流系统情况,查找直流系统接地点并排除接地点,恢复直流系统正常运行。

二、事故处理

根据事故处理基本原则及一般程序,通过以上任务分析,正确写出变电站直流系统接地故障的处理步骤,并结合《电力安全工作规程》、各级调度规程和其他的有关规定进行事故处理。

①记录事故发生时间,恢复警报,记录故障现象,主要故障现象有:当直流接地绝缘监测装置发出告警信号时,应立即查看直流接地绝缘监测装置内信息,判明接地故障方位以及哪极接地和对地绝缘电阻值。

②汇报调度,并告知监控中心。

③值班负责人进行分工,明确直流系统检查责任人,简要交代检查重点和内容,明确安全注意事项。

④检查直流系统情况。确定站内二次回路上有无工作或设备检修试验,如有工作应立即停止工作,查询有无发生接地;根据直流系统绝缘在线监察及接地故障定位装置的显示,查看是哪条支路接地;判断接地极性;检查室外端子箱、机构箱门是否关严,箱内二次回路有无受潮;检查蓄电池、工作电源是否正常。

⑤向调度汇报直流接地现象、现场检查工作情况、天气情况、人身安全情况。

⑥查找直流系统接地点并排除接地点。在直流接地绝缘监测装置不能判明故障地点的情况下,用分网法缩小查找范围,将直流系统分成几个不相联系的部分,但需要注意不能使保护失去电源,操作电源尽量使用蓄电池;对于不重要的直流负荷和不能转移的分路,利用瞬时停电法(每个回路断电时间越短越好,一般约为3 s)检查该路有无接地故障。每拉开一条支路,查看接地现象是否消失,接地现象消失的支路有直流系统接地点并排除接地点。

⑦向调度和监控中心汇报直流接地现象、直流接地处理后运行情况。

⑧将上述情况均记录在 PMS 系统中。

【拓展提高】

一、变电站直流系统电源故障处理注意事项

①若直流系统电源发生故障全部中断时,要尽快投入备用电源,并注意首先恢复重要的负荷,以免过大的电流冲击;若在晚上则要投入必要的事故照明。

②处理过程中,要注意直流电源对设备运行状态的影响,要对设备进行详细检修,恢复一些不能自动恢复的状态。

③直流接地点的查找必须严格按现场规程进行,不得造成另一点接地或直流短路。

④迅速查明故障原因并尽快消除。

二、220 kV 变电站或重要 110 kV 变电站直流系统配置

常采用两组蓄电池,两套充电装置(简称"2+2方式");两段母线分列运行,分段断路器正常断开;重要负荷由两段母线分别供电,任何一段母线停电均不会使重要负荷停电,每段母线均有绝缘监察装置和电压监视装置。

项目 5 习题

任务 5.1   变电站线路事故处理

一、判断题

5.1.1   事故音响信号是由蜂鸣器发出的音响。   (   )

5.1.2   变电站运行专工负责事故、异常运行的分析报告,提出防止事故对策。 (   )

5.1.3   在事故处理或进行倒闸操作时,不得进行交接班,交接班时发生事故,应立即停止交接班,并由交班人员处理,接班人员在交班值长指挥下协助工作。   (   )

5.1.4   在重合闸投入时,运行中线路故障跳闸而重合闸未动作,可不经调度同意,立即手动重合一次。   (   )

5.1.5   当采用检无压—同期重合闸时,若线路的一端装设同期重合闸,则线路的另一端必须装设检无压重合闸。   (   )

5.1.6   断路器失灵保护的动作时间应大于故障线路断路器的跳闸时间及保护装置返回时间之和。   (   )

5.1.7   误碰保护使断路器跳闸后,自动重合闸不动作。   (   )

二、选择题

5.1.8   变电站事故处理中应正确迅速在站长领导下执行(   )命令。

A. 所长   B. 值班调度   C. 工区主任   D. 生产调度

5.1.9   运行人员可根据设备运行情况、预计的工作、天气变化情况组织进行(   )。

A. 反事故预想   B. 反事故演习   C. 运行分析   D. 安全活动

5.1.10   事故预想、倒闸操作一般情况下由(   )负责组织安排。

A. 值班员   B. 第一值班员   C. 值长   D. 所长

5.1.11   既能保护本线路全长,又能保护相邻线路全长的保护是(   )。

A. 距离Ⅰ段   B. 距离Ⅱ段   C. 距离Ⅲ段   D. 高频距离保护

5.1.12 线路保护取的 TA 内部线圈靠近( )。

A. 线路侧 B. 母线侧

C. 中间 D. 线路侧与母线侧各取一组

5.1.13 高频保护的范围( )。

A. 本线路全长 B. 相邻一部分

C. 本线路全长及下一段线路的一部分 D. 相邻线路

5.1.14 零序保护的最大特点是( )。

A. 只反映接地故障 B. 反映相间故障

C. 反映变压器的内部故障 D. 线路故障

5.1.15 反映电力线路电流增大而动作的保护为( )。

A. 小电流保护 B. 过电流保护 C. 零序电流保护 D. 过负荷保护

5.1.16 电容式自动重合闸的动作次数是( )。

A. 可进行两次 B. 只能重合一次 C. 视此线路的性质而定 D. 能多次重合

5.1.17 当电力线路发生短路故障时,在短路点将会( )。

A. 产生一个高电压 B. 通过很大的短路电流

C. 通过一个很小的正常的负荷电流 D. 产生零序电流

5.1.18 距离保护二段的保护范围是( )。

A. 不足线路全长 B. 线路全长并延伸至下一线路的一部分

C. 距离一段的后备保护 D. 本线路全长

5.1.19 距离保护一段的保护范围是( )。

A. 该线路一半 B. 被保护线路全长

C. 被保护线路全长的80% ~85% D. 线路全长的20% ~50%

5.1.20 距离保护二段的时间( )。

A. 比距离一段加一个延时 Δt B. 比相邻线路的一段加一个延时 Δt

C. 固有动作时间加延时 Δt D. 固有分闸时间

5.1.21 距离保护二段保护范围是( )。

A. 不足线路全长 B. 线路全长延伸至下一段线路一部分

C. 距离一段后备保护 D. 全长的95%

5.1.22 单电源线路速断保护范围是( )。

A 线路的10% B. 线路的20% ~50% C. 线路的70% D. 线路的90%

5.1.23 事故处理可不用操作票,但应记入操作记录簿和( )内。

A. 运行记录簿 B. 缺陷记录簿 C. 命令指示记录簿 D. 检修记录簿

三、简答题

5.1.24 电站事故处理的一般程序是怎样的?

5.1.25 变电站发生事故后,运行人员向调度汇报有什么具体要求?

5.1.26 在事故处理中允许值班员不经联系自行处理的项目有哪些?

5.1.27　线路事故处理要遵循哪些基本原则？

5.1.28　故障录波器有什么作用？

四、操作题

5.1.29　请在仿真机上针对"10 kV 西茅 1 回 314 线路两相接地永久性故障"进行处理。

5.1.30　请在仿真机上针对"杨玻线 512 线路相间永久性故障（保护，开关正确动作，重合闸投入）"进行处理。

5.1.31　请在仿真机上针对"杨黎 II 线 604 线路相间永久性故障（保护，开关正确动作，重合闸投入）"进行处理。

任务 5.2　变电站母线事故处理

一、判断题

5.2.1　母差保护范围是从母线至线路电流互感器之间设备。　　　　　　　　（　　）

5.2.2　隔离开关可以拉合空母线。　　　　　　　　　　　　　　　　　　　（　　）

5.2.3　备用母线无须试充电，可以直接投入运行。　　　　　　　　　　　　（　　）

5.2.4　相位比较式母差保护在单母线运行时，母差应改非选择。　　　　　　（　　）

二、选择题

5.2.5　母差保护的毫安表中出现的微小电流是电流互感器（　　　）。

A. 开路电流　　　　　B. 误差电流　　　　　　　C. 接错线而产生的电流　　D. 负荷电流

5.2.6　当一条母线停电时相位比较式母差保护应改（　　　）。

A. 有选　　　　　　　B. 非选　　　　　　　　　C. 停用　　　　　　　　　D. 改不改都可以

5.2.7　户外配电装置，35 kV 以上的软母线采用（　　　）。

A. 多股铜线　　　　　B. 多股铝线　　　　　　　C. 钢芯铝绞线　　　　　　D. 钢芯铜线

5.2.8　大电流接地系统中双母线上两组电压互感器二次绕组应（　　　）。

A. 在各自的中性点接地

B. 选择其中一组接地与一组经放电间隙接地

C. 允许有一个公共接地点，其接地点宜选在控制室

D. 不可接地

三、简答题

5.2.9　为什么室外母线接头易发热？

5.2.10　单母线接线的 10 kV 系统发生单相接地后，经逐条线路试停电查找，接地现象仍不消失是什么原因？

5.2.11　为什么硬母线要装设伸缩接头？

5.2.12　备用电源自投装置在什么情况下动作？

5.2.13　母线事故有哪些现象？

5.2.14 处理母线事故需要注意什么？

四、操作题

5.2.15 请在仿真机上针对"10 kV Ⅱ母线相间永久性故障（保护、断路器动作正确）"进行处理。

5.2.16 请在仿真机上针对"110 kV Ⅱ母线相间永久性故障（保护、断路器动作正确）"进行处理。

5.2.17 请在仿真机上针对"220 kV Ⅱ母线相间永久性故障（保护、断路器动作正确）"进行处理。

任务 5.3　变电站主变压器事故处理

一、判断题

5.3.1 变压器零序保护是线路的后备保护。　　　　　　　　　　　　（　　）

5.3.2 当系统发生事故时，变压器允许过负荷运行。　　　　　　　　（　　）

5.3.3 500 kV 主变压器零序差动保护是变压器纵差保护的后备保护。（　　）

5.3.4 两台变压器并列运行时，其过流保护要加装低电压闭锁装置。（　　）

5.3.5 主变压器保护出口保护信号继电器线圈通过的电流就是各种故障时的动作电流。　　　　　　　　　　　　　　　　　　　　　　　　　　　　（　　）

5.3.6 变压器过负荷保护接入跳闸回路。　　　　　　　　　　　　　（　　）

二、选择题

5.3.7 用手接触变压器的外壳时，如有触电感，可能是（　　）。

A.线路接地引起　B.过复合引起　　　　C.外壳接地不良　　　　D.线路故障

5.3.8 三绕组变压器的零序保护是（　　）和保护区外单相接地故障的后备保护。

A.高压侧绕组　　　B.中压侧绕组　　　C.低压侧绕组　　　　　D.高低压侧绕组

5.3.9 如果二次回路故障导致重瓦斯保护误动作变压器跳闸，应将重瓦斯保护（　　）变压器恢复运行。

A.可能误投入　　　　　　　　　B.退出

C.继续运行　　　　　　　　　　D.运行与否都可以

5.3.10 主变压器重瓦斯动作的原因是（　　）。

A.主变压器两侧断路器跳闸

B.220 kV 套管两相闪络

C.主变压器内部高压侧绕组严重匝间短路

D.主变压器大盖着火

5.3.11 变压器三相负载不对称时将出现（　　）电流。

A.正序，负序，零序　　　　　　　　　B.正序

C.负序　　　　　　　　　　　　　　　D.零序

5.3.12 变压器负载增加时,将出现( )。

A.一次侧电流保持不变　　　　　　　　B.一次侧电流减小

C.一次侧电流随之相应增加　　　　　　D.二次侧电流不变

5.3.13 变压器气体继电器内有气体,信号回路动作,取油样化验,油的闪点降低,且油色变黑并有一种特殊的气味,这表明变压器( )。

A.铁芯接片断裂　　　　　　　　　　　B.铁芯片局部短路与铁芯局部熔毁

C.铁芯之间绝缘损坏　　　　　　　　　D.绝缘损坏

5.3.14 变压器内部故障( )动作。

A.瓦斯　　　　　B.瓦斯差动　　　　　C.距离保护　　　　　D.中性点保护

5.3.15 需要将运行中的变压器补油时应将重瓦斯保护改接( )再进行工作。

A.信号　　　　　B.跳闸　　　　　　　C.停用　　　　　　　D.不用改

5.3.16 投入主变压器差动启动连接片前应( )再投。

A.用直流电压表测量连接片两端对地无电压后

B.检查连接片在开位后

C.检查其他保护连接片是否投入后

D.检查差动继电器是否良好后

5.3.17 变压器发生内部故障时的主保护是( )保护。

A.瓦斯　　　　　B.差动　　　　　　　C.过流　　　　　　　D.中性点

三、简答题

5.3.18 变压器油位的变化与哪些因素有关?

5.3.19 变压器的零序保护在什么情况下投入运行?

5.3.20 变压器长时间在极限温度下运行有哪些危害?

5.3.21 强迫油循环变压器发出"冷却器全停"信号和"冷却器备用投入"信号后,运行人员应如何处理?

5.3.22 当运行中变压器发出过负荷信号时,应如何检查处理?

5.3.23 主变压器有哪些主要的故障类型?

5.3.24 主变压器一般配置了哪些保护?

5.3.25 简述变压器事故处理的一般步骤。

5.3.26 变压器事故处理应遵循哪些原则?

四、操作题

5.3.27 请在仿真机上针对"#2 主变内部相间故障(保护正确动作,备自投动作不成功)"进行处理。

5.3.28 请在仿真机上针对"#1 主变 220 kV 侧 C 相套管闪络(保护正确动作)"进行处理。

任务5.4　变电站互感器事故处理

一、判断题

5.4.1　电流互感器极性对电流速断保护没有影响。　　　　　　　　（　　）

5.4.2　220 kV 电流互感器二次绕组中如有不用的应采取短接处理。　（　　）

5.4.3　在中性点直接接地系统中,零序电流互感器一般接在中性点的接地线上。

　　　　　　　　　　　　　　　　　　　　　　　　　　　　　　　（　　）

5.4.4　电流互感器和电压互感器的二次可以互相连接。　　　　　　（　　）

5.4.5　电流互感器二次回路上工作时,禁止采用熔丝或导线缠绕方式短接二次回路。

　　　　　　　　　　　　　　　　　　　　　　　　　　　　　　　（　　）

5.4.6　禁止在电流互感器与临时短路点之间进行工作。　　　　　　（　　）

5.4.7　运行中的电流互感器过负荷,应立即停止运行。　　　　　　（　　）

5.4.8　在同一回路中有零序保护、高频保护、电流互感器二次有作业时,均应在二次短路前停用上述保护。　　　　　　　　　　　　　　　　　　　　　（　　）

5.4.9　运行中的电压互感器溢油时,应立即停止运行。　　　　　　（　　）

5.4.10　当电压互感器内部故障时,严禁采用取下电压互感器高压熔丝或近控拉开高压隔离开关方式隔离故障电压互感器。　　　　　　　　　　　　　　（　　）

5.4.11　对交流二次电压回路通电时,必须可靠断开至电压互感器二次侧的回路,防止反充电。　　　　　　　　　　　　　　　　　　　　　　　　　　（　　）

二、选择题

5.4.12　为防止电压互感器高压侧穿入低压侧,危害人员和仪表,应将二次侧（　　）。

A.接地　　　　　　B.屏蔽　　　　　　C.设围栏　　　　　　D.加防护罩

5.4.13　电流互感器在运行中必须使（　　）。

A.铁芯及二次绕组牢固接地　　　　　　B.铁芯两点接地

C.二次绕组不接地　　　　　　　　　　D.铁芯多点接地

5.4.14　运行中电压互感器发出臭味并冒烟应（　　）。

A.注意通风　　B.监视运行　　　　C.放油　　　　　　D.停止运行

5.4.15　为防止电压互感器断线造成保护误动,距离保护（　　）。

A.不取电压值　　　　　　　　　　B.加装了断线闭锁装置

C.取多个电压互感器的值　　　　　D.二次侧不装熔断器

5.4.16　电压互感器二次短路会使一次（　　）。

A.电压升高　　B.电压降低　　　　C.熔断器熔断　　　　D.不变

5.4.17　电压互感器低压侧两相电压降为零,一相正常,一个线电压为零则说明（　　）。

A.低压侧两相熔断器断　　　　　　B.低压侧一相铅丝断

C.高压侧一相铅丝断　　　　　　　　　　D.高压侧两相铅丝断

5.4.18　电压互感器低压侧一相电压为零,两相不变。线电压两个降低,一个不变,说明(　　)。

A.低压侧两相熔断器断　　　　　　　　　B.低压侧一相铅丝断

C.高压侧一相铅丝断　　　　　　　　　　D.高压侧两相铅丝断

5.4.19　电压互感器隔离开关作业时,应拉开二次熔断器是因为(　　)。

A.防止反充电　　　B.防止熔断器熔断　　　C.防止二次接地　　　D.防止短路

5.4.20　运行中电压互感器引线端子过热应(　　)。

A.加强监视　　　　B.加装跨引　　　　　C.停止运行　　　　　D.继续运行

5.4.21　发生(　　)情况,电压互感器必须立即停止运行。

A.渗油　　　　　　B.油漆脱落　　　　　C.喷油　　　　　　　D.油压低

5.4.22　电流互感器损坏需要更换时,(　　)是不必要的。

A.变比与原来相同　　　　　　　　　　　B.极性正确

C.经试验合格　　　　　　　　　　　　　D.电压等级高于电网额定电压

5.4.23　在运行中的电流互感器二次回路上工作时,(　　)是正确的。

A.用铅丝将二次短接　　　　　　　　　　B.用导线缠绕短接二次

C.用短路片将二次短接　　　　　　　　　D.将二次引线拆下

5.4.24　运行中的电流互感器二次侧。在清扫时的注意事项中,(　　)是错误的。

A.应穿长袖工作服　　　　　　　　　　　B.戴线手套

C.使用干燥的清扫工具　　　　　　　　　D.单人进行

三、简答题

5.4.25　电压互感器一次侧熔丝熔断后,为什么不允许用普通熔丝代替?

5.4.26　为什么110 kV及以上电压互感器的一次侧不装设熔断器?

5.4.27　电压互感器故障对继电保护有什么影响?

5.4.28　运行中电压互感器出现哪些现象须立即停止运行?

5.4.29　为什么不允许电流互感器长时间过负荷运行?

5.4.30　电压互感器回路断线有哪些现象?

5.4.31　电压互感器短路有哪些现象?

5.4.32　电流互感器二次侧开路有哪些现象?

四、操作题

5.4.33　请在仿真机上针对"10 kV 3X14电压互感器一次B相保险熔断(保护、断路器动作正确)"进行处理。

5.4.34　请在仿真机上针对"514线路电流互感器二次开路,造成110 kVⅠ母线差动保护动作"进行处理。

任务 5.5　变电站补偿装置事故处理

一、判断题

5.5.1　串联在线路上的补偿电容器是为了补偿无功。　　　　　　　　　　（　　）

5.5.2　并联电容器不能提高感性负载本身的功率因数。　　　　　　　　　（　　）

5.5.3　当全站无电后,必须将电容器的断路器拉开。　　　　　　　　　　（　　）

5.5.4　在电容器组上或进入其围栏内工作时,应将电容器逐个多次放电后方可进行。

　　　　　　　　　　　　　　　　　　　　　　　　　　　　　　　　（　　）

二、选择题

5.5.5　电容器中性母线应刷(　　)色。

A. 黑　　　　　　　B. 赭　　　　　　　C. 灰　　　　　　　D. 紫

5.5.6　(　　)接线的电容器组应装设零序平衡保护。

A. 三角形　　　　　B. 星形　　　　　　C 双星形　　　　　D. 开口三角形

5.5.7　电容器组的过流保护反映电容器的(　　)故障。

A. 内部　　　　　　B. 外部短路　　　　C. 双星形　　　　　D. 相间

5.5.8　对于同一电容器,两次连续投切中间应断开(　　)以上。

A. 5 min　　　　　B. 10 min　　　　　C. 30 min　　　　　D. 60 min

三、简答题

5.5.9　电力电容器故障有哪些类型?

5.5.10　电力电容器故障对应的保护有哪些?

5.5.11　简述电力电容器事故的主要现象。

5.5.12　电容器失电后,未从系统中切除的危害是什么?

5.5.13　处理故障电容器时应注意哪些安全事项?

四、操作题

5.5.14　请在仿真机上针对"#2 电容器 303 电容器组引线相间短路(保护、断路器动作正确)"进行处理。

5.5.15　请在仿真机上针对"#2 电容器 303 电容器组引线相间短路(301 断路器拒动,分段自投不成功)"进行处理。

任务 5.6　变电站站用电事故处理

一、判断题

5.6.1　变电站站用电系统主要由站用变、400 V 交流进线电源屏、馈线及用电元件等

组成。　　　　　　　　　　　　　　　　　　　　　　　　　　　　　　　（　　）

5.6.2　变电站交流电源全部消失一般在站用变压器故障或交流小母线短路故障时发生。　　　　　　　　　　　　　　　　　　　　　　　　　　　　　（　　）

5.6.3　对于有些重要负荷从站用交流系统不同段母线上取得电源,只有当两段空气开关全部跳闸后,才能使该回路失去电源。　　　　　　　　　　　　　　　（　　）

5.6.4　变电站交流电源全部消失一般在站用变压器故障或交流小母线短路故障时发生。　　　　　　　　　　　　　　　　　　　　　　　　　　　　　（　　）

二、选择题

5.6.5　当 220 kV 变电站发生全站失电时,恢复供电首先要考虑(　　)。

A.220 kV 系统　　　B.110 kV 系统　　　C.站用电系统　　　D.35 kV 系统

5.6.6　站用电系统为(　　)提供电源。

A.隔离开关的操作电源

B.断路器和隔离开关机构箱内加热驱潮电热

C.直流充电装置的交流输入

D.消防泵电源,通风系统电源

三、简答题

5.6.7　站用电故障有哪些类型?

5.6.8　站用电交流电源消失有哪些原因?

四、操作题

5.6.9　请在仿真机上针对"#2 站用变短路故障 344 断路器跳闸(保护、断路器动作正确)"进行处理。

任务 5.7　变电站直流系统事故处理

一、判断题

5.7.1　直流母线电压过高或过低时,只需要调整充电机的输出电压即可。　（　　）

5.7.2　在直流系统中,无论哪一极的对地绝缘被破坏,则另一极电压就升高。（　　）

5.7.3　直流系统发生负极接地时,其负极对地电压降低,而正极对地电压升高。

　　　　　　　　　　　　　　　　　　　　　　　　　　　　　　　　　（　　）

5.7.4　查找直流接地应用仪表内阻不得低于 1 000 MΩ。　　　　　　　　（　　）

5.7.5　不允许交、直流回路共用一条电缆。　　　　　　　　　　　　　（　　）

二、选择题

5.7.6　用来供给断路器跳、合闸和继电保护装置工作的电源有(　　)。

A.交流　　　　　B.直流　　　　　C.交流和直流　　　　　D.以上都不对

5.7.7　停用低频减载装置时应先停(　　)。

A. 电压回路　　　　B. 直流回路　　　　　　C. 信号回路　　　　　　　　D. 保护回路

5.7.8　直流控制、信号回路熔断器一般选用(　　)。

A. 0~5 A　　　　　B. 5~10 A　　　　　C. 10~20 A　　　　　　D. 20~30 A

5.7.9　蓄电池室内温度为(　　)。

A. 5~10 ℃　　　　B. 10~30 ℃　　　　C. 不高于 50 ℃　　　　D. -10~0 ℃

三、简答题

5.7.10　直流系统在变电站中起什么作用?

5.7.11　直流系统接地的原因是什么?

5.7.12　直流系统接地有什么危害?

5.7.13　直流系统发生正极接地或负极接地对运行有哪些危害?

5.7.14　为使蓄电池在正常浮充电时保持满充电状态,每个蓄电池的端电压应保持在多少伏?

5.7.15　直流接地点的查找步骤是什么?

5.7.16　为什么要装设直流绝缘监视装置?

5.7.17　什么是浮充电?

5.7.18　变电站直流系统电源故障处理应注意哪些事项?

四、操作题

5.7.19　请在仿真机上针对"直流系统一点接地(保护装置动作正确)"进行处理。

附　录

附录 1　杨高变一次接线图

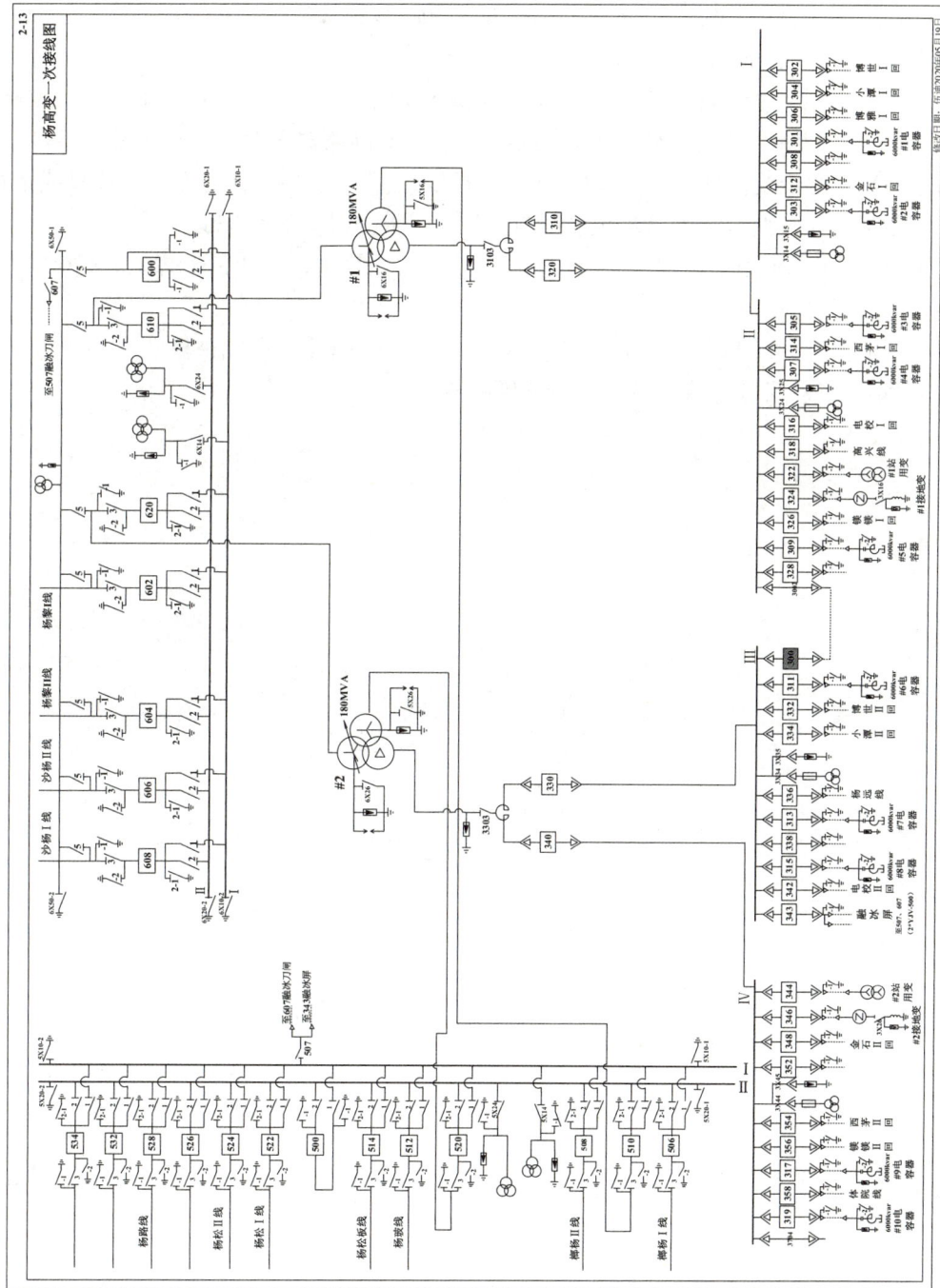

杨高变一次接线图

附录2 杨高变正常运行方式

220 kV 系统:#1 主变 610、沙杨 I 线 608、杨黎 I 线 602 在 I 母;#2 主变 620、沙杨 II 线 606、杨黎 II 线 604 在 II 母; I 、II 母线经母联 600 并列运行。

110 kV 系统:110 kV:#1 主变 510、榔杨 II 线 508、杨松板线 514 在 I 母;#2 主变 520、杨玻线 512 在 II 母; I 、II 母线经母联 500 并列运行。

10 kV 系统:#1 主变经#1 分裂电抗器分别供 310 断路器送 10 kV I 段母线,320 断路器送 10 kV II 段母线;#2 主变经#2 分裂电抗器分别供 330 断路器送 10 kV III 段母线,340 断路器送 10 kV IV 段母线;324 供#1 接地变在 I 段母线运行,346 供#2 接地变在 II 段母线运行,300 分段断路器分闸。10 kV 并联电容器投入和退出根据调度命令进行。

主变中性点:#1 主变 6×16、5×16 中性点接地刀闸合上;#2 主变 6×26、5×26 中性点接地刀闸断开。

站用电:分别由 322 供#1 站用变经低压 41B 供 0.38 kV I 段母线;344 供#2 站用变经低压 42B 供 0.38 kV II 段母线,0.38 kV 分段断路器 40B 断开。

参考文献

［1］GB 26860—2011,电力安全工作规程(发电厂及变电站电气部分)［M］.北京:中国标准出版社,2011.

［2］DL 408-1991,电业安全工作规程(发电厂和变电所电气部分).

［3］Q/GDW 1799.1-2013,国家电网公司电力安全工作规程(变电部分)条文解读［M］.北京:中国电力出版社,2016.

［4］国家电网设备 979 号国家电网有限公司十八项电网重大反事故措施(修订版),2018.

［5］朱宝林.变电运行值班技能考核问答［M］.北京:中国电力出版社,2008.

［6］河南省电力公司新乡供电公司.变电站倒闸操作票编制及其解析［M］.北京:中国电力出版社,2010.

［7］鲍晓峰,董博武,黄北刚.变电站倒闸操作与事故处理［M］.北京:中国电力出版社,2009.

［8］焦日升,徐志恒.变电站倒闸操作解析:上册［M］.北京:中国电力出版社,2011.

［9］国家电网公司人力资源部.国家电网公司生产技能人员职业能力培训专用教材:变电运行(220 kV)(上.下)［M］.北京:中国电力出版社,2010.

［10］漆铭钧,雷红才.变电运维一体化技术:一次设备运维及常用检测技术［M］.北京:中国电力出版社,2014.

［11］李喜桂,雷红才.变电运维一体化技术:二次设备及公用设备运维［M］.北京:中国电力出版社,2014.

［12］杨娟.变电运行［M］.北京:中国电力出版社,2012.